全国高校安全工程专业本科规划教材

安全系统工程

（第二版）

教育部高等学校安全工程学科教学指导委员会组织编写

主　编　林柏泉　朱传杰

中国劳动社会保障出版社

内容提要

本书系统地介绍了安全系统工程的基本理论和基本方法。全书共分六章，主要内容有：安全系统工程的发展和研究内容、事故致因理论、系统安全分析、系统安全评价、系统安全预测技术和系统危险控制技术。

本书是由高等学校安全工程学科教学指导委员会组织编写的“全国高校安全工程专业本科规划教材”，除可作为高等院校安全工程及其相关专业的教材外，还可作为安全工程技术人员、企业安全管理人员、生产技术人员和研究人员的参考用书。

图书在版编目(CIP)数据

安全系统工程/教育部高等学校安全工程学科教学指导委员会组织编写. -- 2版. -- 北京：中国劳动社会保障出版社，2022

全国高校安全工程专业本科规划教材

ISBN 978-7-5167-5627-0

Ⅰ.①安… Ⅱ.①教… Ⅲ.①安全系统工程-高等学校-教材 Ⅳ.①X913.4

中国版本图书馆 CIP 数据核字(2022)第 202100 号

中国劳动社会保障出版社出版发行

（北京市惠新东街 1 号　邮政编码：100029）

*

三河市华骏印务包装有限公司印刷装订　新华书店经销

787 毫米×960 毫米　16 开本　16.75 印张　292 千字

2022 年 12 月第 2 版　2022 年 12 月第 1 次印刷

定价：45.00 元

营销中心电话：400-606-6496

出版社网址：http://www.class.com.cn

前　言

安全是人类最基本的生存需求，也是社会可持续发展的重要保证。工业生产事故是当前各个国家面临的重大安全威胁，这些事故造成了大量的人员伤亡和财产损失。根据国际劳工组织的统计，世界上每15 s就有1个人死于工伤事故或职业病，同时有160人发生工伤事故，每天有6 300人死于事故或职业病，每年要发生超过3.37亿起事故，这些事故数字触目惊心。因此，各个国家都非常重视安全生产工作，竭力采取各种措施保障工业生产安全。这其中，培养高素质的安全专业人才，使其掌握先进的安全专业理论和技术，则是一项非常重要的举措。

“安全系统工程”是安全及其相关专业最重要的专业主干课程之一，其目标是使学生具备系统性的安全工作思路，掌握安全系统工程解决安全问题的核心原理与方法，例如系统安全分析、系统安全预测和系统安全评价中所涉及的具体原理和方法。同时，也可以使学生熟悉系统安全控制技术的通用原理、准则及其工作方法。最终目标是使学生掌握安全系统工程的主要原理和方法，具备独立解决实际企业问题的能力。此外，还培养学生的综合分析能力，能够针对企业的具体安全问题，进行深入分析，选用合理的理论和方法，确定最优的解决方案。

自2007年本书第一版出版至今已有15年，期间安全系统工程的相关理论和方法得到了新的发展，同时主要经典理论和方法得到了更广泛的推广应用。为了更好地适应教学工作需要，对原书进行了修订，对有关理论和方法的内容进行了更新，增加了部分新案例。另外，对原书的内容结构进行了局部调整，按照事故致因理论、系统安全分析、系统安全评价、系统安全预测和系统危险控制的思路设置了章节内容，与到现场实际安全工作的逻辑吻合。

本书在编写过程中参考了国内外同行的有关资料和研究成果，在此向他们表示崇高的敬意。中国矿业大学研究生林明华、钟玉婷、钟璐斌、公祥明和刘思远在资料和素材整理方面提供了大量帮助，在此表示感谢。同时，本书编写得到了中国矿业大学教改项目“安全系统工程一流课程（金课）建设及教学示范（项目编号：2020YB67）”和“国家级一流课程培育项目–安全系统工程（线上线下混合式）”的支持和资助。

安全系统工程的内容体系丰富，国内外研究成果浩繁庞杂，由于作者的水平和能力有限，书中难免存在疏漏和错误，敬请不吝赐教。

目　录

第一章 绪 论

本章学习目标

1. 熟悉安全系统工程的形成背景和现状。

2. 了解安全系统工程处理生产安全问题的核心基本原理和方法。

3. 了解在系统安全分析、系统安全预警和系统安全评估过程中所包含的具体基本原理和方法。

4. 熟悉系统安全控制技术的通用原理、准则及其工作方法。

5. 了解安全系统工程的主要基本原理与方法。

安全系统工程，是以系统工程的方法研究、解决生产过程中的安全问题，预防伤亡事故和经济损失发生的一门综合性科学，是随着生产的发展而发展起来的。

人类社会在发展过程中经历了各种各样的事故，人类为了自身的生存和发展，不仅要采取各种安全措施来解决生产中的各种事故，还要研究生产过程中各种事故之间的内在联系和变化规律。通过实践，人们总结出应对事故的办法有两种。

一是事故发生后吸取经验，总结出事故预防的方法，也叫作“问题出发型”方法。例如从事故后果查找原因，采取措施防止事故重复发生。通常我们会设立各种组织并采取技术措施，如设立专职机构、制定法规标准、进行监督检查和宣传教育等，以及防尘排毒、防火防爆、安全防护设备、个人防护用具等，都属于此类。这就是我们常说的传统安全工作方法。

二是用系统工程控制事故的方法，也叫作“问题发现型”方法。这种方法是从系统内部出发，研究各构成部分存在的安全联系，检查可能发生事故的危险性及其发生途径，通过重新设计或变更操作来减少或消除危险性，把发生事故的可能性降低到最小限度。这就是安全系统工程方法。

多少年来，人们（特别是安全工作者）总想找到一种办法，能够事先预测到事故发生的可能性，掌握事故发生的规律，做出定性和定量的评价，以便能在设计、施工、运行、管理中对发生事故的危险性加以辨识，并且能够根据对危险性的评价结果，提出相应的安全措施，达到控制事故的目的。安全系统工程就是为了达到这个目的而发展起来的。

第一节　安全系统工程发展简史

一、安全系统工程的发展

事故给人类带来无数灾难，严重地制约了经济和社会发展，甚至对人类生存构成巨大威胁。然而，事故和其他事物一样，也有两面性，它在给人们造成灾难的同时，也让人们深刻认识到以下几点。

一是事故具有鲜明的反面教育作用，它向人们展示了事故破坏的恶果，教育人们必须按照科学规律办事。

二是事故是一种特殊的“科学实验”。一个系统发生事故，说明该系统存在某些不安全和不可靠问题，从而以事故的形式弥补了设计时应做而没做，或想做而没做到的“实验”。人们通过对事故的调查、分析，找出事故原因，研究并采取了有效控制事故的措施，改变了系统工艺、设备，从而提高了系统的性能，发展了专业技术。

三是事故是推动科学技术发展的动力。事故的强大负面效应对人类产生巨大的冲击作用，从而激发人类以更大的决心和力量研究事故。通过对事故信息、资料的收集、整理、分析、研究，一个崭新的学科就在人们这种不懈努力与艰苦卓绝的斗争中诞生了。

安全系统工程正是在这种事故的反作用下应运而生的。安全系统工程产生于20世纪50年代美、英等工业发达国家。1957年苏联发射了第一颗人造地球卫星之后，美国为了追赶苏联的空间优势，匆忙地进行导弹技术开发，实行所谓研究、设计、施工齐头并进的方法。由于对系统的可靠性和安全性研究不足，在一年半的时间内连续发生了4次重大事故，每一次都造成了数以百万计美元的损失，最后不得不全部报废，从头做起。这样的损失迫使美国空军以系统工程的基本原理和管理方法来研究导弹系统的安全性、可靠性，并于1962年第一次提出了“弹道导弹系统安全工程”，制定了“武器系统安全标准”。1963 年提出了“系统安全程序”，1967 年 7 月由美国国防部确认，将该标准升格为美军标准，之后又经两次修订，成为 MIL-STD-882B（系统安全程序要求）。它以标准的形式规范了美国军事系统的工程项目在招标以及研发过程中对安全性的要求和管理程序、管理方法、管理目标，首次奠定了安全系统工程的概念基础，以及设计、分析、综合等基本原则，这就是由事故催生的军事系统的安全系统工程。

原子弹的威力使人们对以放射性物质为动力的核电站存在恐惧心理。在社会压力下，各国政府对核电站的设计、建设和管理要求极其严格，在核安全方面的研究投入了巨大的人力、物力。英国在这方面的研究起步比较早，从 20 世纪 60 年代中期开始收集有关核电站故障的数据，针对系统安全性和可靠性问题，成功开发了概率风险评价（PRA）技术，后来进一步发展了定量评价方法，可以计算核电站系统风险大小和可接受度，同时设立了系统可靠性服务和可靠性数据库。1974 年美国原子能委员会发表了拉斯姆逊教授的《商用核电站风险评价报告》（WASH-1400）。该报告由麻省理工学院的拉斯姆逊教授组织人员，前后用了两年时间，总计花费 300 万美元完成。该报告收集了核电站各个部位历年发生的故障及其频率，采用了事件树和事故树的分析方法，对核电站进行安全性评价。该报告发表后，引起了世界各国同行的关注，从而成功地开发并应用了系统安全分析和系统安全评价技术。该报告的科学性和对事故预测的准确性得到了“三哩岛事件”（核电站堆芯熔化造成放射性物质泄漏事故）的证实。这就是核工业的安全系统工程。

化工企业的危险性和事故的危害性众所周知。随着企业规模的扩大和事故破坏后果的日益严重，迫使化工企业加倍努力来严格控制事故的发生，特别是化工厂的火灾爆炸事故。为此，美国道化学公司（Dow Chemical Company，又称为陶氏化学公司）于 1964 年提出了化工厂“火灾、爆炸危险指数评价法”，俗称道氏法。该法经过多年实际应用，经过不断修改，已出版到第 7 版。该方法根据化学物质的理化特性，确定以其物质系数为基础，综合考虑一般工艺过程和特殊工艺过程的危险特性，计算系统火灾爆炸指数，评价系统损失大小，并据此考虑安全措施，修正系统风险指数。英国帝国化学公司在此基础上开发了“蒙德评价法”，日本提出了“岗三法”“疋田法”。20 世纪 70 年代日本厚生劳动省发表的评价方法另辟蹊径，它是以分析与评价、定性评价与定量评价相结合为特点的“化工企业安全评价指南”，也称“化工企业六阶段安全评价法”。该评价法是一种对化工系统的全过程如何进行评价的管理规范。它不仅规定了评价方法、评价技术，也规定了系统生命周期每个阶段用哪种评价方法、如何进行评价等。这就是化工系统的安全系统工程。

民用产品工业也存在安全系统工程的诞生与发展问题。20 世纪 60 年代美国市场竞争日趋激烈，许多新产品在没有得到安全保障的情况下就投放市场，造成许多使用事故。用户纷纷要求厂方赔偿损失，甚至要求追究厂方刑事责任，迫使厂方在开发新产品的同时寻求提高产品安全性的新方法、新途径。在此期间，电子、航空、铁路、汽车、冶金等行业开发了许多系统安全分析方法和评价方法，这也可以称为民用产品工业的安全系统工程。

二、我国安全系统工程现状

过去我国对安全工作虽然给予了高度的重视，每年也投入了大量的资金，但往往采取问题出发型的办法，即发生事故以后才去寻找原因和预防措施，这很难从根本上解决问题。

20 世纪 70 年代末期，钱学森教授提出了“系统工程是组织管理的技术”这一著名论断。我国安全研究和管理人员深感只有采用系统工程的方法，才能真正改变企业安全工作的被动局面。也就是说，必须采用问题发现型方法，事先用系统工程方法找出系统中的所有危险性因素，加以辨识、分析和评价，从而找出解决问题的措施，防患于未然。1982 年，我国首次组织了安全系统工程讨论会，由研究机构、大专院校和重要企业等单位参加。会上研究了我国发展安全系统工程的方向，并组织分工进行事故预先分析（PHL）、故障类型和影响分析（FMEA）、事件树分析（ETA）和事故树分析（FTA）等分析方法的研究，同时开展了安全检查表的推广应用工作。

十几年来应用安全系统工程的主要经验有以下几个方面。

1. 安全检查表得到普遍的应用

由于安全检查表能够事先编制，可集中有经验人员的智慧，经过缜密考虑，编出的表有系统性。检查时以此为据，克服了盲目性，深受企业领导和广大职工的欢迎。

2. 普遍使用事故树，查找事故原因

由于事故树是一种演绎方法，采用逻辑推理的办法，由顶层事件查找各种事件的基本原因。因此，很多使用者发现，有些事件的基本原因是事先未能考虑到的或未曾注意过的。不少企业根据这种方法改变了工艺流程和操作方法，取得了减少事故的效果。不少企业还针对特殊危险的岗位编制了形象化的事故树图挂在操作岗位旁，使工人看起来一目了然，帮助他们提高紧急处理事故的能力。有的企业通过事故树分析，编制了安全检查表，即把基本事件或最小割集、径集等作为检查项目，使检查表更加实用。

3. 理论研究上有所发展

例如，有人总结出计算结构重要度的简化方法，有人用模糊数学对安全管理进行评价等。

4. 安全系统工程方法的研究在不断深入

例如，如何正确地编制事故树，对其他系统安全的分析手段，如可靠性研究、故障类型影响分析等方法，以及评价技术等，这些都在积极进行研究。

5. 与计算机使用相结合

不少单位编制了事故树的概率计算程序，求最小割集和径集程序。在管理应用方面，编制了事故数据处理、分析等程序，并准备着手编制专家系统、异常诊断程序等。在安全生产方面，已开辟了计算机使用的新领域。

第二节 安全系统工程的基本概念

一、系统

由相互作用和相互依赖的若干组成部分结合而成的具有特定功能的有机整体称为系统。

一般来讲，系统应具有如下 4 个属性。

1. 整体性

系统是由两个或两个以上的要素（元件或子系统）所组成的，它们构成了一个具有统一性的整体，即系统。要素间不是简单的组合，而是组合后构成了一个具有特定功能的整体。换句话说，即使每个要素并不都很完善，但它们可以综合、统一成为具有良好功能的系统。反之，即使每个要素都是良好的，而构成整体后并不具备某种良好的功能，也不能称之为完善的系统。

2. 相关性

系统内各要素之间是有机联系和相互作用的，要素之间具有相互依赖的特定关系。例如，对于计算机系统来说，各种运算、储存、控制、输入输出装置等各个硬件和操作系统、软件包等都是子系统，它们之间通过特定的关系有机地结合在一起，就形成了一个具有特定功能的计算机系统。

3. 目的性

所有系统都为了实现一定的目标，没有目标就不能称之为系统。不仅如此，设计、制造和使用系统，最后是希望完成特定的功能，而且要效果最好。这就是所谓最优计划、最优设计、最优控制、最优管理和使用等。

4. 环境适应性

任何一个系统都处于一定的物质环境之中，系统必须适应外部环境条件的变化，而且在研究系统的时候，必须重视环境对系统的作用。

二、系统工程

系统工程是以系统为研究对象，以达到总体最佳效果为目标，为达到这一目标而采取组织、管理、技术等多方面的最新科学成就和知识的一门综合性的科学技术。

系统工程在解决安全问题中常采用以下方法。

1. 工程逻辑

从工程的观点出发，用逻辑学与哲学的一般思维方法进行系统探讨和应用，同时把符号逻辑作为重要内容。采用的工具包括：布尔代数、关系代数、决策研究、数学函数等。

2. 工程分析

运用基本理论（如物质不灭定律、能量守恒定律等），系统地、有步骤地解决各类工程问题。采取的步骤包括：弄清问题、选择解决问题的恰当方法、实施、分析、总结，在分析过程中需要正确地运用数学方法。

3. 统计理论与概率论

在系统工程中还经常用到统计理论与概率论，这是由系统工程的数学特点所决定的，即系统的输入量与输出量带有很大的随机性。在复杂的系统工程中常常会遇到随机函数问题。因此，需要采用统计理论与概率论来处理系统工程中所遇到的数学问题。

4. 运筹学

运筹学是指有目标地、定量地做出决策，在一定的制约条件下使系统达到最优化。运筹学的内容包括：线性规划、动态规划、排队论、决策论、优选法等。但是，在实际运用中，应当根据所研究对象的复杂程度，确定采用运筹学的内容。

5. 现代管理学理论

现代管理学理论包括：系统原理、整分合原理、反馈原理、弹性原理、封闭原理、能级原理、动力原理、激励原理等。

（1）系统原理。现代管理对象是一个系统，它包含若干分系统（子系统），同时又和外界其他系统发生着横向的联系，为了达到现代化管理的优化目标，就必须运用系统理论，对管理进行充分的系统分析，使之优化，这就是管理的系统原理。

(2) 整分合原理。现代高效率的管理必须在整体规划下明确分工，在分工基础上进行有效的综合，这就是整分合原理。整体规划就是在对系统进行深入、全面分析的基础上，把握系统的全貌及其运动规律，确定整体目标，制订规划与计划及各种具体规范。明确分工就是确定系统的构成，明确各个局部的功能，把整体的目标分解，确定各个局部的目标以及相应的责、权、利，使各个局部都明确自己在整体中的地位和作用，从而为实现最佳的整体效应最大限度地发挥作用。有效综合就是对各个局部必须进行强有力的组织管理，在各纵向分工之间建立起紧密的横向联系，使各个局部协调配合，综合平衡地发展，从而保证最佳整体效应的圆满实现。现代高效率的管理，必须是在整体规划下的明确分工，在分工基础上进行有效的综合。

(3) 反馈原理。现代高效率的管理，必须有灵敏、正确、有力的反馈，这就是反馈原理。管理实质就是一种控制，管理活动的过程是由决策指挥中心发出指令，由执行机构去执行，直到实现管理目标。决策指挥中心要实现既定的目标，就要随时掌握执行机构活动的情况，及时发现偏差并加以调整、控制，使之回到正确的轨道上来。把反馈信息与输出信息进行比较，用比较所得的偏差对信息的再输入发生影响，起到控制的作用，以达到预定的目的。

(4) 弹性原理。管理是在系统外部环境和内部条件千变万化的形势下进行的，管理必须有很强的适应性和灵活性，才能有效地实现动态管理。安全管理所面临的是错综复杂的环境和条件，尤其是事故致因是很难预测和掌握的，因此安全管理必须尽可能保持好的弹性。一方面不断推进安全管理的科学化、现代化，加强系统安全分析和危险性评价，尽可能做到对危险因素的识别、消除和控制；另一方面要采取全方位、多层次的事故防止对策，实行全面、全员、全过程的安全管理，从人、机、环境等方面层层设防。此外，安全管理必须注意协调好上、下、左、右、内、外各方面的关系，尽可能取得理解和支持，一旦有事，就比较容易得到配合和帮助。

(5) 封闭原理。任何一个系统的管理手段、管理过程等都必须构成一个连续封闭的回路，才能形成有效的管理运动。但是，封闭管理是相对的。从空间上讲，封闭系统不是孤立系统，它要受到系统管理的作用，与上、下、左、右各个系统都有着输入和输出的关系，只能与它们协调平衡地发展，而不应不顾周围，自行其是。从时间上讲，事物是不断发展的，永远不能做到完全预测未来的一切，因此必须根据事物发展的客观需要，不断地以新的封闭代替旧的封闭，求得动态的发展，在变化中不断前进。

(6) 能级原理。一个稳定而高效的管理系统必须是由若干分别具有不同能级的不同层次有规律地组合而成的，这就是能级原理。管理系统中能级的划分不是随意的，它们的组合也不是随意的，必须按照一定的要求，有规律地建立起管理系统的能级结构。

(7) 动力原理。管理必须有强大的动力（这些动力包括物质动力、精神动力和信息动力），而且要正确地运用动力，才能使管理运动持续而有效地进行下去。

(8) 激励原理。以科学的手段，激发人的内在潜力，充分发挥其积极性和创造性。

采用系统工程的方法来解决安全问题的理由主要有以下 3 个方面。

第一，使用系统工程方法，可以识别出存在于各个要素本身、要素之间的危险性。

危险存在于生产过程的各个环节，例如存在于原材料、设备、工艺、操作、管理之中。这些危险是产生事故的根源。安全工作的目的就是要识别、分析、控制和消除这些危险性，使之不致发展成为事故。利用系统可分割的属性，可以充分地、不遗漏地揭示存在于系统各要素（元件和子系统）中存在的所有危险性。然后消除危险性，对不协调的部分加以调整，这就有可能消除事故的根源并使安全状态达到优化。

第二，使用系统工程方法，可以了解各要素间的相互关系，消除各要素由于互相依存、互相结合而产生的危险性。

要素本身可能并不具有危险性，但当进行有机地结合构成系统时，便产生了危险性。这种情况往往发生在子系统的交接面或相互作用时。

人机交接面是多发事故的场所，最突出的例如人和压力机、传送设备等的交接面。对交接面的控制，在很大程度上可以减少伤亡事故。

危险物的质量、能量蓄积都是构成重大恶性事故的物质根源。适当地调整加工量和处理速度，可以很大程度地降低事故的严重性。例如，炸药研磨由吨位级改为千克级，加工速度相应增大，这样做虽然并不能减少事故发生，但能使事故严重性大大降低。现代化的大型石油化工生产，也存在着能量蓄积和加工速度之间的安全优化问题。

第三，系统工程所采用的一些手段能用于解决安全问题。

系统工程几乎使用了各种学科的知识，但其中最重要的有运筹学、数学、控制论。系统工程方法所解决的问题，几乎都适用于解决安全问题。例如，使用决策论，在安全方面可以预测发生事故的可能性；利用排队论，可以减少能量的蓄积危险；使用线性规划和动态规划，可以采取合理的防止事故的手段。至于数理统计、概率论和可靠性，则更广泛地用于预测风险、分析事故。因此，可以说使用系统工程方法可以使系统的安全达到最佳状态。

三、安全系统工程

安全系统工程是指采用系统工程方法，识别、分析、评价系统中的危险性，根据其结果调整工艺、设备、操作、管理、生产周期和投资等因素，使系统可能发生的事故得到控制，并使系统安全性达到最好的状态。

第三节 安全系统工程研究

一、安全系统工程的研究对象

安全系统工程作为一门学科，有它本身的研究对象。任何一个生产系统都包括3个部分，即从事生产活动的操作人员和管理人员，生产必需的机器设备、厂房等物质条件，以及生产活动所处的环境。这3个部分构成一个“人—机—环境”也称为“人—物—环境”系统，每一部分就是该系统的一个子系统，称为人子系统、机器子系统和环境子系统。

1. 人子系统

该子系统的安全与否涉及到人的生理和心理因素，以及规章制度、规程标准、管理手段、方法等是否适合人的特性，是否易于为人们所接受的问题。研究人子系统时，不仅把人当作“生物人”“经纪人”，更要看作“社会人”，必须从社会学、人类学、心理学、行为科学角度分析问题、解决问题；不仅把人子系统看作系统固定不变的组成部分，更要看到人是一种自尊自爱、有感情、有思想、有主观能动性的人。

2. 机器子系统

对于该子系统，不仅要从工件的形状、大小、材料、强度、工艺、设备的可靠性等方面考虑其安全性，而且要考虑仪表、操作部件对人提出的要求，以及从人体测量学、生理学、心理与生理过程有关参数对仪表和操作部件的设计提出要求。

3. 环境子系统

对于该子系统，主要应考虑环境的理化因素和社会因素。理化因素主要有噪声、振动、粉尘、有毒气体、射线、光、温度、湿度、压力、热、化学有害物质等；社会因素有管理制度、工时定额、班组结构、人际关系等。

3个子系统相互影响、相互作用的结果就使系统总体安全性处于某种状态。例如，理化因素影响机器的寿命、精度，甚至可能损坏机器；机器产生的噪声、振动、温度、尘毒又影响人和环境；人的心理状态、生理状况往往是引起误操作的主观因素；环境的社会因素又会影响人的心理状态，给安全带来潜在危险。也就是说，这3个相互联系、相互制约、相互影响的子系统构成了一个“人—机—环境”系统的有机整体。分析、评价、控制“人—机—环境”系统的安全性，只有从3个子系统内部及3个子系统之间的关系出发，才能真正解决系统的安全问题。安全系统工程的研究对象就是这种“人—机—环境”系统（以下简称系统）。

二、安全系统工程的研究内容

安全系统工程是专门研究如何用系统工程的原理和方法确保实现系统安全功能的新学科。其主要研究内容有系统安全分析、系统安全评价和安全决策与事故控制。

1. 系统安全分析

要提高系统的安全性，使其不发生或少发生事故，其前提条件就是预先发现系统可能存在的危险因素，全面掌握其基本特点，明确其对系统安全影响的程度。只有这样，才有可能抓住系统可能存在的主要危险，采取有效安全的防护措施，改善系统安全状况。这里所强调的“预先”是指：无论系统生命过程处于哪个阶段，都要在该阶段开始之前进行系统的安全分析，发现并掌握系统的危险因素。这就是系统安全分析要解决的问题。

系统安全分析是使用系统工程的原理和方法辨别、分析系统存在的危险因素，并根据实际需要对其进行定性、定量描述的技术方法。

系统安全分析有多种形式和方法，使用中应注意以下3点。

（1）根据系统的特点、分析的要求和目的，采取不同的分析方法。因为每种方法都有其自身的特点和局限性，并非处处通用。使用中有时要综合应用多种方法，以便取长补短或相互比较，验证分析结果的正确性。

（2）使用现有分析方法不能死搬硬套，必要时要根据实用、好用的需要对其进行改造或简化。

(3) 不能局限于分析方法的应用，而应从系统原理出发，开发新方法，开辟新途径，还要在以往行之有效的一般分析方法基础上总结提高，形成系统性的安全分析方法。

2. 系统安全评价

系统安全评价往往要以系统安全分析为基础，通过分析了解和掌握系统存在的危险因素，但不一定要对所有危险因素采取措施，而是通过评价掌握系统的事故风险大小，以此与预定的系统安全指标相比较，如果超出指标，则应对系统的主要危险因素采取控制措施，使其降至该标准以下。这就是系统安全评价的任务。

系统安全评价方法也有多种，评价方法的选择应考虑评价对象的特点和规模、评价的要求和目的，采用不同的方法。同时，在使用过程中也应和系统安全分析的使用要求一样，坚持实用和创新的原则。过去 20 年，我国在许多领域都进行了系统安全评价的实际应用和理论研究，开发了许多实用性很强的评价方法，特别是企业安全评价技术和重大危险源的评估、控制技术。

3. 安全决策与事故控制

任何一项系统安全分析技术或系统安全评价技术，如果没有一种强有力的管理手段和方法，也不会发挥其应有的作用。因此，在出现系统安全分析和系统安全评价技术的同时，也出现了系统安全决策。其最大的特点是从系统的完整性、相关性、有序性出发，对系统实施全面、全过程的安全管理，实现对系统的安全目标控制。系统安全管理是以系统安全分析和系统安全评价技术以及安全工程技术为手段控制系统安全性，使系统达到预定安全目标的一整套管理方法、管理手段和管理模式。

三、安全系统工程的研究方法

安全系统工程的研究方法是依据安全学理论，在总结过去经验型安全方法的基础上，日渐丰富和成熟的研究方法，概括起来有以下 5 种。

1. 从系统整体出发的研究方法

安全系统工程的研究方法必须从系统的整体性观点出发，从系统的整体考虑解决安全问题的方法、过程和要达到的目标。例如，对每个子系统安全性的要求，要与实现整个系统的安全功能和其他功能的要求相符合。在系统研究过程中，子系统和系统之间的矛盾以及子系统与子系统之间的矛盾，都要采用系统优化方法寻求各方面均可接受的满意解。同时要把安全系统工程的优化思路贯穿到系统的规划、设计、研制和使用等各个阶段中。

2. 本质安全方法

由于安全系统工程把安全问题中的“人—机—环境”统一为一个“系统”来考虑，因此不管是从研究内容来考虑还是从系统目标来考虑，安全系统工程核心问题就是研究应如何在人、机、环境等的各个层面和层级上设置安全“屏障”，进而实现系统的“本质安全”。

3. 人—机匹配法

在影响系统安全的各种因素中，至关重要的是人—机匹配。在产业部门研究与安全有关的人—机匹配的称为安全人机工程，在人类生存领域研究与安全有关的人—机匹配的称为生态环境和人文环境问题。显然从安全的目标出发，考虑人—机匹配以及采用人—机匹配的理论和方法是安全系统工程方法的重要支撑点。

4. 安全经济方法

由于安全的相对性原理，安全的投入与安全状况在一定经济、技术水平条件下有对应关系。也就是说，安全系统的“优化”同样受制于经济。但是由于安全经济的特殊性（安全性投入与生产性投入的渗透性、安全投入的超前性与安全效益的滞后性、安全效益评价指标的多目标性、安全经济投入与效用的有效性等），就要求安全系统工程方法在考虑系统目标时，要有超前的意识和方法，要有指标（目标）的多元化的表示方法和测算方法。

5. 系统安全管理方法

安全系统工程从学科的角度讲是技术与管理相交叉的横断学科，从系统科学原理的角度讲是解决安全问题的一种科学方法。安全系统工程是理论与实践紧密结合的专业技术基础，系统安全管理方法则贯穿到安全的规划、设计、检查与控制的全过程。所以，系统安全管理方法是安全系统工程的方法的重要组成部分。

四、安全系统工程的优点及其在安全工作中的应用

1. 安全系统工程的优点

在传统安全工作的基础上，采用安全系统工程的方法有很多优越性，它可以使预防为主的安全工作从过去凭直观、经验的传统方法，发展成为能预测事故的定性及定量方法，其主要优点有以下 5 点。

（1）通过分析可以了解系统的薄弱环节及危险性可能导致事故的条件。从定量分析可以预测事故发生的概率，从而可以采取相应的措施，控制事故的发生。不仅如此，通过分析还能够找到发生事故的真正原因。

（2）通过评价和优化技术，可以找出最适当的方法使各分系统之间达到最佳

配合，用最少的投资达到最佳的安全效果，大幅度地减少伤亡事故。

(3) 安全系统工程的方法，不仅适用于工程，而且适用于管理，实际上现已形成安全系统工程和安全系统管理两个分支。其应用范畴可以归纳为5个方面，即：①发现事故隐患；②预测由故障引起的危险；③设计和调整安全措施方案；④实现最优化的安全措施；⑤不断地采取改善措施。

(4) 可以促进各项标准的制定和有关可靠性数据的收集。安全系统工程既然需要评价，就需要各种标准和数据，如允许安全值、故障率数据以及安全设计标准、人机工程标准等。

(5) 可以提高安全管理人员的素质水平。想要真正搞好安全系统工程，安全管理人员必须熟悉生产，学会各种分析和评价方法。

当然，安全系统工程方法最大的优点是能减少事故，这在许多国家已得到了证明。

2. 安全系统工程在安全工作中的应用

从安全系统工程的发展可以看出，最初是从研究产品的可靠性和安全性开始的。比如军事装备零部件对可靠性、安全性的要求十分严格，否则不仅完不成武器的设计，而且制造过程中的各个环节也不安全。后来发展到对生产系统各个环节的安全分析。环节的内容除了包括原料、设备等物的因素之外，还包括了人的因素和环境因素，这就使安全系统工程的方法在安全技术工作领域中得到实际的应用。这个过程大致经历了以下4个阶段。

(1) 安全技术工作和系统安全分工合作时期。安全系统工程发展的初期阶段，安全技术工作者和产品系统安全工作者的分工是明确的。前者负责工人安全，后者负责产品安全，两者分工协作共同完成生产任务。一方面，如果安全工作做得不好，发生了事故，不仅工人出现伤亡，而且设备以及制造中的产品也会受到损害；工作环境不良，就有可能造成零部件的污染和质量问题。这些都能影响系统安全计划的完成。另一方面，如果零部件或产品的安全性不良，制造过程中发生事故的危险性很高，也不能保证工人的安全。所以，二者有着极为密切的关系。

(2) 安全技术工作引进系统安全分析方法阶段。安全系统工程发展不久，安全技术工作就把它的工作方法（特别是系统安全分析的方法）吸收了进来。由于系统安全分析是根据系统各个环节本身的特点和环境条件进行安全定性和定量分析做出科学的评价，并据此采取针对性的安全措施，所以，这种方法对安全技术工作十分有用，自然也就很快被安全技术工作所采用。

(3) 安全管理引用安全系统工程方法阶段。由于安全系统工程不仅可以评价系统各个环节的可靠性和安全性问题，而且对系统开发的各个阶段，如计划编制、研究开发、加工制造、操作使用等都需要进行评价，取得最优效果。这些手段也完全适用于企业的安全管理，如新装置的投产或已有装置的检查、操作、维修以及对工人教育、训练等阶段，都可以使用这种方法来提高系统性和准确性。

(4) 以安全系统工程方法改革传统安全工作阶段。任何一种方法和理论都有其自身的时代局限，伴随时代的不断发展，系统的安全问题越趋复杂，安全系统工程方法只有不断地自我完善，才能发挥自身的功能，实现系统的安全管理。在安全工作中广泛使用安全系统工程方法，这是传统安全工作进行改革的趋势，正从实践中不断总结出经验。

本章小结

安全是指系统在其全寿命周期范围内，不因人、机、环境的相互作用而导致系统损失、人员伤亡、任务受影响或造成时间的损失。系统是由相互作用和相互依赖的若干组成部分结合成的具有特定功能的有机整体。系统工程是以系统为研究对象，以达到总体最佳效果为目标，为达到这一目标而采取组织、管理、技术等手段，对系统的规划、研究、设计、制造、试验和使用等各个阶段进行有效的组织管理的一门综合性的科学技术。安全系统工程是指采用系统工程方法，识别、分析、评价系统中的危险性，根据其结果调整工艺、设备、操作、管理、生产周期和投资等因素，使系统可能发生的事故得到控制，并使系统安全性达到最佳的状态。

安全系统工程的研究对象是“人—机—环境”系统，安全系统工程的主要研究内容为系统安全分析、系统安全评价、安全决策与事故控制。

安全系统工程是以科学技术的发展为基础，并随着科学技术的发展而不断完善、不断丰富，最终将成为科学技术发展不可缺少的重要组成部分。

复习思考题

1. 如何全面地认识和理解系统？
2. 为什么说用系统工程的方法解决安全问题，能够有效地防患于未然？
3. 安全系统工程的定义是什么？
4. 简述安全系统工程的发展历程。
5. 安全系统工程常用的研究对象和方法有哪些？
6. 传统安全方法与安全系统工程方法有哪些区别？

第二章　事故致因理论

本章学习目标

1. 熟悉事故的定义及其分类。
2. 掌握工伤事故的主要影响因素。
3. 理解事故的基本特征及其之间的相互关系。
4. 了解常见的事故致因理论及其基本观点，并能对常见事故进行简单分析。
5. 了解事故预防的基本原则。

研究和学习安全系统工程，必须认真掌握事故理论，了解生产中的危险是怎样变成事故的。为了达到这一目的，本章将介绍事故的含义、分类及构成要素；事故的影响因素和原因；事故模式理论；事故发展阶段、特性、法则及预防原则。只有掌握这些理论，才能进一步真正掌握事故控制技术。

第一节　事故及其主要影响因素

一、事故及其分类

安全系统工程的目标是要控制危险、消除事故，因此必须对事故进行研究。

1. 事故定义

事故是人们在实现其目的的行动过程中，突然发生的迫使其有目的的行动暂时或永远终止的一种意外事件。这个定义有 3 重意思：

一是讲事故的背景，说“存在某种实现目的的行动过程”，例如人们需要某种产品而开办工厂进行生产，或是人们为了探亲而去旅行等；

二是说“突然发生了意想不到的事件”，即是说事故是随机事件；

三是讲事故的后果，指出它迫使行动暂时或永远终止。

显然，事故有生产事故和非生产事故之分，生产事故才是我们所要着重讨论的对象。

2. 生产事故

生产事故是指企业在生产过程中突然发生的伤害人体、损坏财物、影响生产正常进行的意外事件。根据生产事故所造成后果的不同，分为以下 3 种。

（1）设备事故。

（2）人身伤亡事故。

（3）险肇事故（也称为未遂事故）。

3. 工伤事故

工伤事故又称因工伤亡事故。企业职工为了生产和工作，在生产时间和生产活动区域内，由于受生产过程中存在的危险因素的影响，或虽然不在生产和工作岗位上，但由于企业的环境、设备或劳动条件等不良，致使身体受到伤害，暂时或长期丧失劳动能力的事故，称为工伤事故。

（1）工伤事故构成要素。工伤事故是由伤害部位、伤害种类和伤害程度这 3 项要素构成的。

1）伤害部位：头、脸、眼、鼻、耳、口、牙、上肢、手、手指、下肢、足、脚趾、肩、躯干、皮肤、黏膜、内脏、血液、神经末梢、中枢神经等。

2）伤害种类：挫伤、创伤、刺伤、擦伤、骨折、脱臼、烧伤、电伤、冻伤、腐蚀、听力损伤、中毒、窒息等。

3）伤害程度。我国将伤害程度分为死亡、重伤、轻伤。

我国的国家标准《企业职工伤亡事故分类》（GB 6441—1986）规定了工伤事故损失工作日算法，其中规定永久性全失能伤害或死亡的损失工作日为 6 000 个工作日。根据这个标准，可将死亡、重伤和轻伤分别定义如下。

①死亡是指折算损失工作日为 6 000 日及以上（根据我国职工的平均退休年龄和平均死亡年龄计算出来）。

②重伤是指损失工作日为 105 个工作日以上（含 105 个工作日）的失能伤害，其损失工作日最多不超过 6 000 日。

③轻伤是指损失工作日为 1 个工作日以上（含 1 个工作日）、105 个工作日以下的失能伤害。

（2）工伤事故类别。根据国家标准《企业职工伤亡事故分类（GB 6441—1986）》，可将事故分为以下20类。

1）物体打击。指由失控物体的惯性力造成的人身伤害事故。如落物、滚石、锤击、碎裂、崩块、砸伤等伤害，但不包括因爆炸引起的物体打击。

2）车辆伤害。指企业内机动车辆和提升运输设备引起的人身伤害事故。如企业内机动车辆在行驶中发生的挤、压、撞以及倾覆事故或车辆行驶中上、下车和提升运输中的伤害等。

3）机械伤害。指机械设备与机械工具引起的绞、碾、碰、割、戳、切等人身伤害事故。如机械零部件、工件飞出伤人，切屑伤人，人体被旋转机械卷入，脸、手或其他部位被刀具碰伤等。

4）起重伤害。指从事起重作业时引起的机械伤害事故。如在起重作业中，脱钩砸人，移动吊物撞人，钢丝绳断裂抽人，安装或使用过程中倾覆事故以及起重设备本身有缺陷等。

5）触电（包括雷击）伤害。指电流流经人体造成的人身伤害事故。如人体接触裸露的临时线或接触带电设备的金属外壳，触摸漏电的手持电动工具，以及触电后坠落和雷击等事故。

6）淹溺。指人落水之后，因呼吸阻塞导致的急性缺氧而窒息死亡的事故。如船舶在运输航行、停泊作业和在水上从事各种作业时发生的落水事故以及在水下施工作业发生的淹溺事故。在内河、海上作业中，已发现或证实是落水失踪，虽未捞获尸体也按淹溺死亡事故分类。

7）灼烫。指生产过程中因火焰引起的烧伤，高温物体引起的烫伤，放射线引起的皮肤损伤，或强酸、强碱引起的人体烫伤，化学灼伤等伤害事故，但不包括电烧伤以及火灾事故引起的烧伤。

8）火灾。指企业发生火灾事故及在扑救火灾过程中造成的人员伤亡事故。

9）高处坠落。指由于重力势能差引起的伤害事故。如从各种架子、平台、陡壁、梯子等高于地面位置的坠落或由地面踏空坠入坑洞、沟以及漏斗内的伤害事故，但由于其他类别事故为诱发条件而发生的高处坠落，不属于高处坠落事故，如高处作业时由于人体触电坠落。

10）坍塌。指建筑物、堆置物等倒塌和土石塌方引起的伤害事故。如因设计、施工不合理造成的倒塌以及土方、岩石发生的塌陷事故。但不包括由于矿山冒顶、片帮或因爆破引起的坍塌伤害事故。

11）冒顶片帮。指在矿山工作面、巷道上部、侧壁由于支护不当、压力过大造成的坍塌伤害事故。顶板塌落为冒顶，侧壁坍塌为片帮。二者同时发生，称为冒顶片帮。如矿山、地下开采及其他坑道作业发生的坍塌事故。

12）透水。指在地下开采或其他坑道作业时，意外水源造成的伤亡事故。如地下含水带或被淹坑道涌水造成的事故，但不包括地面水害事故。

13）放炮。指施工时放炮作业造成的伤亡事故。如各种爆破作业、采石、采矿、采煤、修路、开山、拆除建筑物等工程进行放炮作业引起的伤亡事故。

14）火药爆炸。指火药与炸药在生产、运输、储藏过程中发生的爆炸事故。

15）瓦斯爆炸。指可燃性气体瓦斯、煤尘与空气混合形成的浓度达到爆炸极限，混合物接触火源时引起的化学性爆炸事故。

16）锅炉爆炸。指锅炉发生的物理性爆炸事故。

17）容器爆炸。指承压容器在一定的压力载荷下引起的爆炸事故。如容器内盛装的蒸汽、液化气以及其他化学成分物质，在一定条件下反应后导致的容器爆炸。

18）其他爆炸。凡不属上述爆炸事故均列为其他爆炸事故。

①可燃性气体与空气混合形成的爆炸，如煤气、乙炔、氢气、液化石油气体等。

②可燃性蒸气与空气混合形成的爆炸，如酒精、汽油挥发气等。

③可燃性粉尘与空气混合形成的爆炸，如铝粉、镁粉、有机玻璃粉、聚乙烯塑料粉、面粉、谷物粉、糖粉、煤粉、木粉、煤尘以及可燃性纤维、麻纤维（亚麻）、棉纤维、腈纶纤维、涤纶纤维、维纶纤维、烟草粉尘等爆炸事故。

④间接形成的可燃性气体与空气相混合，或者可燃性蒸气与空气混合，如可燃固体、易自燃物、水氧化剂的作用迅速反应，分解出可燃气体与空气混合形成爆炸性气体，遇明火爆炸的事故。如锅炉在点火过程中发生的炉膛爆炸，以及钢水包爆炸事故等。

19）中毒和窒息。中毒指人接触有毒物质，如误吃有毒食物、呼吸有毒气体引起的人体急性中毒事故。窒息指在坑道、深井、涵洞、管道、发酵池等通风不良处作业，由于缺氧造成的窒息事故。

20）其他伤害。凡不属上述伤害的事故均称为其他伤害。如扭伤、跌伤、冻伤、钉子扎伤、野兽咬伤等。

直接受伤害方式有两种以上时，按原发的、主要的一种分类。

这是当前通用的分类方法，具有某种法定意义，是经过实践检验而不断改善后形成的。它概括了全国工业生产的各个方面的事故，覆盖面很广，分类也比较简单。存在不足之处是比较粗略，不利于事故的预防。

二、工伤事故的主要影响因素

从宏观上看，工伤事故的产生可以分为自然界的因素（如地震、山崩、海啸、台风等）影响和非自然界的因素影响两类。后者也被称为人为的事故，前者往往非人力所能左右。因此，这里着重研究后者，即着重研究非自然界的影响因素所造成的工伤事故。目前认为，工伤事故是由于不安全状态或不安全行为所引起的。它是物质、环境、行为等诸因素的多元函数。具体地说，影响事故是否发生及事故的过程和结果的因素主要有 5 项：人、物、环境、管理和事故处置。

1. 人的原因

人包括操作工人、管理干部、事故现场的在场人员和有关人员等。他们的不安全行为是事故的重要致因。主要包括以下 8 点。

（1）未经许可进行操作，忽视安全，忽视警告。

（2）危险作业或高速操作。

（3）人为地使安全装置失效。

（4）使用不安全设备，用手代替工具进行操作或违章作业。

（5）不安全地装载、堆放、组合物体。

（6）采取不安全的作业姿势或方位。

（7）在有危险的运转的设备装置上或移动着的设备上进行工作，不停机，边工作边检修。

（8）注意力分散，嬉闹、恐吓等。

引起不安全行为的常见原因主要有以下 7 点。

（1）缺乏安全知识和经验。

（2）生理缺陷或生病、迟钝、忧伤、体力不足。

（3）过度疲劳、睡眠不足。

（4）注意力不集中，操作时心不在焉。

（5）劳动态度不端正。

（6）醉酒。

（7）不懂装懂，满不在乎。

总之，引起人的不安全行为是与人的素质、训练、教育等有关的。

2. 物的原因

物包括原料、燃料、动力、设备、工具、成品、半成品等。物的不安全状态有以下 7 种。

（1）设备或装置的结构不良，材料强度不够，零部件磨损和老化。

（2）存在危险物或有害物。

（3）工作场所的面积狭小或有其他缺陷。

（4）安全防护装置失灵。

（5）缺乏防护用具或服装有缺陷。

（6）物质的堆放、整理有欠缺。

（7）工艺过程不合理，作业方法不安全。

物的不安全状态是构成事故的物质基础，是构成生产中的隐患和危险源，当它满足一定条件时就会转化为事故。

3. 环境的原因

不安全的环境是引起事故的物质基础，它是事故的直接原因，通常指的是以下两方面。

（1）自然环境的异常，即岩石、地质、水文、气象等的异常。

（2）生产环境不良，即照明、温度、湿度、通风、采光、噪声、振动、空气质量、颜色等方面的缺陷。

以上人的不安全行为、物的不安全状态以及环境的恶劣状态都是导致事故发生的直接原因。

4. 管理的原因

管理的原因即管理的缺陷，主要包括以下 6 方面。

（1）技术缺陷。指工业建、构筑物及机械设备、仪器仪表等的设计、选材、安装布置、维护维修有缺陷，或工艺流程、操作方法方面存在问题。

（2）劳动组织不合理。

（3）对现场工作缺乏检查指导，或检查指导错误。

（4）没有安全操作规程或不健全，挪用安全措施费用，不认真实施事故防范措施，对安全隐患整改不力。

（5）教育培训不够，工作人员不懂操作技术或经验不足，缺乏安全知识。

（6）人员选择和使用不当，生理或身体有缺陷，如有疾病，听力、视力不良等。

管理上的缺陷是事故的间接原因，是事故的直接原因得以存在的条件。

5. 事故处置情况

（1）对事故前的异常征兆是否能做出正确的判断和反应。

（2）一旦发生事故，是否能迅速地采取有效措施，防止事态恶化和扩大事故。

（3）抢救措施和对负伤人员的急救措施是否妥善。

显然，这些因素对事故的发生和发展起着制约作用，是在事故发生过程中出现的。

第二节　事故的基本特征

事故的特征主要包括：事故的因果性，事故的偶然性、必然性和规律性，事故的潜在性、再现性和预测性。

一、事故的因果性

因果，即原因和结果。因果性，即一件事物是另一件事物发生的根据，事物之间存在一种关联性。事故是许多因素互为因果连续发生的结果。一个因素是前一个因素的结果，而又是后一个因素的原因。也就是说，因果关系有继承性，是多层次的。

二、事故的偶然性、必然性和规律性

1. 偶然性

从本质上讲，伤亡事故属于在一定条件下可能发生、也可能不发生的随机事件。就一特定事故而言，其发生的时间、地点、状况等均无法预测。因此，事故的偶然性是客观存在的，这与是否掌握事故的原因毫无关系。换言之，即使完全掌握了事故原因，也不能保证绝对不发生事故。

事故的偶然性还表现在事故是否产生后果（人员伤亡、物质损失等），以及后果的大小，这些都是难以预测的。反复发生的同类事故并不一定产生相同的后果。

事故的偶然性决定了要完全杜绝事故发生是困难的，甚至是不可能的。

2. 必然性

事故的因果性决定了事故发生的必然性。

事故是一系列因素互为因果、连续发生的结果。事故因素及其因果关系的存在决定了事故或迟或早必然要发生，其随机性仅表现在何时、何地、因什么意外事件触发产生而已。

掌握事故的因果关系，断开事故因素的因果连锁，消除了事故发生的必然性，就可能防止事故发生。

3. 规律性

事故的必然性中包含着规律性。既为必然，就有规律可循。必然性来自因果性，深入探查、了解事故因素关系，就可以发现事故发生的客观规律，从而为防止发生事故提供依据。应用概率理论，收集尽可能多的事故案例进行统计分析，就可以从总体上找出带有根本性的问题，为宏观安全决策奠定基础，为改进安全工作指明方向，从而做到预防为主，实现安全生产的目的。

由于事故或多或少地含有偶然的本质，因而要完全掌握它的规律是困难的。但在一定范畴内，用一定的科学仪器或手段则可以找出它的近似规律。从外部和表面上的联系，找到内部决定性的主要关系是可能的。

从偶然性中找出必然性，认识事故发生的规律性，变不安全条件为安全条件，把事故消除在萌芽状态之中，这就是防患于未然、预防为主的科学根据。

三、事故的潜在性、再现性和预测性

事故往往是突然发生的。然而导致事故发生的因素，即所谓隐患或潜在危险是早就存在的，只是未被发现或未受到重视而已。随着时间的推移，一旦条件成熟，就会显现而酿成事故。这就是事故的潜在性。

事故一经发生，就成为过去，完全相同的事故不会再次显现。然而不能真正了解事故发生的原因，并采取有效措施去消除这些原因，就会再次出现类似的事故。应当致力于消除这种事故的再现性。

人们根据对过去事故所积累的经验和知识，以及对事故规律的认识，并使用科学的方法和手段，可以对未来可能发生的事故进行预测。事故预测就是在认识事故发生规律的基础上，充分了解、掌握各种可能导致事故发生的危险因素以及它们的因果关系，推断它们发展演变的状况和可能产生的后果。事故预测的目的在于识别和控制危险，预先采取对策，最大限度地减小事故发生的可能性。

第三节　事故致因理论概述

事故致因理论是人们对事故机理所作的逻辑抽象或数学抽象，是描述事故成因、经过和后果的理论，是研究人、物、环境、管理及事故处置这些基本因素如何作用而形成事故造成损失的。即事故模式理论是从本质上阐明工伤事故的因果关系，说明事故的发生、发展过程和后果的理论，它对于人们认识事故本质，指导事故调查、事故分析及事故预防等都有重要的作用。

目前，世界上有代表性的事故模式理论有十几种，对我国影响较大的主要有如下几种。

一、事故频发倾向论

1. 基本观点

事故频发倾向论是阐述企业员工个别人中存在着容易发生事故的、稳定的、个人的内在倾向的一种理论。

2. 经典理论

1919 年，格林伍德和伍慈对许多工厂里伤害事故发生次数资料进行统计分析，发现事故基本上呈现如下 3 种统计分布规律。

（1）泊松分布。当员工发生事故的概率不存在个体差异时，即不存在事故频发倾向者时，一定时间内事故发生次数服从泊松分布。在这种情况下，事故的发生是由于工厂里的生产条件、机械设备方面的问题，以及一些其他偶然因素引起的。

（2）偏倚分布。一些员工由于存在着精神或心理方面的毛病，如果在生产操作过程中发生过一次事故，则会造成胆怯或神经过敏，当再继续操作时，就有重复发生第二次、第三次事故的倾向。造成这种统计分布的是员工中存在少数有精神或心理缺陷的人。

（3）非均等分布。当工厂中存在许多特别容易发生事故的员工时，发生不同次数事故的员工人数服从非均等分布，即每个人发生事故的概率不相同。在这种情况下，事故的发生主要是由于人的因素引起的。为了检验事故频发倾向的稳定性，他们还计算了被调查工厂中同一个人在前 3 个月和后 3 个月里发生事故次数的相关系数，结果发现，工厂中存在着事故频发倾向者，并且前、后 3 个月事故次数的相关系数变化在 0.37±0.12~0.72±0.07，皆为正相关。

1926 年，纽鲍尔德研究大量工厂中事故发生次数分布，证明事故发生次数服从发生概率极小，且每个人发生事故概率不等的统计分布。他计算了一些工厂中前 5 个月和后 5 个月事故次数的相关系数，其结果为 0.04±0.009~0.71±0.06。这也充分证明了存在着事故频发倾向者。1939 年，法默和查姆勃明确提出了事故频发倾向的概念，认为事故频发倾向者的存在是工业事故发生的主要原因。

3. 事故频发倾向者的判别

对于发生事故次数较多、可能是事故频发倾向者的人，可以通过一系列的心理学测试来判别。例如，日本曾采用内田—克雷贝林测验测试人员大脑工作状态曲线，采用 YG 测验测试工人的性格来判别事故频发倾向者。另外，也可以通过对日常工人行为的观察来发现事故频发倾向者。一般来说，具有事故频发倾向的人在进行生产操作时往往精神动摇，注意力不能经常集中在操作上，因而不能适应迅速变化的外界条件。

事故频发倾向者往往有如下的性格特征。

（1）感情冲动，容易兴奋。

（2）脾气暴躁。

（3）厌倦工作，没有耐心。

（4）慌慌张张，不沉着。

（5）动作生硬而工作效率低。

（6）喜怒无常，感情多变。

（7）理解能力低，判断和思考能力差。

（8）极度喜悦和悲伤。

（9）缺乏自制力。

（10）处理问题轻率、冒失。

（11）运动神经迟钝，动作不灵活。

日本的学者发现容易冲动、不协调、不守规矩、缺乏同情心和心理不平衡的人发生事故次数较多。

4. 事故频发倾向论的不足之处

事故频发倾向论把事故的致因绝对化了。事实上，人的不安全行为只是事故发生的必要条件，但绝不是充分条件。如果工作环境是本质安全的，即使人有一些不安全行为，也是不会发生事故的。

二、因果连锁论

1. 基本观点

因果直链型将事故的发生定义为一个因素促成下一因素发生，下一因素又促成再下一个因素发生，彼此互为因果，互相连锁导致事故发生。

2. 因果连锁论的分类

目前各国学者提出了各种类型的事故因果类型，按类型可划分为因果直链型、多因致果型和复合型 3 种。

（1）因果直链型。将事故的发生定义为一个因素促成下一因素发生，下一因素又促成再下一个因素发生，彼此互为因果，互相连锁导致事故发生，如图 2-1 所示。

（2）多因致果型。将事故定义为多种各自独立的原因在同一时间共同导致事故的发生，如图 2-2 所示。

（3）复合型。复合型是因果直链型和多因致果型的综合，它提出事故是某些因素连锁，某些因素集中，互相交叉、复合造成的。

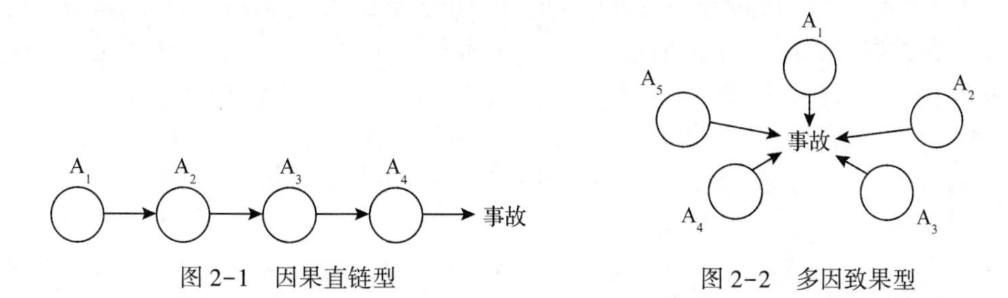

图 2-1　因果直链型　　　　图 2-2　多因致果型

事实上，事故的发生多为复合型。因果是有继承性的，是多层次的。一次原因是二次原因的结果，二次原因又是三次原因的结果，一起事故的发生经常是多层次、多线性原因的复杂组合。如图 2-3 和 2-4 所示。

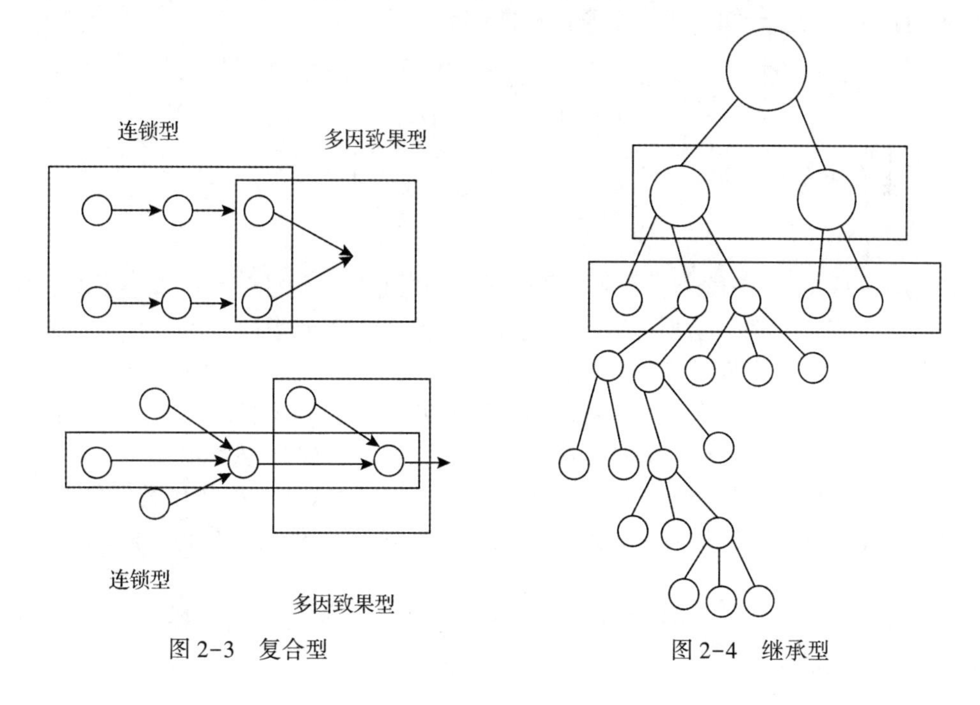

图 2-3　复合型　　　　图 2-4　继承型

3. 经典理论模型

目前已经提出的因果连锁论有很多种，对我国安全系统工程的发展有着较大影响的主要是下面几种。

（1）多米诺骨牌理论。

1）基本思想。1936 年，海因里希首先提出了事故因果连锁论，用以阐明导致伤亡事故的各种原因及与事故间的关系。该理论认为，伤亡事故的发生不是 1 个孤立的事件，尽管伤害可能在某一瞬间突然发生，却是一系列事件相继发生的结果。这些事件犹如 5 块平行摆放的骨牌，第 1 块倒下后就引起后面的骨牌连锁式地倒下，海因里希的理论也被称为多米诺骨牌理论，如图 2-5 所示。

图 2-5 中的 5 块骨牌依次是：

①M——遗传及社会环境。遗传及社会环境是造成人的缺点的原因。遗传因素可能使人具有鲁莽、固执、粗心等不良性格；社会环境可能妨碍教育，助长不良性格的发展。这是事故因果链上最基本的因素。

②P——人的缺点。人的缺点是由遗传和社会环境因素所造成，是使人产生不安全行为或使物产生不安全状态的主要原因。这些缺点既包括各类先天不良性格，也包括缺乏安全生产知识和技能等后天的不足。

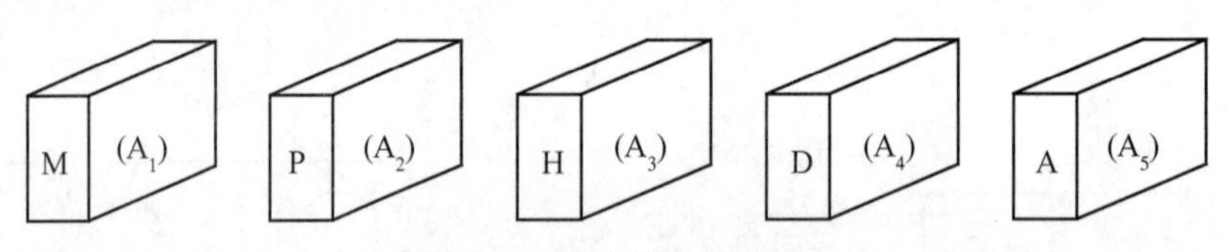

图 2-5　多米诺骨牌模型

③H——人的不安全行为和物的不安全状态引起的危险性。所谓人的不安全行为或物的不安全状态是指那些曾经引起事故，或可能引起事故的人的行为，或机械、物质的状态，它们是造成事故的直接原因。例如，在起重机的吊臂下停留、不发信号就启动机器、工作时间打闹或拆除安全防护装置等都属于人的不安全行为；没有防护的传动齿轮、裸露的带电体、照明不良等属于物的不安全状态。

④D——发生事故。即由物体、物质或放射线等对人体发生作用受到伤害的、出乎意料的、失去控制的事件。例如，坠落、物体打击等使人员受到伤害的事件是典型的事故。

⑤A——受到伤害。根据多米诺骨牌理论，人身伤害（最后一块多米诺骨牌）是事故发生的结果。

事故只会因人的不安全行为和物的不安全状态发生。而人的不安全行为只存在于粗心的人，是由他们的社会环境（一个人成长和受教育的地点和方式）或祖先遗传获得的；物的不安全状态是指设计不佳或维护不当的设备存在的缺陷。事故发生的前置因素（不安全行为或机械、物理危害）应得到最大的关注。海因里希认为，公司负责人应该对这5个因素同样重视，但主要关注的是事故以及这些事故的直接原因。他还强调，关注的重点应该是事故本身，而不是事故造成的伤害或财产损害。他将事故定义为任何未计划的、无法控制的、可能导致人身伤害或财产损失的事件。例如，如果一个人滑倒了，可能会受伤，也可能不会受伤，但是一个事故已经发生了。

2）对事故预防的指导。这一思想对于寻求事故调查分析的正确途径、找出防止事故发生的对策，无疑是很有启发的。按照这一理论，为了防止事故，只要抽去5块骨牌中的任何一块（例如防止人的不安全行为和物的不安全状态），事件链就会被破坏，就可以防止发生事故。

以 A_0 代表伤亡事故发生这一事件（伤亡事故事件），以 $A_1 \sim A_5$ 代表5块骨牌表示的事件。根据多米诺骨牌理论，伤亡事故要发生，必须5块骨牌都倒下，也就是说这5块骨牌代表的事件都发生才行（与门），即：

$$A_0 = A_1 \cdot A_2 \cdot A_3 \cdot A_4 \cdot A_5$$

据此可得：

$$P(A_0) = P(A_1) \cdot P(A_2) \cdot P(A_3) \cdot P(A_4) \cdot P(A_5)$$

$A_1 \sim A_5$ 这五个事件的概率都是小于1的，所以 $P(A_0) \ll 1$，说明伤亡事故的概率是很小的。

$$P(A_0) = P(A_1) \cdot P(A_2) \cdot 0 \cdot P(A_3) \cdot P(A_4) \cdot P(A_5)$$

于是，A_0 即为不可能事件，伤亡事故就不会发生了。

3）优缺点。多米诺骨牌理论确立了正确分析事故致因的事件链这一重要概念。它的优点是简单明了，形象直观地显示了事故发生的因果关系，指明了分析事故应该从事故现象逐步分析，深入到各层次的原因。

但是其缺点也很明显，它把事故致因的事件链过于绝对化了。事实上，各块骨牌之间的连锁不是绝对的，而是随机的。前面的牌倒下，后面的牌可能倒下，也可能不倒下。仅有某些事故引起伤害，且仅有某些不安全行为、不安全状态会引起事故等。可见，这一理论对于全面地解释事故致因是过于简单化了。

（2）博德事故因果连锁理论（也称现代事故因果连锁理论）。针对多米诺骨牌理论的缺陷，博德在其理论的基础上，提出了现代事故因果连锁理论。

博德事故因果连锁理论认为：

1）事故的直接原因是人的不安全行为、物的不安全状态；

2）事故的间接原因包括个人因素及与工作有关的因素；

3）事故的根本原因是管理的缺陷，即管理上存在的问题或缺陷是导致间接原因存在的原因，间接原因的存在又导致直接原因存在，最终导致事故发生。

博德事故因果连锁过程同样为5个因素，但每个因素的含义与海因里希的都有所不同。

1）管理缺陷。对于大多数企业来说，由于各种原因，完全依靠工程技术措施预防事故既不经济也不现实，只能通过完善安全管理工作，才能防止事故的发生。企业管理者必须认识到，只要生产没有实现本质安全化，就有发生事故及伤害的可能性，因此，安全管理是企业管理的重要一环。

安全管理系统要随着生产的发展变化而不断调整完善，十全十美的管理系统不可能存在。由于安全管理上的缺陷，致使能够造成事故的其他原因出现。

2）个人及工作条件的原因。这方面的原因是由于管理缺陷造成的。个人原因包括缺乏安全知识或技能，行为动机不正确，生理或心理有问题等；工作条件原因包括安全操作规程不健全，设备、材料不合适，以及存在温度、湿度、粉尘、气体、噪声、照明、工作场地状况（如打滑的地面、障碍物、不可靠支撑物）等有害作业环境因素。只有找出并控制这些原因，才能有效地防止后续原因的发生，从而防止事故的发生。

3）直接原因。人的不安全行为或物的不安全状态是事故的直接原因。这种原因是安全管理中必须重点加以追究的原因。但是，直接原因只是一种表面现象，是深层次原因的表征。在实际工作中，不能停留在这种表面现象上，而要追究其背后隐藏的管理上的缺陷原因，并采取有效的控制措施，从根本上杜绝事故的发生。

4）事故。这里的事故被看作是人体或物体与超过其承受阈值的能量接触，或人体与妨碍正常生理活动的物质的接触。因此，防止事故就是防止接触。可以通过对装置、材料、工艺等的改进来防止能量的释放，或者操作者提高识别和回避危险的能力，佩戴个人防护用具等来防止接触。

5）损失。人员伤害及财物损坏统称为损失。人员伤害包括工伤、职业病、精神创伤等。

在许多情况下，可以采取恰当的措施使事故造成的损失最大限度地减小。例如，对受伤人员进行迅速正确的抢救，对设备进行抢修以及平时对有关人员进行应急训练等。

（3）亚当斯事故因果连锁理论。亚当斯提出了一种与博德事故因果连锁理论类似的因果连锁模型。

在该理论中，事故和损失因素与博德理论相似。这里把人的不安全行为和物的不安全状态称作现场失误，其目的在于提醒人们注意不安全行为和不安全状态的性质。

亚当斯理论的核心在于对现场失误的背后原因进行了深入的研究。操作者的不安全行为及生产作业中的不安全状态等现场失误，是由于企业领导和安全技术人员的管理失误造成的。管理人员在管理工作中的差错或疏忽，企业领导人的决策失误，对企业经营管理及安全工作具有决定性的影响。管理失误又由企业管理体系中的问题所导致，这些问题包括：如何有组织地进行管理工作，确定怎样的管理目标，如何计划、如何实施等。管理体系反映了作为决策中心的领导人的信念、目标及规范，决定了各级管理人员安排工作的轻重缓急、工作基准及指导方针等重大问题。

（4）北川彻三的事故因果连锁理论。西方学者的事故因果连锁理论把考察的范围局限在企业内部，用以指导企业的事故预防工作。实际上，工伤事故发生的原因是复杂多样的，一个国家或地区的政治、经济、文化、教育、科技水平等诸多社会因素，对企业内部伤害事故的发生和预防有着重要的影响。因此，日本学者北川彻三在西方学者提出的事故因果连锁理论的基础上提出了另一种事故因果连锁理论。在日本，北川彻三的事故因果连锁理论被用作指导事故预防工作的基本理论。

1）事故的直接原因为：

①不安全行为。

②不安全状态。

2）事故的间接原因为：

①技术原因。机检、装置、建筑物等的设计、建造、维护等技术方面的缺陷。

②教育原因。由于缺乏安全知识及操作经验，不知道、轻视操作过程中的危险性和安全操作方法，或操作不熟练、习惯操作等。

③身体原因。身体状态不佳，如头痛、昏迷、癫痫等疾病，或近视、耳聋等生理缺陷，或疲劳、睡眠不足等。

④精神原因。消极、抵触、不满等不良态度，焦躁、紧张、恐怖等精神不安定，狭隘、顽固等不良性格，白痴等智力缺陷。

在工伤事故的上述 4 个方面的原因中，前两种原因经常出现，后两种原因相对出现较少。

3）事故的基本原因为：

①管理原因。企业领导者不够重视安全，作业标准不明确，维修保养制度方面有缺陷，人员安排不当，职工积极性不高等。

②学校教育原因。小学、中学、大学等教育机构的安全教育不充分。

③社会或历史原因。社会安全观念落后，工业发展的一定历史阶段，安全法规或安全管理、监督机构不完备等。

在上述原因中，管理原因可以由企业内部解决，而后两种原因需要全社会的努力才能解决。

三、系统理论

1. 基本观点

系统理论把“人—机—环境”作为一个系统（整体），研究人、机、环境之间的相互作用、反馈和调整，从中发现事故的致因，找出预防事故的途径。

系统理论着眼于下列问题的研究，即：

（1）机械的运行情况和环境的状况如何，是否正常。

（2）人的特性（生理、心理、知识技能）如何，是否正常。

（3）人对系统中危险信号的感知、认识理解和行为响应如何。

（4）机械的特性与人的特性是否相容。

（5）人的行为响应时间与系统允许的响应时间是否相容。

在这些问题中，系统理论特别关注对人的特性的研究，包括：人对机械和环境状态变化信息的感觉和察觉怎样；对这些信息的认识怎样；对它的理解怎样；采取适当响应行动的知识怎样；面临危险时的决策怎样；响应行动的速度和准确性怎样等。系统理论认为事故的发生是来自人的行为与机械特性间的失配或不协调，是多种因素互相作用的结果。

2. 具有代表性的事故致因模型

系统理论有多种事故致因模型，它们的形式虽然不同，但是涉及的内容大体是一致的。现对其中具有代表性的瑟利模型和安德森等人对瑟利模型的扩展，分别介绍如下。

（1）瑟利模型。瑟利把人、机、环境系统中事故发生的过程分为两个阶段。两个阶段各包括一组类似的心理—生理成分（即感觉、认识、行为响应）问题。两个阶段如下。

1）第一阶段。人会不会面临危险（危险构成——指形成潜在危险）。在这一阶段，如果正确地回答了每个问题（如图 2-6 中标示 Y 的系列），危险就能消除或得到控制；反之，只要对任何一个问题做出了否定的回答（如图 2-6 中标示 N 的系列），危险就会迫近转入下一阶段。

2）第二阶段。危险会不会造成伤害（出现危险的紧急期间——指危险由潜在状态变为现实状态）。在该阶段，如果正确回答了每个问题，虽然存在危险，但由于感觉认识到并正确地做出了行为响应，就能避免危险的紧急出现，就不会发生伤害或损坏（如图 2-6 中标示的 Y 系列）；反之，只要对任何一个问题做了否定的回答，危险就会紧急出现，从而导致伤害或损坏（如图 2-6 中标示 N 的系列）。

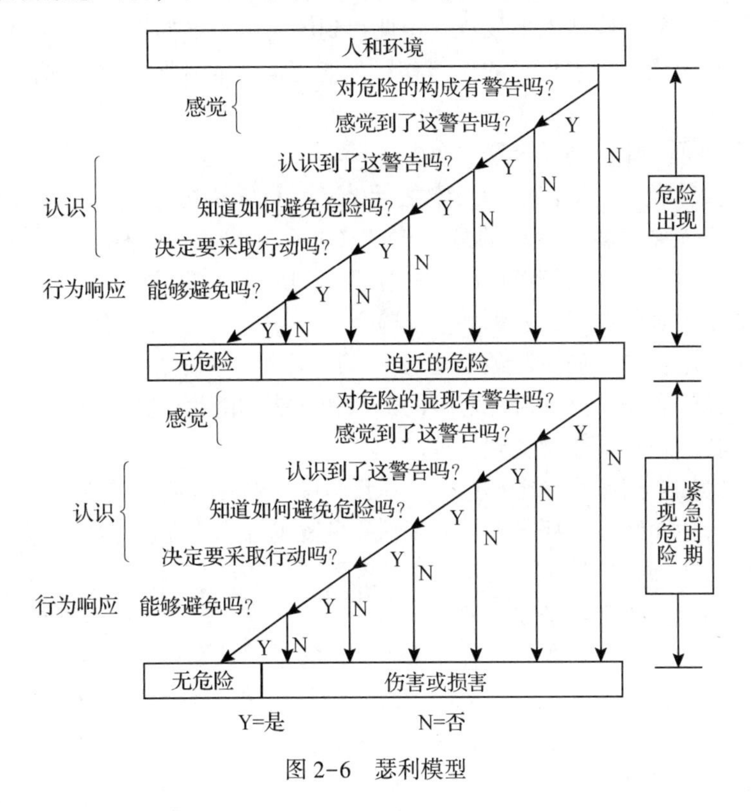

图 2-6　瑟利模型

两个阶段涉及的心理—生理成分（即感觉、认识、行为响应）问题及含义如下。

第一个问题：对危险的构成有警告吗？

问的是环境的瞬时状态，即环境对危险的构成是否客观存在警告信号。这个问题可以再被问成：能否感觉到环境中存在两种运行状态（安全和危险）的差异？这个问题含蓄地表示出可以没有可感觉到的危险线索。这样，事故将是不可避免的。这个问题的启示是：在系统运行期间应该密切观察环境的状况。

第二个问题：感觉到了这警告吗？

问的是如果环境有警告信号，能被操作者察觉吗？这个问题有两方面含义：一是人的感觉能力（如视力、听力、动觉性等）如何，如果人的感觉能力差，或者过度集中精力于工作，那么即使客观有警告信号，也可能未被察觉。二是干扰（环境中影响人感知危险信号的各种因素，如噪声等）的影响如何，如果干扰严重，则可能妨碍对危险线索的发现。由此得到的启示是：如果存在上述情况，则应安装便于操作者发现危险信号的仪器（譬如能将危险信号加以放大的仪器）。

上述两个问题都是关于感觉成分的，而下面的3个问题是关于认识成分的。

第三个问题：认识到了这警告吗？

问的是操作者是否知道危险线索是什么，并且知道每个线索意味着什么危险。即操作者是否能接收客观存在的危险信号（如一声尖叫，一种运动，或者常见的物体不见了，对操作者而言都可能是一种已知的或未知的危险信号），并经过大脑的分析变成了主观的认识，意识到了危险。

第四个问题：知道如何避免危险吗？

问的是操作者是否具备避免危险的知识和技能。由此得到的启示是：为了具备这种知识和技能应使操作者受到训练。

第三和第四个问题是紧密相连的。认识危险是避免危险的前提，如果操作者不认识、不理解危险线索，那么即使有了认识危险的知识和避免危险的技能也无济于事。

第五个问题：决定要采取行动吗？

就第二阶段的这个问题而言，如果不采取行动，就会造成伤害或损坏，因此必须做出肯定回答，这是无疑的。然而，第一阶段的这个问题却是耐人寻味的。它表明操作者在察觉危险之后不一定必须立即采取行动。这是因为危险由潜在状态变为现实状态，不是绝对的，而是存在某种概率的关系。潜在危险不一定会导致事故，造成伤害或损坏。这里存在一个危险的可接受性问题。在察觉潜在危险之后，立即采取行动，固然可以消除危险，然而要付出代价。譬如要停产减产，影响效益。反之，如果不立即行动，尽管要冒着显现危险的风险（事故过程进入第二阶段），然而可以减少花费和利益损失。究竟是否立即行动，应该考虑两方面的问题：一是正确估计危险由潜在变为显现的可能性；二是正确估价自己避免危险显现的技能。

第六个问题：能够避免吗？

问的是操作者避免危险的技能如何，譬如能否迅速、敏捷、准确地做出反应。由于人的行动以及危险出现的时间具有随机变异性（不稳定性），这将导致即使行为响应正确，有时也不能避免危险。就人而言，其反应速度和准确性不是稳定不变的。譬如人的平均反应时间为0.9 s，因此1 s或更短的反应时间在多数情况下都使人能够避免危险，然而人的反应时间有时也会超过临界时间（如1.05 s），这时就无法避免危险了。危险出现的时间也并非稳定不变的，正常情况下危险由潜在变为显现的时间可能足够人们采取行动来避免危险，然而有时危险显现可能提前，人们再按正常速度行动就无法避免危险了。上述随机变异性可以通过机械的改进、维护的改进、人避免危险技能的改进而减小，但是要完全消除是困难的。因此，由于这种随机变异性而导致事故的可能性是难以完全消除的。

3）瑟利模型对事故预防的启示。由瑟利模型的说明可见，该模型从人、机、环境的结合上对危险从潜在到显现，从而导致事故和伤害进行了深入细致的分析，这将给人以多方面的启示。

①防止事故的关键在于发现和识别危险。这涉及操作者的感觉能力、环境的干扰、危险的知识和技能等。

②改善安全管理应该致力于这些问题的解决，如人员的选拔和培训、作业环境的改善、监控报警装置的设置等。

③危险的可接受性问题，对于正确处理安全与生产辩证关系很有启发。安全是生产的前提条件，当安全与生产发生矛盾时，如果危险紧迫而不立即采取行动，就会发生事故，造成伤害和损失，那么宁可生产暂时受到影响，也要保证安全。反之，如果恰当估计危险显现的可能，只要适当采取措施，就能做到生产安全两不误，那就应该尽可能避免生产遭受损失。当因采取安全措施而可能严重影响生产时，尤其应持慎重的态度。

（2）安德森模型。瑟利模型实际上研究的是在客观已经存在潜在危险（存在于机械的运行和环境中）的情况下，人与危险之间的相互关系、反馈和调整控制的问题。然而，瑟利模型没有探究何以会产生潜在危险，没有涉及机械及其周围环境的运行过程。

安德森等人在应用瑟利模型分析60起工业事故中，发现了上述问题，从而对它进行了扩展。他们在瑟利模型之上增加了一组问题，所涉及的是：危险线索的来源及可觉察性，运行系统内的波动（机械运行过程及环境状况的不稳定性），以及控制或减少这些波动使之与人（操作者）的行为波动相一致。安德森等人的工作实际上是对瑟利模型的补充和完善，使之更加有用。如图 2-7 所示。

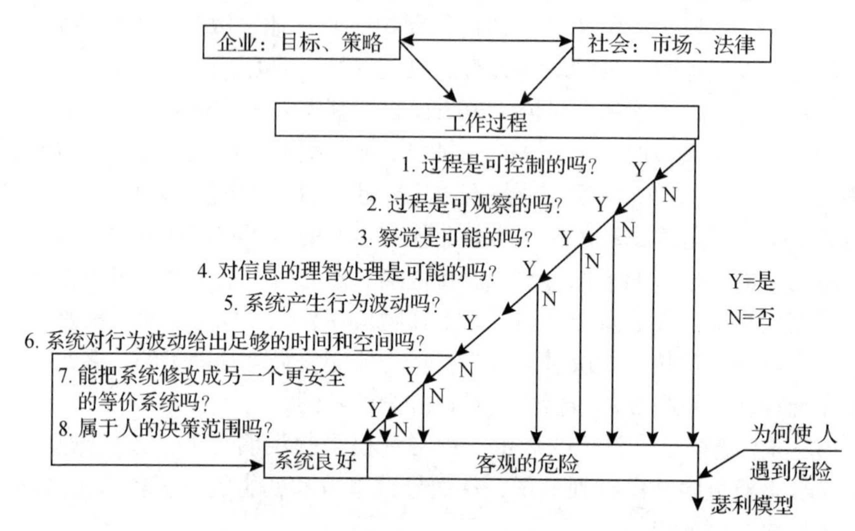

图 2-7　安德森模型

第一个问题：过程是可控制的吗？

即不可控制的过程（如闪电）所带来的危险是无法避免的，此模型所讨论的是可以控制的工作过程。

第二个问题：过程是可观察的吗？

指的是依靠人的感官或借助于仪表设备能否观察、了解工作过程。

第三个问题：察觉是可能的吗？

指的是工作环境中的噪声、照明不良、栅栏等是否会妨碍对工作过程的观察了解。

第四个问题：对信息的理智处理是可能的吗？

此问题有两方面的含义：一是问操作者是否知道系统是怎样工作的。如果系统工作不正常，操作者是否能感觉、认识到这种情况。二是问系统运行给操作者带来的疲劳、精神压力（如此长期处于高度精神紧张状态）以及注意力减弱是否会妨碍对系统工作状况的准确观察和了解。

上述问题的含义与瑟利模型第一组问题的含义有类似的地方。两者所不同的是：安德森模型是针对整个系统，而瑟利模型仅仅是针对具体的危险线索。

第五个问题：系统产生行为波动吗？

问的是操作者的行为响应的不稳定性如何，有无不稳定性？有多大？

第六个问题：系统对行为的波动给出足够的时间和空间吗？

问的是运行系统（机械、环境）是否有足够的时间和空间以适应操作者行为的不稳定性。如果是，则可以认为运行系统是安全的（图 2-7 中跨过问题 7、8，直接指向系统良好），否则就转入下一个问题，即能否对系统进行修改（机器或程序）以适应操作者行为在预期范围内的不稳定性。

最后一个问题：属于人的决策范围吗？

指的是修改系统是否可以由操作者和管理人员做出决定。尽管系统可以被改为安全的，但如果操作者和管理人员无权改动，或者涉及政策法规不属于人的决策范围，那么修改系统也是不可能的。

对模型的每个问题，如果回答是肯定的，则能保证系统安全可靠（如图 2-7 中沿斜线前进），如果对问题 1~4、7~8 做出了否定的回答，则会导致系统产生潜在的危险，从而转入瑟利模型。如果对问题 5 的回答是否定的，则跨过问题 6、7 而直接回答问题 8。如果对问题 6 的回答是否定的，则要进一步回答问题 7 才能继续系统的发展。

3. 系统理论的指导意义

系统理论对改进事故调查、事故预防，和对有关事故的基本研究均指明了方向。

（1）对事故调查的指导。为了确定事故的原因，无论系统是由高度自动化的机器还是只由一个仓库构成，系统理论要求对运行系统的正常情况和反常情况都应了解，尤其是要知道系统不常发生的运行特性。

（2）对事故预防的指导。系统理论从机械和操作者两个方面提出了对事故预防的指导。对于机械，系统理论主张增进其性能的可靠性，减少其性能的不稳定性。为此，应该有计划地对设备进行维修和适当的更换。对于那些通过设备维修和更换也不能消除可能出现的异常状况，应该从设计上做出努力，保证机器能对迫近的危险给出清楚的警告——让操作者直接看到、听到，或者使用能探查出隐患的设备，一台安全的机器必须是能对危险给出充分警告的机器。

对于操作者，系统理论所关注的是如何提高他们对危险的识别、反应能力。为了使操作者能够识别危险，对危险做出适当的反应，并采取恰当的行动，就必须让他们知道所应该知道的一切事情。为此，应该加强对操作者的安全培训，使他们能辨别正常的和不正常的、安全的和危险的运行状态；知道他们可能遇到什么样的危险线索、危险线索发生的经常程度；知道这些危险线索发展到什么程度就会变成真正的危险（现实的危险）。

（3）对基本研究的指导。系统理论从许多方面对有关事故的基本研究指出了方向，例如：改善和发展观察、记录系统运行的基本方法和确定危险线索所用的基本原理。

对于试验性的或是正常运行条件下的装置，人在感觉、认识、记忆、危险判断等方面的界限是怎样的？譬如：人是否对各种各样的装置都能够判明具体的危险线索；哪些因素会影响对少见但可能是危险情况的记忆和判断；哪些训练可以增强对这些情况的记忆。

关于与事故有关的主要的感觉、认识、行为反应的能力和第二位的人和环境的因素（性格、年龄、性别、文化、能量类型等）的探讨，诸如它们的区别和联系怎样等。

四、轨迹交叉论

1. 基本思想

轨迹交叉论综合了各种事故致因理论的积极方面。

伤害事故是许多互相关联的事件顺序发展的结果。这些事件概括起来不外乎人和物两个发展系列。当人的不安全行为和物的不安全状态在各自发展过程中（轨迹），在一定时间、空间发生了接触（交叉），能量“逆流”人体时，伤害事故就会发生。而人的不安全行为和物的不安全状态之所以产生和发展，又是多种因素作用的结果。

轨迹交叉论作为一种事故致因理论，强调人的因素和物的因素在事故致因中占有同样重要的地位。按照该理论，可以通过避免人与物两种因素运动轨迹交叉，即避免人的不安全行为和物的不安全状态同时、同地出现，来预防事故的发生。

根据轨迹交叉论所做出的事故模型如图 2-8 所示。

这个轨迹交叉论事故模型反映了绝大多数事故的情况。实际情况中只有少量事故是与人的不安全行为或物的不安全状态无关，绝大多数事故则是与二者同时相关。例如日本厚生劳动省曾经调查分析了 50 万起事故，发现：如果从人的系列分析，只有约 4%与人的不安全行为无关（即不是由人的不安全行为引起的）；如果从物的系列分析，只有约 9%与物的不安全状态无关。

在人和物两大系列的运动中，二者并不是完全独立进行的。人的不安全行为和物的不安全状态往往是互为因果，互相转化的。人的不安全行为会造成物的不安全状态（如人为了方便拆去了设备的保护装置），而物的不安全状态又会导致人的不安全行为（如没有防护围栏和警告信号，人误入危险区域）。

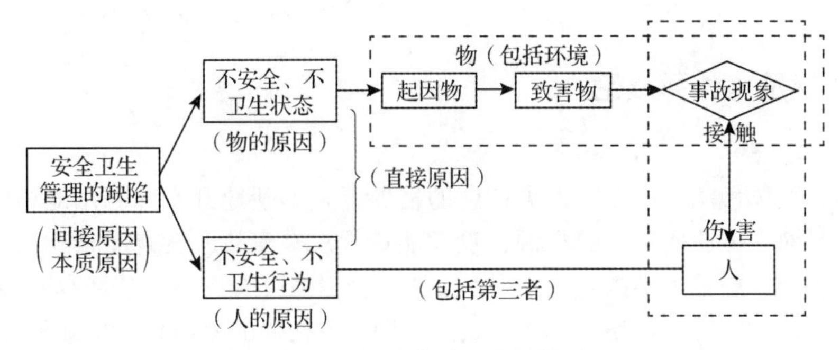

图 2-8　轨迹交叉论事故模型

2. 分析方法

轨迹交叉理论将事故的发生发展过程描述为：基本原因→间接原因→直接原因→事故→伤害。从事故发展的角度，这样的过程被形容为事故致因因素导致事故的运动轨迹，具体包括人的因素运动轨迹和物的因素运动轨迹。

（1）人的因素运动轨迹。人的不安全行为基于生理、心理、环境、行为几个方面而产生，其运动轨迹如下。

1）生理、先天身心缺陷。

2）社会环境、企业管理上的缺陷。

3）后天的心理缺陷。

4）视、听、嗅、味、触等感官能量分配上的差异。

5）行为失误。

（2）物的因素运动轨迹。在物的因素运动轨迹中，生产过程各阶段都可能产生不安全状态，其运动轨迹如下。

1）设计上的缺陷，如用材不当、强度计算错误、结构完整性差、采矿方法不适应矿床围岩性质等。

2）制造、工艺流程上的缺陷。

3）维修保养上的缺陷，降低了可靠性。

4）使用上的缺陷。

5）作业场所环境上的缺陷。

3. 优缺点

轨迹交叉理论具有理论上的优越性，在实际应用上却存在困难。它的实际应用尚有待于对机械能的分类进行更为深入细致的研究，以便对机械能造成的伤害进行分类。

五、能量意外释放论

1. 基本思想

能量是物体做功的本领，人类社会的发展就是不断地开发和利用能量的过程。但能量也是对人体造成伤害的根源，没有能量就没有事故，没有能量就没有伤害。所以吉布森、哈登等人根据这一概念，提出了能量意外释放论。其基本观点是：不希望或异常的能量转移是伤亡事故的致因。即人受伤害的原因只能是某种能量向人体的转移，而事故是一种能量的不正常或不期望的释放。

2. 能量引起伤害的分类

能量按其形式可分为动能、势能、热能、电能、化学能、原子能、辐射能（包括离子辐射和非离子辐射）、声能和生物能等。人受到伤害都可归结为上述一种或若干种能量的不正常或不期望的转移。在能量意外释放论中，把能量引起的伤害分为以下两大类。

第一类伤害是由于施加了超过局部或全身性的损伤阈值的能量而产生的。

人体各部分对每一种能量都有一个损伤阈值。当施加于人体的能量超过该阈值时，就会对人体造成损伤。大多数伤害均属于此类伤害。例如，在工业生产中，一般都以 36 V 为安全电压。这就是说，在正常情况下，当人与电源接触时，由于 36 V 在人体所承受的阈值之内，就不会造成任何伤害或伤害极其轻微；然而由于 220 V 电压大大超过人体的阈值，与其接触，轻则灼伤或其某些功能暂时性损伤，重则造成终身伤残甚至死亡。

第二类伤害则是由于影响局部或全身性能量交换引起的，譬如因机械因素或化学因素引起的窒息（如溺水、一氧化碳中毒等）。

能量意外释放论的另一个重要概念是，在一定条件下，某种形式的能量能否造成伤害及事故，主要取决于人所接触的能量大小、接触的时间长短和频率、力的集中程度、受伤的部位及屏障设置的早晚等。

3. 事故分析的基本方法

用能量意外释放的观点分析事故致因的基本方法是：首先确认某个系统内的所有能量源，然后确定可能遭受该能量伤害的人员及伤害的可能严重程度，进而确定控制该类能量不正常或不期望转移的方法。

用能量意外释放的观点分析事故致因的方法，可应用于各种类型的包含、利用、储存任何形式能量的系统，也可以与其他分析方法综合使用，用来分析、控制系统中能量的利用、储存或流动。但该方法不适用于研究、发现和分析不与能量相关的事故致因，如人为失误等。

4. 优缺点

能量意外释放论与其他事故致因理论相比，具有以下两个主要优点：

一是把各种能量对人体的伤害归结为伤亡事故的直接原因，从而决定了对能量源及能量输送装置加以控制作为防止或减少伤害发生的最佳手段这一原则；

二是依照该理论建立对伤亡事故的统计分类，是一种可以全面概括、阐明伤亡事故类型和性质的统计分类方法。

能量意外释放论的不足之处是：由于机械能（动能和势能）是职业伤害的主要能量形式，因而使得按能量意外释放的观点对伤亡事故进行统计分类的方法尽管具有理论上的优越性，在实际应用上却存在困难。它的实际应用尚有待于对机械能的分类做更为深入细致的研究，以便对机械能造成的伤害进行分类。

六、事故致因理论的应用

1. 由事故致因理论得出的基本结论

（1）工伤事故的发生是偶然、随机的现象，然而又有其必然的规律性。事故的发生是许多事件互为因果，一步步组合的结果。事故致因理论揭示出了导致事故发生的多种因素，以及它们之间的相互联系和彼此的影响。

（2）由于产生事故的原因是多层次的，所以不能把事故原因简单地归咎为违章。必须透过现象看本质，从表面的原因追踪到各个深层次直到本质的原因。只有这样，才能彻底认识事故发生的机理，真正找到防止事故的有效对策。

（3）事故致因是多种因素的组合，可以归结为人和物两大系列的运动。人物系列轨迹交叉，事故就会发生。应该分别研究人和物两大系列的运动特性。追踪人的不安全行为和物的不安全状态。研究人、物都受到哪些因素的作用，以及人、物之间的互相匹配方面的问题。

（4）人和物的运动都是在一定的环境（自然环境和社会环境）中进行的，因此追踪人的不安全行为和物的不安全状态还应该和对环境的分析研究结合起来进行。弄清环境对人的不安全行为和物的不安全状态都有哪些影响。

（5）人、物、环境（环境也可包含在物中）都是受管理因素支配的。人的不安全行为和物的不安全状态是造成伤亡事故的直接原因，管理不科学和领导失误才是本质原因。预防事故归根结底应从改进管理做起。

2. 根据事故致因理论应如何防止发生事故

根据事故致因理论可知事故的发生是人和物两大系列轨迹交叉的结果。因此，防止发生事故的基本原理就是使人和物的运动轨迹中断，使二者不能交叉。具体地说，如果排除了机械设备或处理危险物质过程中的隐患，消除了物的不安全状态，就切断了物的系列连锁；如果加强了对人的安全教育和技能训练，进行科学的安全管理，从生理、心理和操作上控制不安全行为的产生，就切断了人的系列连锁。这样，人和物两大系列轨迹则不会相交，伤害事故就可以得到避免。

在上述两项连锁中，切断人的系列连锁无疑是非常重要的，应该给以充分的重视。首先，要对人员的结构和素质情况进行分析，找出容易发生事故的人员层次和个人以及最常见的人的不安全行为。然后，在对人的身体、生理、心理进行检查测验的基础上合理选配人员。从研究行为科学出发，加强对人的教育、训练和管理，提高生理、心理素质，增强安全意识，提高安全操作技能，从而最大限度减少、消除不安全行为。

针对人的因素的事故防止对策可归纳如下。

(1) 职业适应性检查。

(2) 人员的合理选拔和调配。

(3) 安全知识教育。

(4) 安全态度教育。

(5) 安全技能培训。

(6) 制定作业标准和异常情况时的处理标准。

(7) 作业前的培训。

(8) 制定和贯彻实施安全生产规章制度。

(9) 开好班前会。

(10) 实行确认制。

(11) 作业中的巡视检查、监督指导。

(12) 竞赛评比，奖励惩罚。

(13) 经常性的安全教育和活动。

为了消除物的不安全状态，应该把落脚点放在提高技术装备（机械设备、仪器仪表、建筑设施等）的安全化水平上。技术装备安全化水平的提高也有助于改进安全管理和防止人的不安全行为。可以说，在一定程度上，技术装备安全化水平决定了工伤事故和职业病的概率大小。这一点也可以从发达国家工业和技术高度发展后伤亡事故频率大幅度下降这一事实得到印证。

为了提高技术装备的安全化水平，必须大力推行本质安全技术。

所谓本质安全就是指包含在设备、设施或技术工艺内的能够从根本上防止事故发生的功能。具体来说，它包括以下 3 方面的内容。

（1）失误安全功能。指操作者即使操纵失误也不会发生事故和伤害，或者说设备、设施或工艺技术具有自动防止人的不安全行为的功能。

（2）故障安全功能。指设备、设施发生故障或损坏时还能暂时维持正常工作或自动转变为安全状态。

（3）上述安全功能应该潜藏于设备、设施或工艺技术内部，即在它们的规划设计阶段就被纳入，而不应在事后再行补偿。

人机轨迹交叉是在一定环境条件下进行的，因此除了人和机外，为了防止事故和职业危害，还应致力于作业环境的改善。此外，还应开拓人机工程的研究，解决好人、物、环境的合理匹配问题，使机器设备、设施的设计、环境的布置、作业条件、作业方法的安排等符合人的身体、生理、心理条件的要求。

针对物、环境以及人、物、环境合理匹配方面的事故防止对策，可归纳为以下 13 个方面。

（1）进行系统安全分析、危险性评价、事故预测。找出设备、设施、环境、技术、工艺、物料等存在的危险因素，并进行定性定量的评价，对可能发生的事故和事故触发因素进行预测。

（2）进行人机工程分析。明确人、物、环境各自的特点以及彼此匹配的要求，确定系统能够安全运行以及人能够安全、高效、舒适工作的基本条件。

（3）推行本质安全技术。

（4）采用安全装置。包括防护装置、保险装置、自动监控装置等。

（5）采用警告装置。

（6）预防性试验。包括各种设备、设施的强度、刚度安全可靠性试验及新技术、新工艺的安全试验。

（7）检查和维护。检查分为作业前、作业中、作业后检查和定期检查。检查应广泛采用安全检查表。

（8）作业环境的整治与改善。

（9）劳动防护用品的完备。

（10）对易燃易爆、有毒有害的物料、场所的事故防止对策。

（11）设备、设施、操纵显示装置的人机学设计。

（12）工艺过程、作业方法的改善。

（13）作业条件的改善。

人、物、环境的因素是造成事故的直接原因；管理是事故的间接原因，但却是本质的原因。对人和物的控制、对环境的改善归根结底都有赖于管理；关于人和物的事故防止措施归根结底都是管理方面的措施。必须极大地关注管理的改进，大力推进安全管理的科学化、现代化。

应该对安全管理的状况进行全面系统的调查分析，找出管理上存在的薄弱环节，在此基础上确定从管理上预防事故的措施。

从管理上预防事故的对策可归纳为以下 12 个方面。

（1）管理监督人员的职责履行情况。

（2）作业方法应改进之处。

（3）作业程序是否正确。

（4）人员的选配和安排是否正确。

（5）对人员的教育培训是否充分。

（6）作业中的检查、监督、指导是否良好。

（7）是否努力使设备安全化。

（8）是否努力改善和保持环境。

（9）安全卫生检查情况如何。

（10）异常时的应急措施的实施情况如何。

（11）对过去发生事故的防止对策是否认真执行。

（12）是否努力提高职工的安全意识。

第四节　事故的预防

一、事故的发展阶段

如同一切事物一样，事故也有其发生、发展以及消除的过程，因而是可以预防的。事故的发展可归纳为 3 个阶段：孕育阶段、生长阶段和损失阶段。

孕育阶段是事故发生的最初阶段，此时事故处于无形阶段，人们可以感觉到它的存在，而不能指出它的具体形式。

生长阶段是由于基础原因的存在，出现管理缺陷，使不安全状态和不安全行为得以发生，构成生产中事故隐患的阶段。此时，事故处于萌芽状态，人们可以具体指出它的存在。

损失阶段是生产中的危险因素被某些偶然事件触发而发生事故，造成人员伤亡和经济损失的阶段。

安全工作的目的是要避免因发生事故而造成损失，因此要将事故消灭在孕育阶段和生长阶段。为达到这一目的，就需要识别事故，即在事故的孕育阶段和生长阶段中明确识别事故的危险性，所以需要进行事故的分析和评价工作。

二、事故法则

事故法则即事故的统计规律，又称 1∶29∶300 法则。即在每 330 次事故中，会造成死亡、重伤事故 1 次，轻伤、微伤事故 29 次，无伤事故 300 次。这一法则是美国安全工程师海因里希统计分析了 55 万起事故后提出的。人们经常根据事故法则的比例关系绘制成三角形图，称为事故三角形，如图 2-9 所示。

事故法则告诉我们，要消除 1 次死亡、重伤事故以及 29 次轻伤、微伤事故，必须首先消除 300 次无伤事故。也就是说，防止灾害的关键不在于防止伤害，而是要从根本上防止事故。所以，安全工作必须从基础抓起，如果基础安全工作做得不好，小事故不断，就很难避免大事故发生。

上述事故法则是从一般事故统计中得出的规律，其绝对数字不一定适用于煤炭行业事故。因此，为了进行煤炭行业事故的预测和评价工作，有必要对行业事故的事故法则进行研究。有关学者曾对这一问题做过一些初步研究，得到煤矿事故的结论如下。

对于采煤工作面所发生的顶板事故，其事故法则为：

死亡∶重伤∶轻伤∶无伤=1∶12∶300∶400

采煤顶板事故三角形如图 2-10 所示。

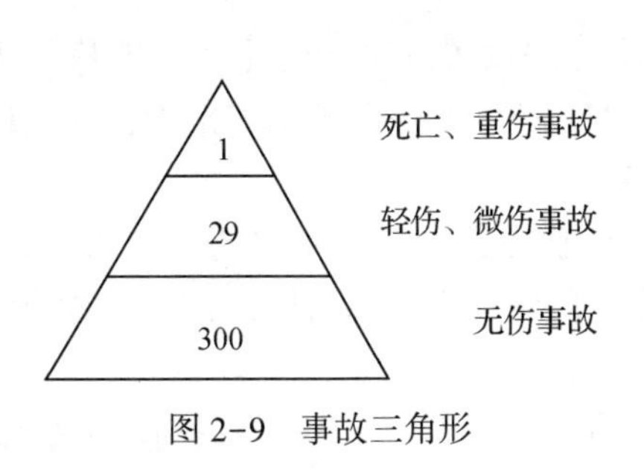

图 2-9　事故三角形

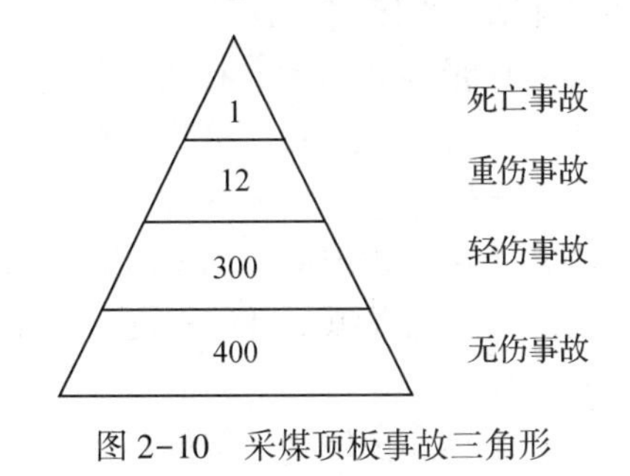

图 2-10　采煤顶板事故三角形

对于全部煤矿事故，事故法则为：

死亡∶重伤∶轻伤=1∶10∶300

三、事故的预防原则

综上所述，事故是有其固有规律的，除了人类无法左右的自然因素造成的事故（如地震、山崩等）以外，在人类生产和生活中所发生的各种事故都是可以预防的。

事故的预防工作应该从技术、组织管理和教育3个方面考虑，应当遵循以下基本原则。

1. 技术原则

在生产过程中，客观上存在的隐患是事故发生的前提。因此，要预防事故的发生，就需要针对危险隐患采取有效的技术措施进行治理。在采取有效技术措施进行治理过程中，应当遵循的基本原则有以下7个方面。

（1）消除潜在危险原则。即从本质上消除事故隐患，其基本做法是，以新的系统、新的技术和工艺代替旧的、不安全的系统、技术和工艺，从根本上消除发生事故的可能性。例如，用不可燃材料代替可燃材料，改进机器设备，消除人体操作对象和作业环境的危险因素，消除噪声、尘毒对工人的影响等，从而最大可能地保证生产过程的安全。

（2）降低潜在危险严重度的原则。即在无法彻底消除危险的情况下，最大限度地限制和减少危险程度。例如，手电钻工具采用双层绝缘措施，利用变压器降低回路电压，在高压容器中安装安全阀等。

（3）闭锁原则。在系统中通过一些元器件的机器连锁或机电、电气互锁，作为保证安全的条件。例如，冲压机械的安全互锁器，电路中的自动保安器，煤矿上使用的瓦斯—电闭锁装置等。

（4）能量屏蔽原则。在人、物与危险源之间设置屏障，防止意外能量作用到人体和物体上，以保证人和设备的安全。例如，建筑高空作业的安全网，核反应堆的安全壳等都起到保护作用。

（5）距离保护原则。当危险和有害因素的伤害作用随着距离的增加而减弱时，应尽量使人与危害源距离远一些。例如，化工厂建立在远离居民区，爆破时的危险距离控制等。

（6）个体保护原则。根据不同作业性质和条件，配备相应的保护用品及用具，以保护作业人员的安全与健康。例如，安全带、护目镜、绝缘手套等。

（7）警告、禁止信息原则。采用光、声、色等标志，作为传递组织和技术信息的目标，以保证安全。例如，警灯、警报器、安全标志、宣传画等。

此外，还有时间保护原则、薄弱环节原则、坚固性原则、代替作业人员原则等，可以根据需要确定采取相关的预防事故的技术原则。

2. 组织管理原则

预防事故的发生，不仅要遵循上述的技术原则，而且还要在组织管理上采取相关的措施，才能最大限度地减小事故发生的可能性。

（1）系统整体性原则。安全工作是一项系统性、整体性的工作，它涉及企业生产过程中的各个方面。安全工作的整体性要体现出：有正确的安全生产方针，有明确的工作目标，综合地考虑问题的原因，动态地认识安全状况；落实措施要有主次，要有效地抓住各个环节，并且能够适应变化的要求。

（2）计划性原则。安全工作要有计划和规划，近期的目标和长远的目标要协调进行。工作方案、人财物的使用要按照规划进行，并且有最终的评价，形成闭环的管理模式。

（3）效果性原则。安全工作的好坏，要通过最终成果的指标来衡量。但是，由于安全问题的特殊性，安全工作的成果既要考虑经济效益，又要考虑社会效益。正确认识和理解安全的效果性，是落实安全生产措施的重要前提。

（4）坚持合理的安全管理体制的原则。在我国，为了使安全管理体制、安全生产责任制及安全教育工作得到顺利实施，需要采取党政工团的协调工作。党制定正确的安全生产方针和政策，教育干部和群众遵章守法，了解和解决工人的思想负担，把不安全行为变为安全行为。政府实行安全监察管理职责，不断改善劳动条件，提高企业生产的安全性。工会代表工人的利益，监督政府和企业把安全工作搞好。青年工人是劳动力中的有生力量，青年工人中往往事故发生率高，因此，动员青年工人开展事故预防活动，是安全生产的重要保证。

（5）责任制原则。各级政府及相关的职能部门和企事业单位应当实行安全生产责任制，对因违反劳动安全法规和不负责任的人员而造成的伤亡事故应当给予行政处罚，造成重大伤亡事故的应当根据刑法，追究刑事责任。只有将安全责任落到实处，安全生产才能得以保证，安全管理才能有效。

3. 安全教育原则

安全教育的原则可概括为 3 个方面，即安全态度教育原则、安全知识教育原则和安全技能教育原则。

（1）安全态度教育原则。要想增强人的安全意识，应使之对安全有一个正确的态度。安全态度教育包括 2 个方面，即思想教育（包括安全意识教育、安全生产方针政策教育和法纪教育等）和态度教育。

（2）安全知识教育原则。安全知识教育包括安全管理知识教育和安全技术知识教育。对于带有不能直接感知其危险性的危险因素的操作，安全知识教育尤其重要。

（3）安全技能教育原则。仅有了安全技术知识并不等于能够安全地从事操作，还必须把安全技术变成可以进行安全操作的本领，才能取得预期的安全效果，要实现从“知道”到“会做”的过程，就要借助于安全技能培训。安全技能培训包括正常作业的安全技能培训、异常情况的处理技能培训。

综上所述，事故的预防要从技术、组织管理和教育多方面采取措施，从总体上提高预防事故的能力，才能有效地控制事故，保证生产和生活的安全。

本章小结

事故致因理论的科学实质无非就是事故、事故原因间、事故原因与事故间的逻辑关系的表达。随着事故原因定义、分类和原因间与事故间的逻辑关系不同，可以有很多事故致因模型。在妥善定义事故概念的基础上，任何安全工作的目的都是预防事故，因此任何安全工作都需要事故致因理论做指导。自 1919 年以来，全球事故致因模型已经有几十种之多，每个模型都不是完善的，各有长短和适用性，必须根据实际情况进行选择。本章从安全科学的研究对象和研究目的出发，选择性地说明了几种对我国影响较大的事故致因理论，阐明了事故的预防原则。

复习思考题

1. 如何认识事故？
2. 事故的分类方法有哪些？
3. 如何理解事故的因果性、偶然性、必然性、规律性以及潜在性、再现性和预测性之间的关系？
4. 事故致因理论有哪些？请简述其基本原理。
5. 事故致因理论对事故预防有何指导作用？
6. 请尝试用一种或几种事故致因理论分析一起事故的发生、发展过程？

第三章　系统安全分析

本章学习目标

1. 了解系统安全分析的目的、作用以及系统安全分析方法选择的基本原则。

2. 熟悉几种常用的定性和定量系统安全分析方法的基本功能、特点和原理。

3. 掌握这些方法的分析过程和计算方法；体会定性分析与定量分析方法之间的联系。

系统安全分析是安全系统工程的核心内容。通过系统安全分析，可以查明系统中的危险源，分析可能出现的危险状态，估计事故发生的概率、可能产生的伤害及后果的严重程度，为通过修改系统设计或改变控制系统运行程序来进行系统安全风险控制提供依据。

1. 系统安全分析的主要内容

（1）对系统中存在的各种危险源及其相互关系进行调查和分析。

（2）对与系统有关的环境条件、设备、人员及其他有关因素进行调查和分析。

（3）对于能够利用适当的设备、规程、工艺或材料，控制或根除某种特殊危险源的措施进行分析。

（4）调查和分析危险源的控制措施及实施这些措施的最好方法。

（5）调查和分析不能根除的危险源失去或减少控制可能出现的后果。

（6）调查和分析一旦危险源失去控制，为防止伤害和损失应当采取的安全防护措施。

2. 常用的系统安全分析方法

随着系统工程学科的发展，出现了很多系统安全分析方法。这些方法都有各自的特点，可以互为补充。在实践中得到广泛应用的系统安全分析方法主要有以下几种：

（1）安全检查表分析（safety checklist analysis）。

（2）预先危险分析（preliminary hazard analysis）。

（3）故障类型和影响分析（failure mode and effects analysis）。

（4）危险和可操作性研究（hazard and operability analysis）。

（5）事件树分析（event tree analysis）。

（6）事故树分析（fault tree analysis）。

（7）系统可靠性分析（system reliability analysis）。

（8）原因—后果分析（cause-consequence analysis），也称为因果分析。

3. 系统安全分析方法的选择

首先，要考虑系统所处的寿命阶段。

例如，在系统的开发、设计初期，可以应用预先危险分析方法，对系统中可能出现的安全问题做概略分析；在系统运行阶段，可以应用危险性和可操作性研究、故障类型和影响分析等方法进行详细分析，也可应用事件树分析、事故树分析、系统可靠性分析、因果分析等方法对系统的安全性做细致的定量分析。表 3-1 列出了系统寿命期间内各阶段可供参考的系统安全分析方法。

表 3-1　　系统安全分析方法适用情况

分析方法	开发研制	方案设计	样机	详细设计	建造投产	日常运行	改建扩建	事故调查	拆除
安全检查表分析		√	√	√	√	√	√		√
预先危险分析	√	√	√	√			√		
危险和可操作性研究			√	√		√	√	√	
故障类型和影响分析			√	√		√	√	√	
事故树分析			√	√		√	√	√	
事件树分析			√			√	√	√	
系统可靠性分析			√	√		√	√		
因果分析			√	√		√	√	√	

其次，应根据实际情况考虑如下几个方面的问题。

（1）分析的目的。系统安全分析方法的选择应该能够满足对分析的要求。即系统安全分析的目的之一是辨识危险源，为此应当做到以下 5 方面：

1）对系统中所有危险源，查明并列出清单。

2）掌握危险源可能导致的事故，列出潜在事故隐患清单。

3）列出降低危险性的措施和需要深入研究部位的清单。

4）将所有危险源按危险大小排序。

5）为定量的危险性评价提供数据。

在进行系统安全分析时，某些方法只能用于查明危险源，而大多数方法都可以用于列出潜在的事故隐患或确定降低危险性的措施，但能提供定量数据的方法并不多，应当根据需要确定分析方法。

（2）资料的影响。资料收集的多少、详细程度、内容的新旧等，都会对选择系统安全分析方法有着至关重要的影响。

一般来说，资料的获取与被分析的系统所处的阶段有直接关系。例如，在方案设计阶段，采用危险性和可操作性研究或故障类型和影响分析的方法就难以获取详细的资料。随着系统的发展，可获得的资料越来越多、越来越详细，这时就可考虑采用故障类型和影响分析的方法。

（3）系统的特点。针对被分析系统的复杂程度和规模、工艺类型、工艺过程中的操作类型等因素来选择系统安全分析方法。

对于复杂和规模大的系统，由于需要的工作量和时间较多，应先用较简捷的方法分析，然后根据危险性的大小，再采用适当的方法进行详细分析。

对于某些特定的工艺过程或系统可选用那些与之相适应并被实践证明确实有效的方法。例如，对于化工工艺过程可采用危险性和可操作性研究；对于机械、电气系统可采用故障类型和影响分析。

对于不同类型的操作过程，若事故的发生是由单一故障（或失误）引起的，则可以选择危险与可操作性研究；若事故的发生是由许多危险源共同引起的，则可以选择事件树分析、事故树分析等方法。

（4）系统的危险性。当系统的危险性较高时，通常采用预测性的方法，如危险与可操作性研究、故障类型和影响分析、事件树分析、事故树分析等方法。当危险性较低时，一般采用经验的、不太详细的分析方法，如安全检查表分析等。对危险性的认识，与系统无故障运行时间、严重事故发生次数以及系统变化情况等有关。

此外，在选择系统分析方法时还要考虑分析者所掌握的知识和经验、完成期限、经费状况等。

第一节 安全检查表分析

安全检查是及时发现不安全状态及不安全行为的有效途径，是消除事故隐患、防止伤亡事故发生的重要安全管理手段。安全检查表是安全检查的工具，也是依据。

具体地讲，安全检查表（safety check list，简称 SCL）是根据有关法律、法规、规章、规范、标准、制度及其他系统分析方法分析的结果，系统地对一个生产系统或设备进行科学的分析，从而找出各种不安全因素，并以提问的方式把找出的不安全因素制定为检查项目。为便于检查和避免遗漏，将检查项目按系统或子系统编制成表格。

所谓安全检查表分析法就是制定安全检查表，并依据此表实施安全检查和诊断的系统安全分析方法。

显然，安全检查表分析法的核心是安全检查表的编制和实施。由于事故致因中既有物的因素，也有人的因素，因此，安全检查表不但应列出所有可能导致事故发生的物的不安全因素，还应该列出相关岗位的全部安全职责，以便对人是否正确履行其安全职责进行检查。安全检查表的内容一般包括：分类、序号、检查内容、回答、处理意见、检查人和检查时间、检查地点、备注等。

检查结果可以用“是（√）”（表示符合要求）或“否（×）”（表示还存在问题，有待进一步改进）来回答检查要点的提问，也可用其他简单的参数来进行回答，还可以用打分的形式表示检查结果（需制定评分标准），并可设置改进措施栏，以填写整改措施意见。

一、安全检查表的形式

安全检查表的形式很多，检查表可按照统一要求的标准格式制作，必要时应根据不同的检查目的和对象对安全检查表的格式进行专门设计或调整。

在进行安全检查时，利用安全检查表能做到目标明确、要求具体、查之有据。对发现的问题做出简明确切的记录，并提出解决的方案，同时落实到责任人，以便及时整改。表 3-2 是一个安全检查表的格式示例。

表 3-2 安全检查表的基本格式

检查时间	检查单位	检查部位	检查结果	安全要求	整改期限	整改负责人
序号	安全检查内容				结论与说明	

二、安全检查表的编制依据及方法

1. 编制依据

编制安全检查表的依据主要有以下几个方面。

(1) 有关法律、法规、标准、规程、规范及规定。对检查涉及的工艺指标应规定出安全的临界值，超过该指标的规定值即应报告并处理，以使检查表的内容符合法规的要求。

(2) 本单位的经验。由本单位工程技术人员、生产管理人员、操作人员和安全技术人员共同总结生产操作的经验，分析导致事故的各种潜在的危险源和外界环境条件。

(3) 国内外事故案例。认真收集以往发生的事故教训以及在生产、研制和使用中出现的问题，包括国内外同行业、同类事故的案例和资料。

(4) 系统安全分析的结果。根据其他系统安全分析方法（如事故树分析、事件树分析、故障类型及影响分析和预先危险分析等）对系统进行分析的结果，将导致事故的各个基本事件作为防止灾害的控制点列入安全检查表。

2. 编制方法

根据检查对象，安全检查表编制人员可由熟悉系统安全分析的本行专家（包括生产技术人员）、管理人员以及生产第一线有经验的工人组合而成。编制主要步骤如下：

(1) 确定检查对象与目的。

(2) 剖切系统。根据检查对象与目的，把系统剖切分成子系统、部件或元件。

(3) 分析可能的危险性。对各“剖切块”进行分析，找出被分析系统（部件或元件）存在的危险源，评定其危险程度和可能造成的后果。

(4) 制定安全检查表。确定检查项目，根据检查目的和要求设计或选择安全检查表的格式，按系统或子系统编制安全检查表，并在使用过程中加以完善。

表 3-3 和表 3-4 为两个安全检查表的实例。

表 3-3　　气柜安全检查表（部分）

序号	检查内容及标准	评价标准	应得分	实得分
1	气柜各节及柜顶无泄漏	一处泄漏扣 2 分	10	
2	各节水封槽保持满水，水槽保持少量溢流水	一节不符合扣 5 分	20	
3	导轮、导轨运行正常，油盖有油	达不到要求不得分	20	
4	各节间防静电连接完好	不符合要求不得分	10	
5	接地线完好，电阻不大于 10 Ω	达不到要求不得分	10	
6	配备可燃性气体检测报警器，且距上次校验未超过 3 个月	未配备不得分 未定期校验不得分	10	
7	高低液位报警准确	一个不准确不得分	20	
合计			100	

被查单位：　　　　　　　　　　检查单位：

被查单位负责人（签字）：　　　　监察员（签字）：

表 3-4　　区（队）煤巷掘进防止煤尘爆炸的安全检查表

序号	检查要点	是“√”　否“×”	备注
1	采取施工综合防尘措施了吗		
2	防尘工作是否指定专人负责		
3	所用防尘设备是否齐全完好		
4	巷道中该清扫的煤尘清扫了吗		
5	开动钻眼设备时，是否预先已打开水开关		
6	放炮前是否用水喷刷两帮		
7	放炮后是否用水喷湿煤矸		
8	放炮时捕尘水幕是否开启		
9	装载时有大量煤尘飞扬，如何控制		
10	火药、雷管是否分箱装运		
11	火药、雷管是否为煤矿许用产品		
12	作引药（炮头）时是否远离迎头		
13	放炮员是否经过培训		

续表

序号	检查要点	是“√”　否“×”	备注
14	炮眼装药是否连续		
15	封泥长度是否足够		
16	是否放明炮、糊炮		
17	是否按设计连线放炮		
18	放炮时迎头煤尘浓度是否超限		
19	放炮前是否检查过瓦斯		
20	放炮时局部通风机是否停转？若停转，是否先启动通风机数分钟后再放炮		
21	小型电器是否达到完好标准		

检查人：　　　　　　　　　检查日期：　　　　　　　　　审核：

三、安全检查表的特点

实践证明，利用安全检查表进行系统安全性分析是安全检查中行之有效的方法，具有以下 5 个方面的特点。

（1）通过预先对检查对象进行详细调查研究和全面分析，所制定出来的安全检查表比较系统、完整，能包括控制事故发生的各种因素，可避免检查过程中的走过场和盲目性，从而提高安全检查工作的效果和质量。

（2）安全检查表是根据有关法规、安全规程和标准制定的，因此，检查目的明确，内容具体，易于实现安全要求。

（3）对所拟定的检查项目进行逐项检查的过程，也是对系统危险源辨识、评价的过程，既能准确的查出隐患，又能得出确切的结论，从而保证了有关法规的全面落实。

（4）安全检查表是与有关责任人紧密联系的，所以易于推行安全生产责任制。检查后能够做到事故清、责任明、整改措施落实快。

（5）安全检查表是通过问答的形式进行检查的过程，所以使用起来简单易行，易于安全管理人员和广大职工掌握和接受，可经常自我检查。

总之，安全检查表不仅可以用于系统安全设计的审查，也可以用于生产工艺过程中的危险源辨识、评价和控制，以及用于行业标准化作业和安全教育等方面，是一项进行科学化管理简单易行的基本方法，具有实际意义和广泛的应用前景。

第二节　预先危险分析

预先危险分析（preliminary hazard list，简称 PHL）一般是指在一个系统或子系统（包括设计、施工、生产）运转活动之前，对系统存在的危险源、出现条件及可能造成的结果进行宏观概略分析的一种方法。

PHL 是一种头脑风暴工具，用于识别系统中尽可能多的危险，从而为后续的危险分析提供参考。PHL 提出一个所有可能发生的危险列表，而不去考虑危险实际发生的可能性（这将在稍后的危险分析过程中出现）。

PHL 可作为已有预先危险分析的预备步骤，对一些比较简单的系统甚至可利用 PHL 进行全面的风险分析。

通过 PHL 能够并应该做到：

（1）识别出系统中可能存在的所有危险源。

（2）识别出危险源可能导致的危害后果，并根据风险程度对其分级。

（3）确定风险控制措施。

一、危险源辨识

关于危险源当前有多种表述。简单地说，危险源（hazard）就是导致事故的根源，它包含 3 个要素：潜在危险性、存在状态和触发因素。危险源辨识需要有丰富的知识和实践经验，一般可以从以下 3 个方面入手。

第一，根据能量意外释放论，事故就是能量发生不希望的转移所造成的，因此辨识危险源首先要考虑的就是系统存在的能够致害的能量（包括致害物质）。致害能量（物质）决定了危险源的潜在危险性。

第二，系统中的特定能量和物质在正常情况下总是以特定的物理或化学状态存在于系统中的特定部位，或处在某种约束条件之下的。由于危险源的存在状态不同，可能发生能量转移的途径或方式就不同，造成危害的可能性及后果的严重程度也不同，需要采取的控制措施也不同。因此，在辨识危险源时必须明确危险源的存在状态，以及是否采取了有效的约束措施（既包括具体装备设施，也包括管理制度、作业规程等），这些都是分析事故原因的重要依据。

第三，致害能量或物质的转移是需要条件的，这既包括那些直接导致危险源约束条件破坏的因素，也包括导致危险源进入危险的物理或化学状态的因素。这些因素可以来自系统内部，如人的不安全行为、硬件故障、软件故障、环境的不良因素等；也可以来自系统外部，如其他系统发生的火灾、爆炸，以及自然灾害等。这些导致事故发生的重要外因，需要在危险源辨识的过程中加以明确，以便为指定防范措施提供依据。

二、风险分级

风险（risk）是特定危害性事件的可能性及其后果的结合。系统风险就是系统中所有可能发生的危害性事件的风险总和。因此，风险分级要同时考虑事故发生的可能性和后果的严重程度。在进行 PHL 时一般将风险分成以下 4 级。

1. Ⅰ级

安全的，一般不会发生事故或后果轻微，可以忽略。

2. Ⅱ级

临界的，有导致事故的可能性，且处于临界状态，暂时不会造成人员伤亡和财产损失，但应该采取措施进行控制。

3. Ⅲ级

危险的，很可能导致事故发生、造成人员伤亡或财产损失，必须立即采取措施进行控制。

4. Ⅳ级

灾难性的，很可能导致事故发生、造成重大人员伤亡或巨大财产损失，必须立即采取措施加以消除。

三、风险控制措施

风险控制需要从降低事故发生的可能性和降低事故后果的严重程度两方面入手：

（1）采取预防性措施降低事故发生的概率。

（2）采取保护性措施及应急性措施降低事故后果的严重程度。

四、预先危险分析的步骤

预先危险分析包括准备、审查和结果汇总 3 个阶段。

1. 准备阶段

对系统进行分析之前，要收集有关资料和其他类似系统以及使用类似设备、工艺物质的系统的资料；要弄清系统（子系统）的功能、构造，为实现其功能所采用的工艺过程、选用的设备、物质、材料等。由于预先危险分析一般是在系统开发的初期阶段进行，因而可用资料往往有限。因此，在实际工作中可以借鉴类似系统的经验来弥补分析系统资料的不足，通常搜集类似系统、类似设备的安全检查表供参照。

2. 审查阶段

通过对方案设计、主要工艺和设备等的安全审查，辨识危险源，审查设计规范和拟采取的消除、控制危险源的措施，确定风险等级。

（1）识别危险源。

1）使用团队方法。召集各主要学科（机械、电气、结构、运营、维护等）的工程和管理代表一起进行头脑风暴。

2）审查以往的安全数据（即工伤统计数据、安全分析数据、公司记录和安全趋势分析）。

3）审查公司和行业中以往事故、设计和操作经验的数据。

（2）检查类似的设计（包括危险源种类的识别以及如何控制危险源）。

1）与当前或预期的用户或操作员交谈（将书面程序与实际工作方式比较，密切注意换班操作），亲眼见证操作。

2）研究系统说明书及预期。

3）审查适用的法规、标准和规范等。

4）审查详细的设计数据（电气、机械、结构、材料处理、流体流动图表等），以及详细的工程分析（应力分析、热分析、机械设计等）。

5）审查测试数据（注意：许多改装和设计修改都是在内部测试期间或之后立即进行的）。

6）研究预防性、计划性和非计划性的维修记录（许多信息可以从这些经常被忽视的来源中收集到）。

7）考虑系统或产品的所有生命周期在开发或操作的不同阶段会出现不同的危险源。

8）考虑所有系统元素。

9）识别所有的能量来源，并追踪它们在系统中的传播。

10）检查一般危险清单。

（3）危险源识别举例。美国交通部和海岸警卫队负责提供所有悬挂美国国旗船只的最低安全保障。一些美国私营商业公司提供了在加勒比海和太平洋的水下观光旅游项目，这些旅游项目允许游客探索海底沉船、珊瑚礁和其他海洋生物。但制造商需要向海岸警卫队证明，商业载人潜水器是安全的。下面简单介绍一下海岸警卫队的部分危险识别和危险分析过程，以了解 PHL 的实际工作原理。

危险列表与危险类别列表有所不同。因为每个系统是独一无二的，所以具体的危险和危险类别可能是不同的。此外，以下列表实际是主要危险源的汇编。每一项都是对更多危险的简洁描述，但由于篇幅问题，不能在此全部展示。

商用潜水器 PHL 危险列表：

1）碰撞（水下或水面）。

2）缠绕。

3）火灾。

4）进水。

5）失去动力。

6）乘客生病。

7）压仓/平衡系统空气损失。

8）困在海底。

9）紧急或失控上升。

10）无法营救潜水器。

11）氧气泄漏/二氧化碳排除系统故障。

12）通信中断。

一旦建立了危险边界条件，系统可以用一个系统功能组织图表示。系统功能组织图的目的是对信息进行排序，以确保整个系统的所有硬件、软件、设施、辅助设备、操作环境等不会遗漏。图 3-1 是潜水系统如何划分的一个例子，当然系统如何进行功能分配并不重要，重点取决于怎么分配最有意义。

功能树显然是一个层次结构，从一般的顶事件（或系统名称）到更具体的子系统（例如生命保障系统），可以在功能树中浏览每一个事件并建立一个 PHL 列表。当你浏览一个系统时，你很快就会发现危险，不仅仅限制在一个子系统中，而是包含了各种故障，包括物理故障和功能故障等。

3. 结果汇总阶段

汇总审查结果根据风险等级，按轻重缓急制定风险控制措施。可以将分析结果汇总成 PHL 结果表，见表 3-5。表格的格式可以根据需要加以增删或调整。

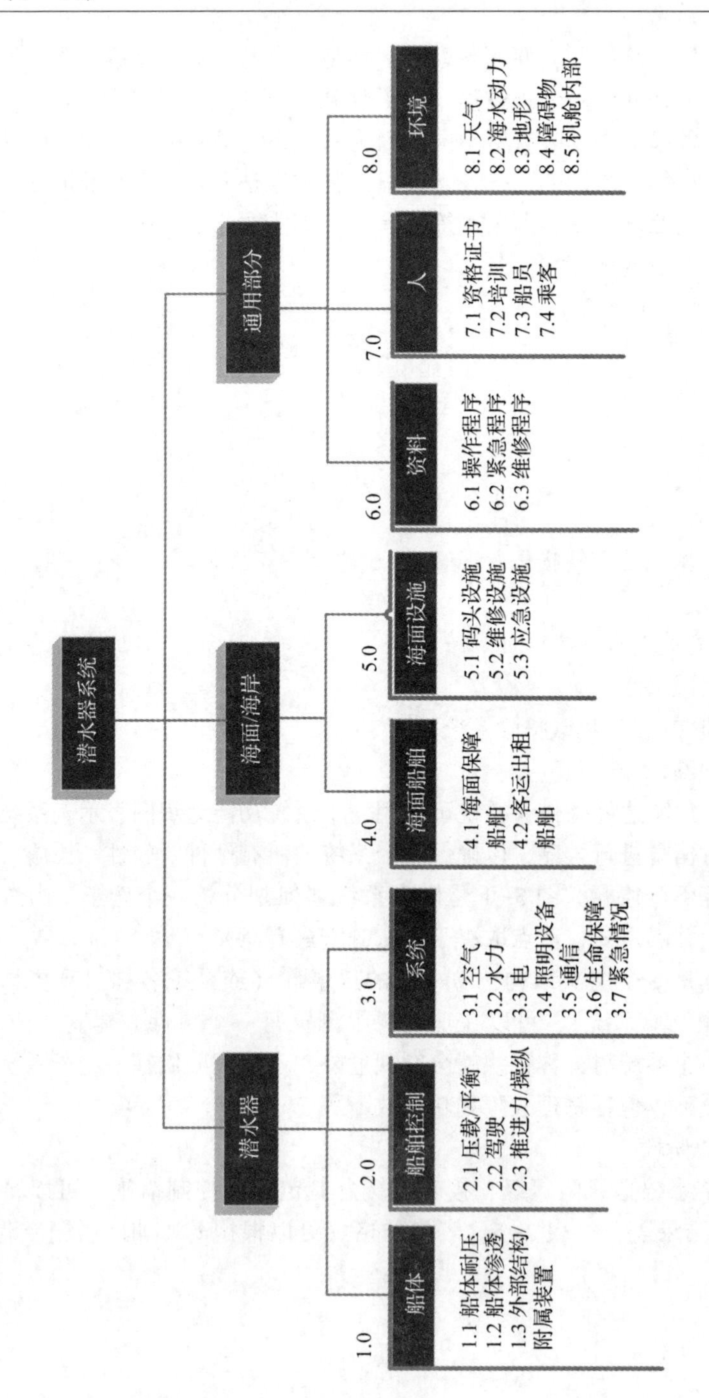
潜水器系统
潜水器
海面/海岸
通用部分
1.0
船体
1.1 船体耐压
1.2 船体渗透
1.3 外部结构/附属装置
2.0
船舶控制
2.1 压载/平衡
2.2 驾驶
2.3 推进力/操纵
3.0
系统
3.1 空气
3.2 水力
3.3 电
3.4 照明设备
3.5 通信
3.6 生命保障
3.7 紧急情况
4.0
海面船舶
4.1 海面保障船舶
4.2 客运出租船舶
5.0
海面设施
5.1 码头设施
5.2 维修设施
5.3 应急设施
6.0
资料
6.1 操作程序
6.2 紧急程序
6.3 维修程序
7.0
人
7.1 资格证书
7.2 培训
7.3 船员
7.4 乘客
8.0
环境
8.1 天气
8.2 海水动力
8.3 地形
8.4 障碍物
8.5 机舱内部

图3-1 载客潜水功能树

表 3-5　　PHL 结果汇总表格式示例

系统：　　　　运行方式：　　　　分析日期：

序号	危险源	事故情况	事故原因	事故的可能性	危害后果	风险等级	控制措施

五、PHL 举例

以家用热水器为例进行 PHL。家用热水器（图 3-2）用煤气加热，装有温度和煤气开关连锁系统，当水温超过规定温度时连锁动作将煤气阀关小。如果连锁发生故障，则由泄压安全阀放出热水，防止发生事故。其 PHL 分析结果见表 3-6。

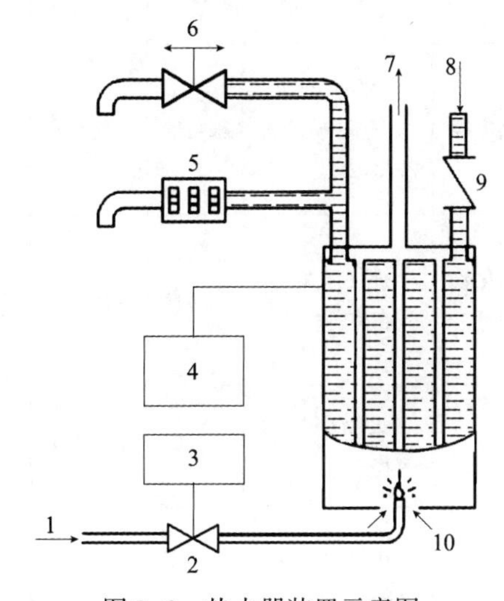

图 3-2　热水器装置示意图

1—燃气　2—燃气阀　3—调节装置　4—温度比较器　5—泄压安全阀　6—热水阀　7—废气　8—进水　9—止回阀　10—空气入口

表 3-6　　家用热水器预先危险分析

危险源	现象	事故情况	事故原因	可能性	结果	风险等级	措施
高压水	有气泡产生	热水器爆炸	煤气连续燃烧；安全阀不动作	很可能	伤亡损失	Ⅲ	装爆破板，定期检查安全阀
高温水	有气泡产生	水过热	煤气连续燃烧；安全阀不动作	很可能	烫伤	Ⅱ	定期检查安全阀
煤气	煤气在室内聚集	煤气爆炸	火嘴熄灭；煤气阀开；火花	很可能	伤亡损失	Ⅲ	火源和煤气阀连锁，定期检查室内通风，装气体检测器
煤气	煤气在室内聚集	煤气中毒	火嘴熄灭；煤气阀开；人在室内	很可能	伤亡	Ⅱ	火源和煤气阀连锁，定期检查室内通风，装气体检测器
一氧化碳	一氧化碳在室内聚集	一氧化碳中毒	排气口关闭；人在室内	很可能	伤亡	Ⅱ	装一氧化碳检测器、报警器，检查室内通风
火嘴附近的可燃物	火嘴附近着火	火灾	火嘴引燃可燃物	可能	伤亡损失	Ⅲ	火嘴附近应为耐火构造，定期检查清理
排气口高温（热量聚集）	排气口附近着火	火灾	排气口关闭；火嘴连续燃烧；排气口附近有可燃物	可能	伤亡损失	Ⅱ	排气口装连锁，温度高时煤气阀关闭；排气口附近应为耐火构造；定期检查清理

第三节　故障类型和影响分析

故障类型和影响分析（failure modes and effects analysis，简称 FMEA）及故障类型影响和危险度分析（failure modes effects and criticality analysis，简称 FMECA）都是重要的系统安全分析方法。

FMEA 是定性分析，可对故障严重度进行分级；FMECA 可对故障所带来的风险做定量评价。具体地讲，FMEA 是通过识别产品、设备或生产过程中潜在的故障模式，分析故障模式对系统的影响，并将故障模式按其影响的严重程度进行分级。

实施基本思路是：采取系统分割的概念，根据实际需要、分析的水平，把系统分割成子系统或进一步分割成元件。然后逐个分析元件可能发生的故障和故障呈现的状态（即故障类型），进一步分析故障类型对子系统以致整个系统产生的影响，最后采取措施解决。FMECA 是在 FMEA 的基础上，将识别出的故障模式按照其影响的严重程度和发生概率进行综合评价。显然，FMECA 具有完全意义上的风险评价功能。

在实践过程中，由于应用目的不同，FMEA 法已发展出了设计用 FMEA（design FMEA）、过程 FMEA（process FMEA）、功能 FMEA（functional FMEA）及系统 FMEA（system FMEA）。FMEA 法不仅仅是一种微观分析法，它的分析对象可以小到一个单元或元件，也可以大到整个生产系统。虽然不同的 FMEA 法有不同的特点和适用性，但它们的基本思路是相通的。

一、与 FMEA 相关的几个基本概念

1. 故障（failure）

元件、子系统或系统在规定期限内和运行条件下未按设计要求完成规定的功能或功能下降，称为故障。

2. 故障类型（failure mode）

故障类型是故障的表现形态，可表述为故障出现的方式（如熔丝断）或对操作的影响（如阀门不能开启）。对于不同的产品，故障类型也会有所不同。例如，水泵、发电机等运转部件的故障类型有：误启动、误停机、启动不及时、停机不及时、速度过快、反转、异常的负荷振动、发热、线圈漏电、运转部分破损等；阀门等流量调节装置的故障类型有：不能开启、不能闭合、开关错误、泄漏、堵塞、破损等。

3. 故障检测机制（detection mechanism）

由操作人员在正常操作过程中或由维修人员在检修活动中发现故障的方法或手段。

4. 故障原因（failure cause）

导致系统、产品故障的原因既有内在因素（如系统、产品的硬件设计不合理或有潜在的缺陷，系统、产品中零部件有缺陷，制造质量低、材质选用有错或不佳，运输、保管、安装不善等），也有外在因素（包括环境条件和使用条件）。

5. 故障影响（failure effect）

某种故障模式对系统、子系统、单元的操作、功能或状态所造成的影响。

6. 故障严重度（severity）

考虑故障所能导致的最严重的潜在后果，并以伤害程度、财产损失或系统永久破坏加以度量。

7. 严重度分级（severity classification）

按故障可能导致的最严重的潜在后果，可将故障严重度分成以下4级：

（1）Ⅰ级。轻微的，不足以造成人身伤害、职业病、财产损失或系统破坏，但需要额外的维护或修理。

（2）Ⅱ级。临界的，可能造成轻伤、职业病、少量财产损失、轻度的系统破坏（造成生产延误、系统可靠性或功能下降）。

（3）Ⅲ级。严重的，可能导致重伤、严重职业病、重大财产损失、严重的系统破坏（造成长时间停产或生产损失的）。

（4）Ⅳ级。致命的，可能导致死亡或系统损失。

二、FMEA程序

1. 定义系统，分析系统的范围及边界

分析之前首先要熟悉系统的有关资料，了解系统组成情况，系统、子系统、元件的功能及其相互关系，系统的工作原理、工艺流程及有关参数等。还要明确系统边界（包括系统的起始运行条件或单元状态），了解系统与其他系统的相互关系、人机关系，以及其他环境条件的要求等。

要掌握这些情况，就应了解系统的设计任务书、技术设计说明书、图样、使用说明书、标准、规范、事故情报等资料。

2. 构建功能框图

表明不同系统约束水平是如何相关的。绘制功能框图时需要将系统按照功能进行分解，并标示出子系统及各功能单元之间的输入、输出关系。可靠性框图是研究如何保证系统正常运行的系统图，它侧重于表达系统的功能与各功能单元的功能之间的逻辑关系。

3. 功能模块评估

评估每个功能模块（在模块级别），并确定其故障是否会影响系统的其他部分。如果不是，则忽略该模块。如果其故障会影响到系统的其他部分，就降低另一个约束水平，并执行以下方案，继续下降到相关的水平。

4. 列出所有故障类型并分析其影响

真正的分析从这里开始，这是自下而上分析开始的地方。在故障可能对系统产生不利影响的每个功能区域查看部件故障，可绘制系统故障分析图查找故障部件，如图 3-3 所示。列出部件可能发生故障的模式或方式，一定要提到哪些部件会故障及其原因。

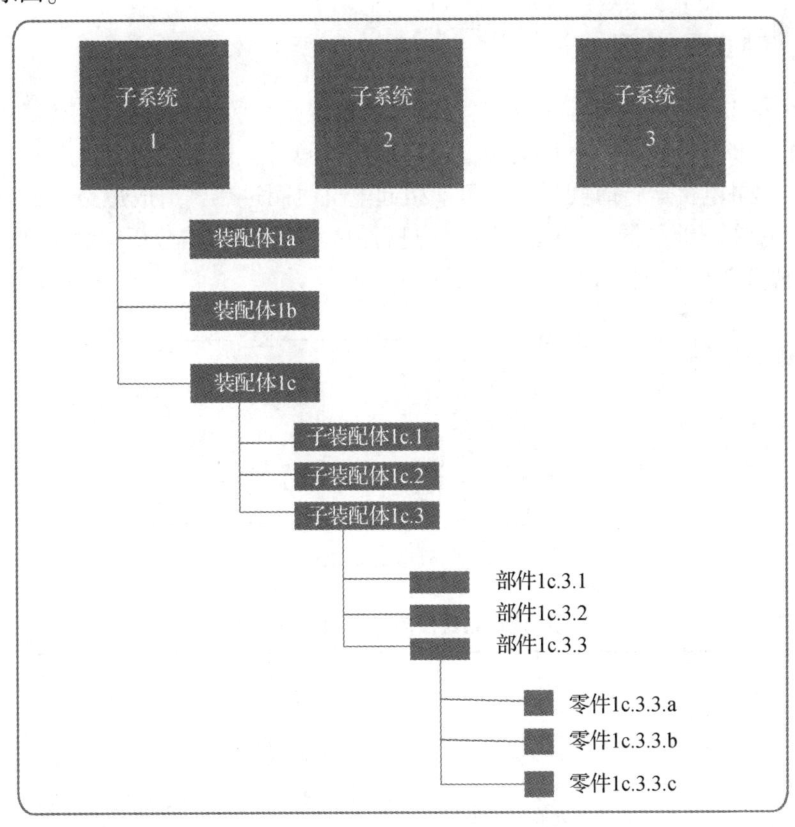

图 3-3　系统故障分解图

5. 故障影响评估

对于每种故障模式，都要评估故障的影响。如果可能的话，工程师会根据后果的严重度和发生的可能性来评估最严重的可能情况。

6. 确定故障是否为单点故障

这一点非常重要，单点故障是指单个部件的故障可能导致整个系统失效。

7. 确定局部的故障影响以及它如何传播到下一系统水平

理解故障传播是至关重要的，这样可以帮助我们设计出更有弹性的系统。如果它传播到了系统级别的损失，那么它就变成了单点故障。

8. 确定纠正措施的方法

可能采取预先排除故障或减轻其影响的方式。

9. 填写 FMEA 工作表

三、FMEA 举例

以图 3-4 所示的电机运行系统为例。该系统是一种短时运行系统，操作人员按下按钮，继电器吸合，电机运转；达到规定时间后，松开按钮，继电器分离，电机停转。如果电机运行时间过长，可能引起电机线圈过热，造成短路。对系统中主要元件（按钮、继电器、熔丝、电机）进行故障类型和影响分析，结果列于表 3-7（部分故障类型未列出，请读者练习补充）。

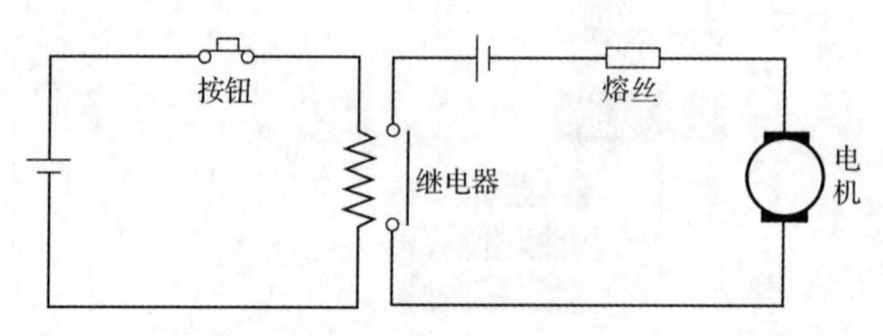

图 3-4　电机运行系统示意图

表 3-7　电机运行系统故障类型和影响分析

单元	故障类型	故障原因	故障影响	检测方法	故障等级
按钮	接点不闭合	机械故障 操作人员未按按钮	继电器接点不闭合，电机不转，系统功能丧失	按钮行程缩短；听不到按钮按下的声音或声音不正常	Ⅰ

续表

单元	故障类型	故障原因	故障影响	检测方法	故障等级
按钮	接点不断开	机械故障 操作人员未放按钮	电机运转时间过长，短路烧毁保险丝	感觉不到按钮弹起；听不到按钮弹起的声音或声音不正常	Ⅱ
继电器	接点不闭合	机械故障 按钮接点未闭合	电机不转，系统功能丧失	听不到继电器吸合声音或声音不正常	Ⅱ
	接点不断开	机械故障 按钮接点未断开 继电器接点粘连未修理	电机运转时间过长，线圈短路，烧毁熔丝	听不到继电器释放声音或声音不正常	Ⅲ
熔丝	电机短路时不熔断	质量问题 熔丝过粗	继电器接点粘连；电机烧毁；火灾	查看熔丝规格；定期检查熔丝	Ⅳ
电机	不转	质量问题 按钮卡住 继电器接点不闭合	系统功能丧失	观察电机运转状态	Ⅲ
	线圈短路	质量问题 运转时间过长	烧毁保险丝	观察电机是否有打火现象	Ⅲ

四、故障类型影响和危险度分析

故障类型影响和危险度分析（FMECA）也叫故障类型影响和致命度分析，是综合考虑故障严重度和故障发生的可能性来对故障类型进行评价的方法。在 FMEA 的基础上，对故障严重度等级为Ⅳ级——致命的（有时也针对Ⅲ级——严重的）故障类型一般需进一步做危险度分析。

FMECA 的目的是给出某种故障类型的发生概率及故障严重度的综合度量。

可以把概率和严重度分别划分为若干等级。根据经验确定故障发生概率，再用概率和严重度等级的不同组合区分故障类型所导致的风险程度。

例如，对起重机制动装置和钢丝绳部分做 FMECA，结果见表 3-8。

表 3-8　　起重机制动装置和钢丝绳 FMECA

项目	构成元素	故障类型	故障影响	严重度	概率	风险程度	检测方法	整改措施
制动装置	电气元件	动作失灵	过卷、坠落	Ⅳ	10^{-2}	大	仪表检查	立即检修
	机械部件	变形、磨损	破裂	Ⅲ	10^{-4}	中	观察	及时检修
	制动瓦块	间隙过大	摩擦力小	Ⅲ	10^{-3}	大	检查	立即调整
钢丝绳	股	变形、磨损	断绳	Ⅳ	10^{-4}	中	观察	立即更换
	钢丝	断丝超标	断绳	Ⅳ	10^{-1}	大	检查	立即更换

注：①危险程度分为：大——危险；中——临界；小——安全。

②发生概率：非常容易发生——1×10^{-1}；容易发生——1×10^{-2}；偶尔发生——1×10^{-3}；不常发生——1×10^{-4}；很难发生——1×10^{-5}；几乎不发生——1×10^{-6}。

也可用危险度指数来衡量故障类型导致实际损失的频次。对某单元的任一故障类型，其危险度指数由式（3-1）计算：

$$C_{\mathrm{m}} = \alpha\beta k_1 k_2 \lambda_{\mathrm{b}} t \tag{3-1}$$

式中　C_{m}——故障类型的危险度指数；

α——故障类型比，为单元故障属于该故障类型的概率，考虑该单元的所有故障类型，α 的总和应为 1；

β——故障影响概率，为该故障类型出现时，实际发生损失的条件概率；β 值可参照表 3-9 选取；

k_1——运行强度修正系数，为实际运行强度与实验室测定基本故障率 λ_b 时运行强度之比；

k_2——实际运行环境条件的修正系数；

λ_{b}——单元的基本故障率；

t——完成一项任务所需的运行时间或周期。

表 3-9　　β 值

故障影响	发生概率（β）	故障影响	发生概率（β）
肯定造成损失	$\beta=1$	可能造成损失	$0<\beta\leqslant0.1$
很可能造成损失	$0.1\leqslant\beta<1$	没有影响	$\beta=0$

对一个单元或系统（有多种故障类型），可由式（3-2）计算对应特定故障严重度级别的危险度指数，称为单元或系统危险度指数。

$$C_{\mathrm{r}} = \sum_{i=1}^{n} (\alpha\beta k_1 k_2 \lambda t)_i \tag{3-2}$$

式中　C_r——单元或系统危险度指数；

i——单元或系统属于特定故障严重度级别的故障类型编号；

n——单元或系统属于特定故障严重度级别的故障类型总数。

显然，危险度指数并不是一个完全的风险指标，而是一种故障类型的可能性指标，它需要与故障严重度相结合才能对系统风险做出评价。可以危险度指数为纵坐标，以故障严重度为横坐标，绘制危险度矩阵图来评价系统风险，如图 3-5 所示。

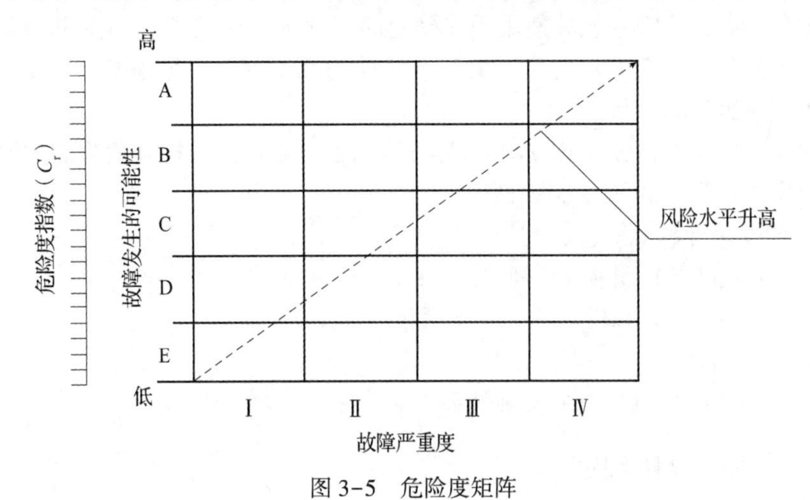

图 3-5　危险度矩阵

第四节　危险和可操作性研究

危险和可操作性研究（hazard and operability analysis，简称 HAZOP）是一种基于“引导词（guide-words）”的、由多名专业人员组成的研究组通过一系列的会议来实施的、对系统工艺或操作过程中存在的可能导致有害后果的各种偏差加以系统识别的定性分析方法。

HAZOP 最初是用于化工过程安全分析，目前其应用已扩展到机械、运输、软件开发等许多领域，并在实践中形成了多种应用类型，如：过程 HAZOP（process HAZOP，主要用于分析工厂或工艺过程）、程序 HAZOP（procedure HAZOP，主要用于分析操作程序）、人的 HAZOP（human HAZOP，主要用于分析人的差错）、软件 HAZOP（software HAZOP，主要用于分析软件开发过程中可能出现的错误）。不同的应用类型的主要区别是结合不同的系统，对引导词做出各自合理的解释，但基本方法都是一致的。下面主要以过程 HAZOP 为例，介绍 HAZOP 分析方法。

一、HAZOP 的分析步骤

众所周知，危险与可操作性研究（HAZOP）是一种用于辨识系统中的过程危险和低效环节的分组方法。该法要求评估小组在分析一个系统危险性时，应按照事先设置好的引导词逐个询问，并对偏离预期操作可能产生的后果进行评估。该小组将系统划分为若干个节点，并使用预先确定的引导词（无流量、小流量、高温等）来确定系统偏离正常轨迹后对生产的影响。换句话说，在一定程度上，HAZOP 是一种技术型头脑风暴会议。

危险与可操作性研究（HAZOP）是石油化工行业识别、控制危险的主要方法。危险与可操作性研究的核心步骤如下：

（1）明确目标和范围。

（2）选择 HAZOP 团队。

（3）进行 HAZOP 分析。

（4）记录结果。

（5）跟踪危险控制措施的实施效果。

二、节点的分析确定

为了进一步进行 HAZOP 设计，团队应先定义分析节点。节点的通俗定义是指（在管道和仪表图上）工艺参数发生变化的位置。厂内各功能区接口、工艺参数的显著变化区、各大硬件的接口点以及连接两个主要工厂流程的管道均是设置节点的最佳位置。例如，节点可以设置在给水泵到给水箱集管的管道，输送冷却剂进入冷凝器的管道，或从热交换器通过蓄能器到压缩机的管道。HAZOP 也同样适用于间歇、连续过程。

三、HAZOP 团队

当召集团队时，应明确团队领导者或负责人，他的工作是在整个过程中推动团队前进，以免在一个节点上卡住。很多时候，团队领导者应该是一位非常熟悉 HAZOP 技术的工程师。领导者往往需要起到一个很好的推动作用，才能让团队保持在正确轨道上。其余成员不需要具有 HAZOP 的管理经验，但需要对生产过程的设计和运营非常熟悉。事实上，美国职业安全与健康管理局（OSHA）要求安全分析团队中至少有一名成员对该过程有透彻的了解。

应有一名小组成员记录 HAZOP 会议的过程。该记录员是 HAZOP 过程中最重要的角色之一，必须能够提高团队效率，而不是拖慢进程。其余的团队成员（4~8个人）应该由工厂设计者、操作者、维护者和其他用户组成。这些人应该是机械、电气、化学和其他工艺工程师等，并具有丰富的生产经验和扎实的专业知识。随着团队的组建，他们需要在 HAZOP 中审查和考虑的信息类型有：

（1）化工过程和仪器图样。

（2）设施图样和厂区地图。

（3）工艺流程图。

（4）操作程序。

（5）危害分析或其他安全报告。

（6）以往的事故和事故报告。

（7）连锁说明和分类。

（8）运行参数（安全和紧急）。

（9）仪表组参数（安全和紧急）。

（10）设备规格（压力容器容量、最大设计压力、安全阀设定压力、容量、流量等）。

（11）其他类似系统的 HAZOP 分析结果。

四、HAZOP 流程

对于系统中的每个节点，HAZOP 团队遵循图 3-6 和表 3-10 所示流程和引导词进行。首先，团队选择输入节点；然后，将每个引导词按流程走向进行。例如，是否可能有更大的流量？如果不是，则继续下一个偏差。如果出现流量过大，那么是否危险？如果没有，应返回调查流量过大的其他原因。

如果认为流量过大是危险的，那么必须问：操作员是否知道流量过大？如果他没有意识到流量过大，那么作业空间内又将出现什么现象以预示流量过大？仪器如何检测到这一点？如果发生了，结果是什么？

然后，团队必须确定什么样的设计或操作变更，来防止偏差（流量过大）或减轻其后果。这些改变是否代价高昂？如果成本不可接受，那么必须考虑对系统进行其他更改，以防止危害产生或接受剩余风险。

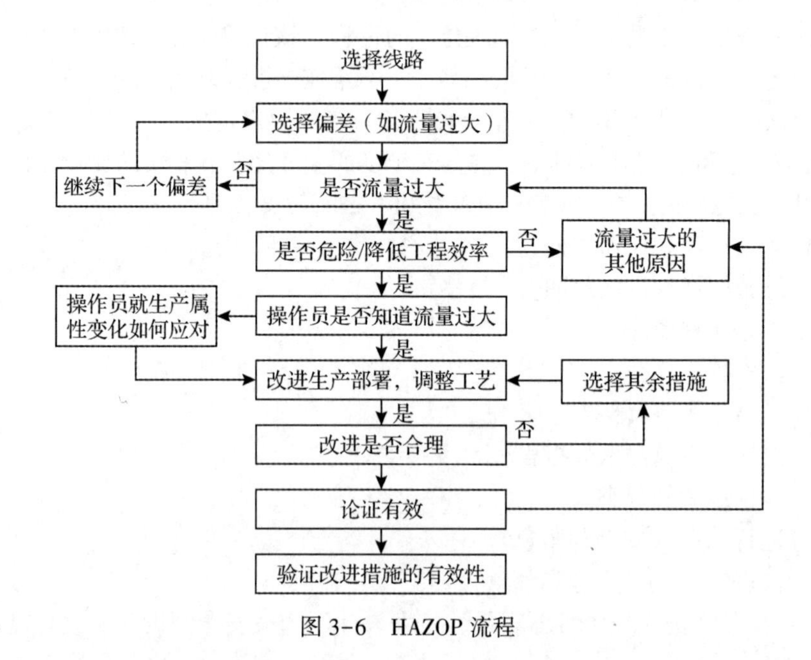

图 3-6　HAZOP 流程

表 3-10　　引导词

引导词	偏差定义/示例
否	物理过程将不会发生
过多	一些相关的物理属性高于预期值
过少	一些相关的物理属性低于预期值
以及	还有其他成分的物理属性超出预期值
部分	过程的组成与应有的不同，例如系统内混入了一部分直径大于 200 μm 的颗粒
反转	发生了与预期相反的过程，例如流体流动发生了反转
除外	除了正常操作之外，还进行了一些其余操作

如果对系统进行更改，必须由相应的工程专业人员进行审查和批准。最后，公司必须跟进变更，以验证危害控制是否得到充分实施。

观察表 3-10 发现，团队又将针对无流量现象，提出以下一组问题：

（1）系统是否无流量？

（2）如果发生，会如何发生？水泵坏了吗？管路是否堵塞？阀门是否关闭？

（3）如果系统内没有流动，后果是什么？它是否会对系统的其他部分产生不利影响？物料是否在预定的时间到达预定的地点？水泵会空化吗？

（4）后果是否危险？这是否会导致临界冷却损失，从而导致局部或系统其他地方出现高温情况？操作员是否有办法识别危险？

（5）如果情况危险，能否以任何方式改变系统，以预防无流量情况？或者可以采取一些不同的措施来减轻无流量的影响？

五、氨气加注站 HAZOP 分析的例子

氨是最有价值、用途最广的化合物之一，可以用于各种行业，包括食品生产和加工、纺织和化工制造、石油精炼、制冷、金属处理、污染治理和农业等。图 3-7 是氨气加注站的管道和仪表简化图。

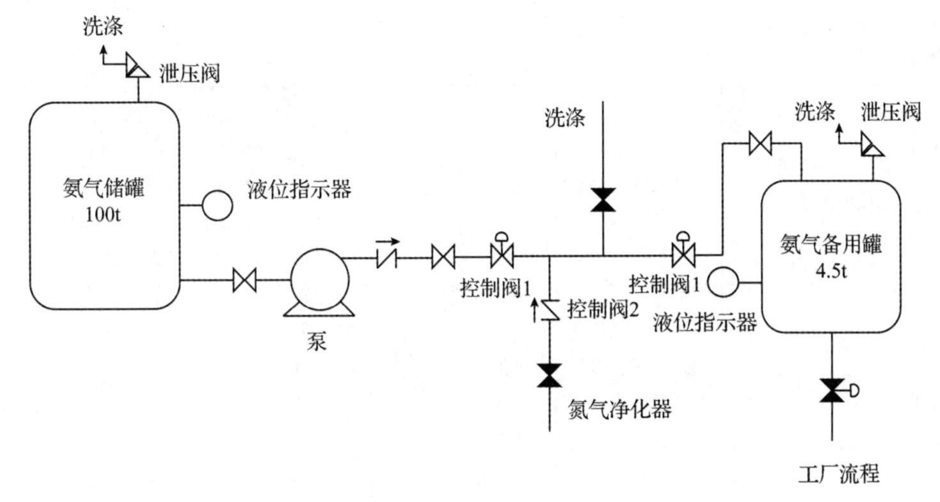

图 3-7　氨气加注站

容量为 100 t 的氨气储罐容纳了该厂的大部分氨气。为了有效地使用氨气，需要将其转移到一个储存罐或备用仓库，然后氨气从备用罐被输送到工厂的各个地方。从储罐到备用罐的距离为 1 609 m，两个罐都装有溢流阀。使用泵以及各种阀门来输送氨气。利用氮气干燥系统定期清除系统中的污染物。所有卸压口都与洗涤器相连。

氨气加注站的偏差可能会对工厂的其他部分产生影响。例如：当氨气是工艺流程的关键原料时，如果灌装站停止运行，就会导致整个工厂停工。表 3-11 是氨气加注站危险与可操作性节点汇总报告表。

表 3-11　　　　　　　氨气加注站危险与可操作性节点汇总报告表

项目：氨气加注站，功能描述：储存大量无水氨气，并供应给各种工厂操作的现成储存设施

节点组件：100 t 储氨罐、4.5 t 氨气备用罐、液体输送泵、阀门、氮气吹扫系统及相关管道和仪表

引导词	原因	影响	类型	保护措施	危险等级前/后	建议	状态
1.1 无/少流量	氨气截止阀或控制阀关闭	没有氨气输送到备用罐	维护/可运行	程序控制	ⅢC/ⅢC	无	关闭
1.2 无/少流量	正常运行期间，氮气吹扫打开	同上	可运行	程序控制	ⅢC/ⅢC	无	关闭
1.3 无/少流量	系统振动导致线路断裂	区域内氨溢出	环境	足够的保障	ⅡD/ⅡD	考虑在控制阀 1 和控制阀 2 之间增加压力传感器，以便在检测到压力损失时关闭泵并发出警报	打开
1.4 无/少流量	泵出现故障、卡住或泄漏	没有氨气输送到备用罐；区域内氨气溢出	维护	已有充足的预防性维护计划	ⅢC/ⅢC	无	关闭
1.5 无/少流量	运行期间，控制阀 1 或控制阀 2 关闭	系统超压	安全	程序控制	ⅢC/ⅢD	检查控制阀的正确操作（和操作员沟通）和顺序；在控制阀 1、控制阀 2 和泵之间安装安全阀	打开
1.6 无/少流量	运行期间，洗涤器手动阀打开	液氨流向洗涤器，产品损失	安全/可运行	程序控制	ⅡC/ⅡC	无	关闭
1.7 无/少流量	阀门或法兰泄漏	产品损失	环境	定期检查	ⅡB/ⅢD	将螺纹配件更换为焊接配件	打开

续表

引导词	原因	影响	类型	保护措施	危险等级前/后	建议	状态
1.8 无/少流量	管道系统污染或结冰	没有氦气输送到备用仓库，可能存在系统超压	安全/维护	定期氮气吹扫	IC/IE	在泵入口处安装过滤器；检查阀门填料是否与氦气相容；安装减压阀	打开
2.1 无/少流量	泵电机超速	系统超压，备用罐的过量灌装	安全	安装安全阀	IB/ⅢD	安装电气限位开关；在备用罐入口增加溢流阀；设置液位指示器，当液位达到总液位的 85% 时，关闭电机；泵壳增加过压释放	打开
3.1 压力增大	泵运行时，截止阀关闭	系统超压	安全/可运行	程序要求截流阀打开	IB/ⅡD	在所有截止阀之间安装安全阀	打开
3.2 压力增大	截流氦气导致隔离阀部分热膨胀	系统超压	安全	无	IB/ⅡD	在所有截止阀之间安装安全阀；在系统中增加排气阀	打开
3.3 压力增大	泵电机超速	系统超压或备用罐过量灌装	安全	备用罐安装安全阀	IB/ⅢD	安装电气限位开关；在备用罐入口增加溢流阀；设置液位指示器，当液位达到总液位的 85% 时，关闭电机	打开
3.4 压力增大	污染物或冰堵塞管道，导致氦气滞留	系统超压	安全/维护	定期进行氮气吹扫	IC/IE	在泵入口增加过滤器；在所有截止阀之间安装安全阀	打开

续表

引导词	原因	影响	类型	保护措施	危险等级前/后	建议	状态
3.5 压力增大	阀门旋转过快导致液压上升	可能造成系统超压或管线破裂	安全/可运行	以最坏的情况设计管道；操作员遵循既定的程序	ⅢC/ⅢC	无	关闭
3.6 压力增大	由于操作员疏忽或其他系统故障；备用罐的过量灌装	备用罐超压	安全	液位指示器发出警报	ⅠB/ⅢD	在备用罐入口增加溢流阀；设置液位指示器，当液位达到总液位的 85% 时，关闭泵电机；考虑在备用罐中增加压力传感器	打开
4.1 温度升高	阳光照晒	系统压力增加	安全	不存在问题，热膨胀不足导致问题发生	ⅣE/ⅣE	无	关闭
5.1 系统中气液共存	系统液位低	空泵；备用罐流量不足	可运行	不存在问题	ⅣD/ⅣD	无	关闭
5.2 系统中气液共存	过程中使用了氮气吹扫	空泵；备用罐流量不足	可运行	程序控制氮气吹扫	ⅡD/ⅡD	无	关闭

限于篇幅，此处仅展示了 HAZOP 分析过程中的重要部分，强调了该工艺步骤中存在的各种固有问题，以及这些问题对工艺单元乃至系统的影响。

从表 3-11 中首先可以看到，危险与可操作性作业结果中不仅出现了安全问题，还产生了操作问题。此外，危险与可操作性作业还指出了已经得到较好控制的项目。这份总结报告表有助于向检查员展示分析的透彻性和当前已经得到控制的各个项目，只有部分项目必须采取相应处置措施。

从表 3–11 中可见，无/少流量的项目很多，这证明有多种方式可以截断流动。这对任何加工厂来说都是关键，也是需要常态化认真检查的部分。

最关键的无/少流量项目是 1.5，两个储罐之间的距离是 1 609 m，如果不注意，很容易在泵运行时忘记打开其中一个控制阀。如前所述，当存在风险时，最好的控制方法是提前做预防性设计。目前，操作程序控制了风险。安装防止可能超压的溢流阀并不能消除风险，但即使操作员没有打开控制阀，也能减轻危险。进一步的控制措施可以包括对泵的控制反馈，如果下游达到一定的压力（即阀门没有循环打开）就关闭。

1.6 项似乎是很少发生的情况，操作员怎么可能在填充备用罐之前忘记关闭通往洗涤器的管道呢？然而，像这样的错误每天都在世界各地的加工厂和制造厂发生。

管线污染，特别是氨气系统中的结冰，是常见的典型问题。在泵的入口处增加一个过滤器，可以在一定程度上减少管路中的杂质。另外，粗心的工人损坏生产线可能会使雨水或其他液体进入系统，这可能会引发灾难性的后果。水分与氨气接触后会结冰，形成冰塞，同时并可能使管道超压，因此需要配备干燥的氮气吹扫系统。此外，操作人员要验证阀门是否与氨气兼容，例如黄铜和青铜配件不适合用于氨气系统。

泵的电机超速会产生更多的流量和更大的压力工况，这对备用油箱来说有极大的影响，会造成油箱过满溢出。对 2.1 和 3.3 的建议是相同的，因为即使是通过不同的引导词识别的危险，其产生原因和最终影响也是类似的。

危险和可操作性作业中未确定的一个危险是泵房的超压。同样，危险和可操作性评估就像是一个团队。如果团队成员没有很好地协同合作或没有理解工厂的运作方式，他们就完成不好工作。在泵上增加一个泄压阀是控制风险的一种方法。

3.6 项再次表明了人为的错误如何导致灾难性的事故。当然，最好的解决办法同样是针对风险提前做预防性设计。在这种情况下，不能消除潜在危险，但可以增加多层次的冗余故障安全机制，以防止误操作的发生。请注意，备用油箱已经有一个液位指示器，但如果它只是与一个警报器连接在一起，并不能保证可以达到危险预防的效果。它只会警示操作员过度灌装的危险性太大，而不能采取控制措施，因此，不能仅仅依靠报警指示来预防事故的发生。

或许对系统最重要的改变是增加足够的减压和放气空间。氨气滞留在截流阀之间是一种潜在的威胁，可能产生非常严重的后果。许多工程师认为，大多数情况下，管道的设计足以防止破裂。

蒸汽压力的上升要求在备用罐和储存罐中留有足够的冗余空间。储罐中的液氨硬灌是很严重的问题，不幸的是，这种情况并不少见。在储罐中增加一个压力传感器是应对此问题的好方法。必须在系统中任何可能存在压力的部分之间设置泄压阀。在维修人员可能需要打开系统的地方，也应该安装泄压阀。

第五节　事故树分析

事故树分析（fault tree analysis，简称 FTA）也称故障树分析，它从一个可能的事故（顶事件）开始，自上而下、一层一层地寻找顶事件的直接原因事件和间接原因事件，直到找到基本原因事件（基本事件），并用逻辑图把这些事件之间的逻辑关系表达出来。

一、FTA 的基本程序

FTA 是一种演绎分析方法，即从结果分析原因的方法。FTA 根据系统可能发生的事故或已经发生的事故所提供的信息去寻找同事故发生有关的原因，以便采取有效的防范措施，防止事故发生。FTA 一般可按下述步骤进行。在具体分析过程中，分析人员可根据实际条件或资料的掌握程度选取其中的若干步。

1. 准备阶段

（1）确定所要分析的系统，合理确定系统的边界条件。

（2）熟悉系统。对于确定要分析的系统进行深入的调查研究，收集系统的有关资料与数据，包括系统的结构、性能、工艺流程、运行条件、事故类型、维修情况、环境因素等。

（3）调查系统发生的事故。收集、调查所分析系统曾经发生过的事故和将来有可能发生的事故，同时还要收集、调查本单位与外单位、国内与国外同类系统曾发生的所有事故。

2. 编制事故树

（1）确定事故树的顶事件。确定顶事件是指确定所要分析的对象事件。根据事故调查分析结果，选择易于发生且后果严重的（风险大的）事故作为顶事件。

（2）调查事故原因。从人、机、环境和信息等方面调查与事故树顶事件有关的所有事故原因。

（3）编制事故树。把事故树顶事件与引起顶事件的原因事件，采用一些规定的符号，按照一定的逻辑关系，绘制反映事件之间因果关系的树形图。

3. 事故树定性分析

事故树定性分析主要是按事故树结构，求事故树的最小割集或最小径集，以及基本事件的结构重要度。

4. 事故树定量分析

事故树定量分析包括：根据各基本事件的发生概率，计算顶事件发生的概率、各基本事件的概率重要度和临界重要度。

5. 事故树分析的结果总结与应用

必须及时对事故树分析的结果进行评价、总结，提出改进建议，整理、储存事故树定性和定量分析的全部资料与数据，并注重综合利用各种安全分析的资料，为系统安全性评价与安全性设计提供依据。

二、事故树的构成

事故树是由各种事件符号和逻辑门构成的。事故树采用的符号包括事件符号、逻辑门符号和转移符号 3 大类。

1. 事件符号

在事故树分析中各种非正常状态或不正常情况皆称事故事件，各种完好状态或正常情况皆称成功事件，两者均简称为事件，事故树中的每一个节点都表示是一个事件。

（1）结果事件。结果事件是由其他事件或事件组合所导致的事件，它总是位于某个逻辑门的输出端。结果事件用矩形符号表示，如图 3-8a 所示。结果事件分为顶事件和中间事件。

1）顶事件。顶事件是事故树分析中所关心的结果事件，即所要分析的事故。顶事件位于事故树的顶端，一棵事故树只有一个顶事件，因而它只能是某一个逻辑门的输出事件，而不能是任何逻辑门的输入事件。

2）中间事件。中间事件是位于顶事件和基本事件之间的结果事件。它既是某个逻辑门的输出事件，又是其他逻辑门的输入事件。

（2）基本事件。基本事件是导致其他事件的原因事件，它只能是某个逻辑门的输入事件而不能是输出事件。基本事件总是位于事故树的底部，因而又叫底事件。底事件分为基本原因事件和省略事件。

基本原因事件表示导致顶事件发生的最基本的或不能再向下分析的原因或缺陷事件。用图 3-8b 中的圆形符号表示。

省略事件表示没有必要进一步向下分析或其原因不明确的原因事件。另外，省略事件还表示二次事件，即来自系统之外的原因事件，用图 3-8c 中的菱形符号表示。

（3）特殊事件。特殊事件是指在事故树分析中需要表明其特殊性或引起注意的事件。特殊事件分为开关事件和条件事件。

1）开关事件。开关事件又称正常事件，它是在正常工作条件下必然发生或必然不发生的事件，用图 3-8d 中的房形符号表示。

2）条件事件。条件事件是限制逻辑门开启的事件，用图 3-8e 中的椭圆形符号表示。

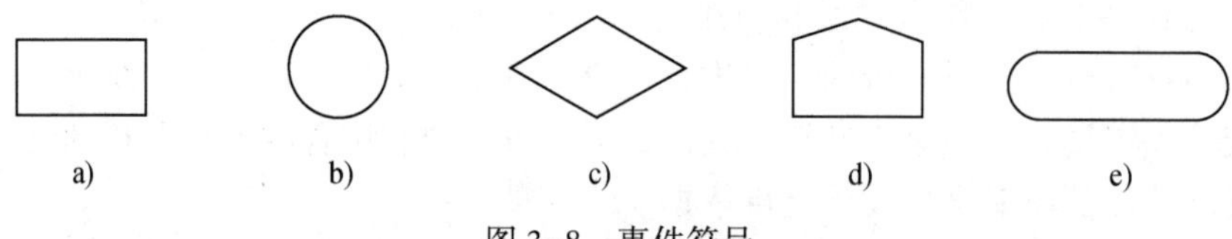

图 3-8 事件符号

2. 逻辑门符号

逻辑门是连接各事件并表示其逻辑关系的符号。

（1）与门。与门可以连接数个输入事件 E_1、E_2，…，E_n 和一个输出事件 E，表示仅当所有输入事件都发生时，输出事件 E 才发生的逻辑关系。与门符号如图 3-9a 所示。

（2）或门。或门可以连接数个输入事件 E_1，E_2，…，E_n 和一个输出事件 E，表示至少一个输入事件发生时，输出事件 E 就发生。或门符号如图 3-9b 所示。

（3）非门。非门表示输出事件是输入事件的对立事件。非门符号如图 3-9c 所示。

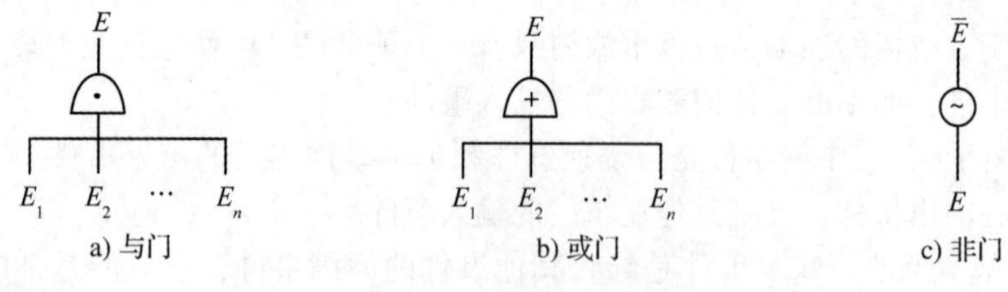

图 3-9 逻辑门符号

（4）特殊门。

1）表决门。表示仅当 n 个输入事件中有 m（$m \leqslant n$）个或 m 个以上事件同时发生时，输出事件才发生。表决门符号如图 3-10a 所示。显然，或门和与门都是表决门的特例。或门是 $m=1$ 时的表决门；与门是 $m=n$ 时的表决门。

2）异或门。表示仅当单个输入事件发生时，输出事件才发生。异或门符号如图 2-10b 所示。

3）禁门。表示仅当事件 A 发生时，输入事件的发生方导致输出事件的发生。禁门符号如图 3-10c 所示。

4）条件与门。表示输入事件不仅同时发生，而且还必须满足条件 A，才会有输出事件发生。条件与门符号如图 3-10d 所示。

5）条件或门。表示输入事件中至少有一个发生，在满足条件 A 的情况下，输出事件才发生。条件或门符号如图 3-10e 所示。

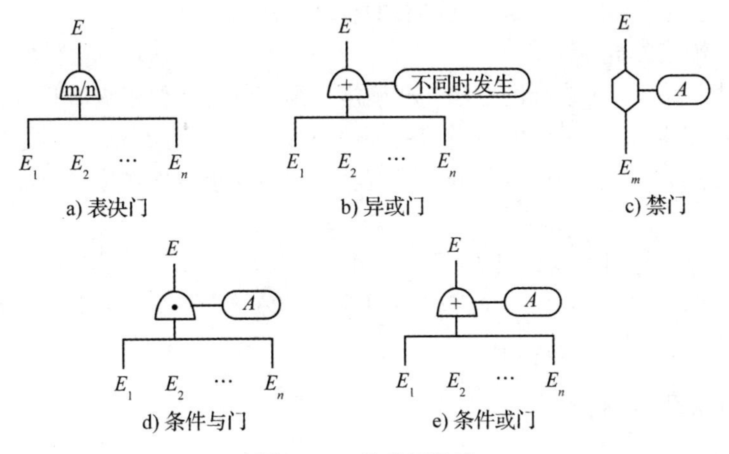

图 3-10　特殊门符号

3. 转移符号

转移符号如图 3-11 所示。转移符号的作用是表示部分事故树图的转入和转出。当事故树规模很大或整个事故树中多处包含有相同的部分树图时，为了简化整个树图，便可用转出符号（图 3-11a）和转入符号（图 3-11b）。

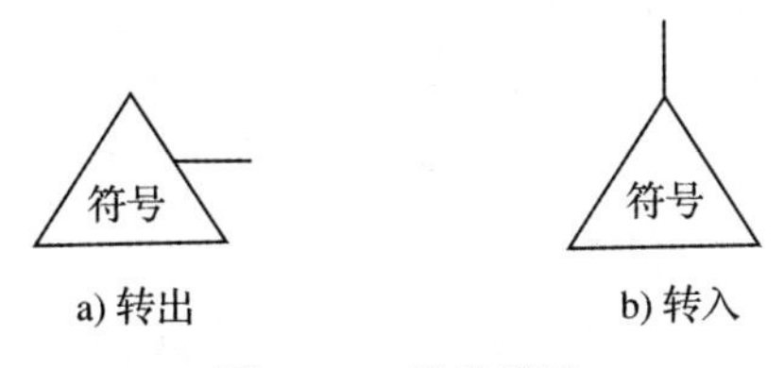

图 3-11　转移符号

三、事故树的编制规则

事故树的编制过程是一个严密的逻辑推理过程，应遵循以下规则。

1. 确定顶事件应优先考虑风险大的事故事件

能否正确选择顶事件，直接关系到分析的结果，是事故树分析的关键。在系统危险分析的结果中，不希望发生的事件不止一个，每一个不希望发生的事件都可以作为顶事件。但是，应综合考虑事件的发生频率和后果严重程度，把风险高的事件优先作为分析的对象，即顶事件。

2. 确定边界条件的规则

在确定了顶事件之后，为了不致使事故树过于烦琐、庞大，应明确规定被分析系统与其他系统的界面，以及一些必要的合理的假设条件。

3. 循序渐进的规则

事故树分析是一种演绎的方法，在确定了顶事件后，要逐级展开。分析顶事件发生的直接原因，在这一级的逻辑门的全部输入事件已无遗漏地列出之后，再继续对这些输入事件的发生原因进行分析，直至列出引起顶事件发生的全部基本事件为止。

4. 不允许门与门直接相连的规则

在编制事故树时，任何一个逻辑门的输出都必须有一个结果事件，不允许不经过结果事件而将门与门直接相连。

四、事故树定性分析

1. 事故树的数学描述

（1）布尔代数运算法则。布尔代数中的变量只有0和1两种取值，它所代表的是某个事件存在与否或真与假的一种状态，而并不表示变量在数量上的差别。布尔代数中有“与”（+，∪）、“或”（·，∩）、“非”三种基本运算。布尔代数的运算满足以下几种运算法则：

1）幂等法则：$A+A=A$；$A \cdot A=A$

2）交换法则：$A+B=B+A$；$A \cdot B=B \cdot A$

3）结合法则：$A+(B+C)=(A+B)+C$；$A \cdot (B \cdot C)=(A \cdot B) \cdot C$

4）分配法则：$A+(B \cdot C)=(A+B) \cdot (A+C)$；$A \cdot (B+C)=(A \cdot B)+(B \cdot C)$；$(A+B) \cdot (C+D)=A \cdot C+A \cdot D+B \cdot C+B \cdot D$

5）吸收法则：$A+A \cdot B=A$；$A \cdot (A+B)=A$

6）零一法则：$A+1=1$；$A \cdot 0=0$

7）同一法则：$A+0=A$；$A \cdot 1=A$

8）互补法则：$A+\bar{A}=1$；$A \cdot \bar{A}=0$

9）对合法则：$\bar{\bar{A}}=A$

10）德·摩根定律：$\overline{A+B}=\bar{A} \cdot \bar{B}$；$\overline{A \cdot B}=\bar{A}+\bar{B}$

（2）事故树的结构函数。结构函数就是用来描述系统状态的函数。假定一个事故树系统由 n 个基本事件组成，可定义事件状态函数 $X=(x_1, x_2, \cdots, x_n)$，其中 x_i 为第 i 个基本事件的状态变量，

$$x_i = \begin{cases} 1 & \text{表示事件 } i \text{ 发生}(i=1, 2, \cdots, n) \\ 0 & \text{表示事件 } i \text{ 不发生}(i=1, 2, \cdots, n) \end{cases}$$

顶事件的状态就取决于各基本事件的状态，即 y 是 x 的函数：

$$y = \Phi(x)，\text{或 } y = \Phi(x_1, x_2, \cdots, x_n)$$

$\Phi(x)$ 称为事故树的结构函数。$y=1$ 表示顶事件发生；$y=0$ 表示顶事件不发生。

2. 最小割集

（1）最小割集的概念。

1）割集。由事故树某些基本事件构成的集合，且当集合中的事件都发生时，顶事件必然发生。

2）最小割集。如果某个割集中任意除去一个基本事件就不再是割集，则称该割集为最小割集。

（2）最小割集的求法。最小割集的求法有多种，但常用的有布尔代数化简法和行列法。

1）布尔代数化简法。布尔代数化简法也叫逻辑化简法，其方法是根据布尔代数运算法则来进行的。实践表明，事故树经过化简得到若干交集的并集，每个交集实际就是一个最小割集。

[举例]　用布尔代数化简法求图 3-12 所示的事故树的最小割集。

$$\begin{aligned} T &= A_1 + A_2 \\ &= (x_1 A_3 x_2) + (x_4 A_4) \\ &= x_1(x_1 + x_3)x_2 + x_4(A_5 + x_6) \\ &= x_1 x_1 x_2 + x_1 x_2 x_3 + x_4(x_4 x_5 + x_6) \end{aligned}$$

$$=x_1x_2+x_1x_2x_3+x_4x_5+x_4x_6$$
$$=x_1x_2+x_4x_5+x_4x_6$$

故得最小割集为：$K_1=\{x_1, x_2\}$；$K_2=\{x_4, x_5\}$；$K_3=\{x_4, x_6\}$

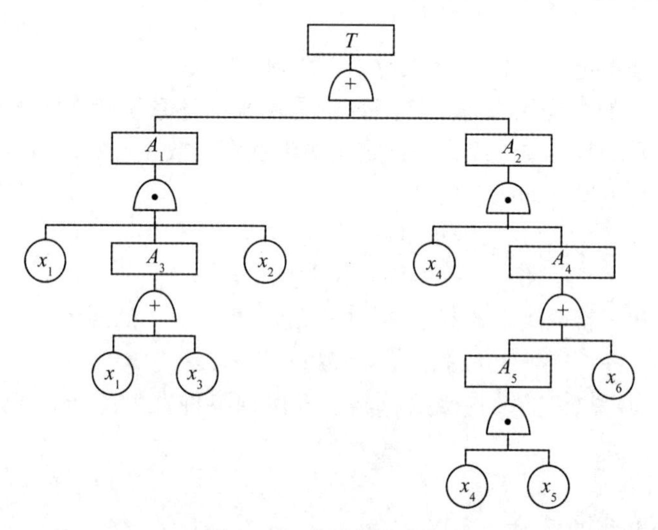

图 3-12　事故树示意图

2）行列法。行列法也称为福塞尔法。其理论依据是：与门使割集的大小（即割集内包含的基本事件的数量）增加，而不增加割集的数量；或门使割集的数量增加，而不增加割集的大小（即不增加割集内的基本事件数目）。

求取最小割集时，首先从顶事件开始，用下一层事件代替上一层事件，把与门连接的事件横向列出，把或门连接的事件纵向排开。这样逐层向下，直到各基本事件列出若干行，最后再用布尔代数化简，其结果就为最小割集。

[**举例**]　以图 3-12 为例，用行列法求最小割集。

解：

$$T\xrightarrow{\text{或门}}\begin{cases}A_1\xrightarrow{\text{与门}}x_1A_3x_2\xrightarrow{\text{或门}}\begin{cases}x_1x_2x_1\\x_1x_2x_3\end{cases}\\A_2\xrightarrow{\text{与门}}x_4A_4\xrightarrow{\text{或门}}\begin{cases}x_4A_5\xrightarrow{\text{与门}}x_4x_4x_5\\x_4x_6\end{cases}\end{cases}$$

得：$T=x_1x_2+x_4x_5+x_4x_6$

故得最小割集如下：

$$K_1 = \{x_1, x_2\}; K_2 = \{x_4, x_5\}; K_3 = \{x_4, x_6\}$$

可利用最小割集将事故树表达成一个包含3层事件（顶事件、最小割集所代表的中间事件，基本事件）的等效树。其中顶事件与最小割集所代表的中间事件（即最小割集所包含的基本事件同时发生）用或门连接，最小割集与其中所包含的基本事件用与门连接。对图3-12所示的事故树，其用最小割集表示的等效树如图3-13所示。

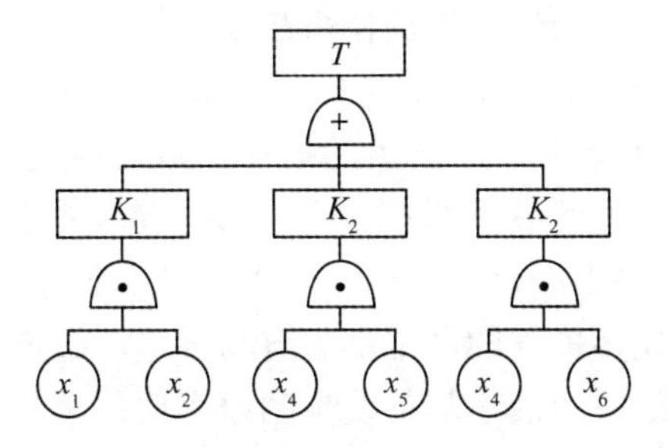

图3-13　用最小割集表示的图3-12所示事故树的等效树

3. 最小径集

（1）最小径集的概念。径集：事故树某些基本事件的集合，当这些基本事件都不发生时，顶事件必不发生。最小径集：如果在某个径集中任意去掉一个基本事件，它就不再是径集，则称这个径集叫最小径集。

（2）最小径集求法。求取最小径集可利用它与最小割集的对偶性，方法如下：

1）作出与事故树对偶的成功树，也就是把原来事故树的与门换成或门，或门换成与门，各类事件发生换成不发生。

2）利用上面介绍的方法即行列法或布尔代数化简法，求出成功树的最小割集，即可得到对应原事故树的最小径集。

利用最小径集也可用3层事件结构表示出事故树的等效树。

4. 最小割集和最小径集在事故树分析中的作用

（1）最小割集在事故树分析中的作用。最小割集在事故树分析中起着非常重要的作用，归纳起来有以下4个方面。

1）表示系统的危险性。最小割集的定义明确指出，每一个最小割集都表示顶事件发生的一种可能，事故树中有几个最小割集，顶事件发生就有几种可能。从这个意义上讲，最小割集越多，说明系统的危险性越大。

2）表示顶事件发生的原因组合。事故树顶事件发生，必然是某个最小割集中基本事件同时发生的结果。一旦发生事故，就可以方便地知道所有可能发生事故的途径，并可以逐步排除非本次事故的最小割集，而较快地查出本次事故的最小割集，这就是导致本次事故的基本事件的组合。显而易见，掌握了最小割集，对于掌握事故的发生规律，调查事故发生的原因有很大的帮助。

3）为降低系统的危险性提出控制方向和预防措施。每个最小割集都代表了一种事故模式。由事故树的最小割集可以直观地判断哪种事故模式最危险，哪种次之，哪种可以忽略，以及如何采取措施使事故发生概率下降。

假设某事故树有 3 个最小割集 $K_1=\{x_1\}$，$K_2=\{x_2, x_3\}$，$K_3=\{x_3, x_4, x_5, x_6, x_7\}$，如果不考虑每个基本事件发生的概率，或者假定各基本事件发生的概率相同，则只含一个基本事件的最小割集比含有 2 个基本事件的最小割集容易发生；含有 2 个基本事件的最小割集比含有 5 个基本事件的最小割集容易发生。依此类推，少事件的最小割集比多事件的最小割集容易发生。假定各基本事件发生的概率相同，则 2 个基本事件组成的最小割集发生的概率比一个基本事件组成的最小割集发生的概率要小得多，而 5 个基本事件组成的最小割集发生的概率更小，相比之下甚至可以忽略。由此可见，为了降低系统的危险性，对含基本事件少的最小割集应优先考虑采取安全措施。

4）利用最小割集可以判定事故树中基本事件的结构重要度和方便地计算顶事件发生的概率。

（2）最小径集在事故树分析中的作用。最小径集在事故树分析中的作用与最小割集同样重要，主要表现在以下 3 个方面。

1）表示系统的安全性。最小径集表明，一个最小径集中所包含的基本事件都不发生，就可防止顶事件发生。可见，每一个最小径集都指示出顶事件不发生的条件，是采取预防措施，防止发生事故的一种途径。最小径集越多，防止事故的途径越多。从这个意义上来说，最小径集表示了系统的安全性。

2）依据最小径集可选取确保系统安全的最佳方案。每个最小径集都指示了防止顶事件发生的一个方案，可以根据最小径集中所包含的基本事件个数的多少，技术上的难易程度，耗费的时间以及投入的资金数量，来选择最经济、有效地控制事故的方案。

3）利用最小径集同样可以判定事故树中基本事件的结构重要度和计算顶事件发生的概率。在事故树分析中，有时应用最小径集更为方便。一般说来，如果事故树中与门多，则其最小割集的数量就少，定性分析最好从最小割集入手。反之，如果事故树中或门多，则其最小径集的数量就少，此时定性分析最好从最小径集入手，从而可使分析过程得以简化。

5. 结构重要度分析

（1）结构重要度分析的概念。结构重要度分析，是从事故树结构上分析各基本事件的重要程度。即在不考虑各基本事件的发生概率，或者说假定各基本事件的发生概率都相等的情况下，分析各基本事件的发生对顶事件发生所产生的影响程度。

结构重要度一般用 $I_{\varphi}(i)$ 表示。基本事件结构重要度越大，对顶事件的影响程度就越大，反之亦然。

（2）分析方法。结构重要度分析可采用两种方法，一种是求结构重要系数，以系数大小排列各基本事件和重要顺序；另一种是利用最小割集或最小径集判断结构重要度，排出顺序。前者精确，但系统中基本事件较多时显得特别麻烦、烦琐；后者简单，但不够精确。

1）基本事件的结构重要度系数。顶事件与基本事件之间所固有的因果关系决定了顶事件不会因为某个基本事件的不发生而发生。因此，当事故树的任意一个基本事件 x_i 的状态由不发生变为发生，即其状态变量由 0 变为 1，而其他基本事件 x_1，x_2，…，x_{i-1}，x_{i+1}，…，x_n 保持任意一种组合状态 X 不变时，则顶事件的状态变化有 3 种可能情况：

①顶事件由不发生变为发生，其状态变量由 0 变为 1：

$$\Phi(0_i, X)=0 \rightarrow \Phi(1_i, X)=1,$$

即

$$\Phi(1_i, X)-\Phi(0_i, X)=1$$

②顶事件处于 0 状态不变：

$$\Phi(0_i, X)=0 \rightarrow \Phi(1_i, X)=0,$$

即

$$\Phi(1_i, X)-\Phi(0_i, X)=0$$

③顶事件处于 1 状态不变：

$$\Phi(0_i, X)=1 \rightarrow \Phi(1_i, X)=1,$$

即

$$\Phi(1_i, X)-\Phi(0_i, X)=0$$

在以上 3 种情况中只有情况①表明 x_i 的状态变化对顶事件产生了影响。考虑基本事件 x_i 的状态由 0 变为 1，而其他基本事件的状态保持不变的所有可能，情况①出现的越多，说明 x_i 的状态对顶事件是否发生所起的作用越重要。显然，对一个包含 n 个基本事件的事故树除去 x_i 后，还有 $n-1$ 个基本事件，这 $n-1$ 个基本事件共有 2^{n-1} 种可能的状态组合（X_j，$j=1, 2, \cdots, 2^{n-1}$）。对应这 2^{n-1} 种组合状态，假设其中有 m_i 种，当 x_i 由 0 变为 1 时，顶事件的状态由 0 变为 1，则定义基本事

件 x_i 的结构重要度系数为：

$$I_\Phi(i)=\frac{m_i}{2^{n-1}}=\frac{1}{2^{n-1}}\sum_{j=1}^{2^{n-1}}[\Phi(1_i,X_j)-\Phi(0_i,X_j)] \tag{3-3}$$

［举例］ 有事故树如图 3-14 所示，求基本事件的结构重要度系数。

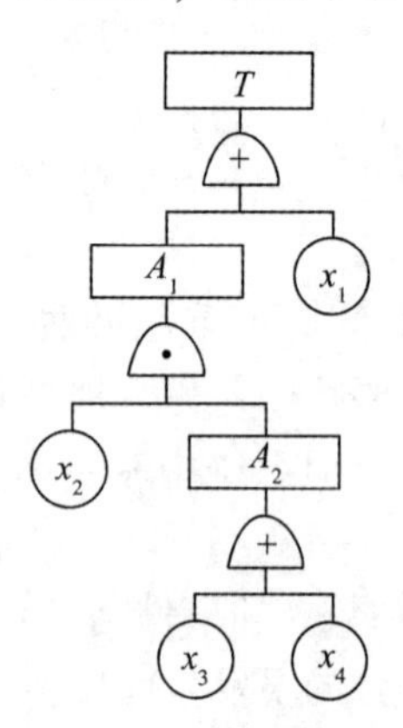

图 3-14 事故树示意图

解：首先考虑基本事件 x_1。除 x_1 外，该事故树还有 3 个基本事件，这 3 个事件的状态共有 8 种组合，对应这 8 种状态分别考虑 x_1 的 0、1 两种状态，可根据事故树图或事故树的结构函数确定顶事件的状态，见表 3-12。

表 3-12　　基本事件与顶事件状态值表

x_1	x_2	x_3	x_4	$\Phi(X)$	x_1	x_2	x_3	x_4	$\Phi(X)$
0	0	0	0	0	1	0	0	0	1
0	0	0	1	0	1	0	0	1	1
0	0	1	0	0	1	0	1	0	1
0	0	1	1	0	1	0	1	1	1
0	1	0	0	0	1	1	0	0	1
0	1	0	1	1	1	1	0	1	1
0	1	1	0	1	1	1	1	0	1
0	1	1	1	1	1	1	1	1	1

由表 3-12 可以看出，在 x_2、x_3、x_4 的 8 种组合状态中，有 5 种当 x_1 由 0 变为 1 时，顶事件状态由 0 变 1，即 $m_1=5$，代入式（3-3）可得：I_Φ（1）＝5/8。

同理可得，$I_\Phi(2)=3/8$；$I_\Phi(3)=1/8$；$I_\Phi(4)=1/8$。

根据计算结果，可做出基本事件结构重要排序如下：

$$I_\Phi(1)>I_\Phi(2)>I_\Phi(3)=I_\Phi(4)$$

即仅从基本事件在事故树结构中所占的位置来分析，x_1 最为重要，其次是 x_2，再次是 x_3 和 x_4。

2）利用最小割集或最小径集进行结构重要度排序。采用此法时，可遵循以下 4 种原则处理。

①如单个事件即可构成最小割（径）集，则该基本事件结构重要度最大。

②在同一最小割（径）集中出现，且在其他最小割（径）集中不再出现的基本事件，结构重要度相同。

③若最小割（径）集中包含的基本事件数目相等，则累计出现次数多的基本事件结构重要度大，出现次数相等的结构重要度相等。

④若几个基本事件在不同最小割（径）集中重复出现的次数相等，则在少事件的割（径）集中出现的事件结构重要度大。

[举例]　某事故树的最小割集为 $K_1=\{x_1, x_5, x_7, x_3\}$；$K_2=\{x_1, x_6, x_7, x_3\}$；$K_3=\{x_2, x_5, x_7, x_4\}$；$K_4=\{x_2, x_6, x_7, x_3\}$。试求各基本事件的结构重要度。

解：因在 4 个最小割集中，每个割集的基本事件数相等，故可根据“原则③”判定得：

$$I_\Phi(7)>I_\Phi(3)>I_\Phi(1)=I_\Phi(2)=I_\Phi(5)=I_\Phi(6)>I_\Phi(4)$$

[举例]　某事故树的最小割集为 $K_1=\{x_5, x_6, x_7, x_8\}$；$K_2=\{x_3, x_4\}$；$K_3=\{x_1\}$；$K_4=\{x_2\}$。试确定其结构重要度。

解：依据“原则①”可见，由于在 K_3、K_4 中仅有一个基本事件，所以其结构重要度最大；其次 x_3、x_4 所在割集为两个元素，所以居第二，据此类推，可排出各基本事件的结构重要度顺序为：

$$I_\Phi(1)=I_\Phi(2)>I_\Phi(3)=I_\Phi(4)>I_\Phi(5)=I_\Phi(6)=I_\Phi(7)=I_\Phi(8)$$

3）简易算法。给每一个最小割集都赋给分值 1，由最小割集中的基本事件平分，然后每个基本事件积累其得分，按其得分多少，排出结构重要度的顺序。

[举例]　某事故树最小割集：$K_1=\{x_5, x_6, x_7, x_8\}$；$K_2=\{x_3, x_4\}$；$K_3=\{x_1\}$；$K_4=\{x_2\}$。试确定各基本事件的结构重要度。

解：$x_5=x_6=x_7=x_8=\dfrac{1}{4}$

$$x_3 = x_4 = \frac{1}{2}$$

$$x_1 = x_2 = 1$$

所以，$I_\Phi(1) = I_\Phi(2) > I_\Phi(3) = I_\Phi(4) > I_\Phi(5) = I_\Phi(6) = I_\Phi(7) = I_\Phi(8)$

上述算法同样适合于最小径集。

4）利用最小割集确定基本事件结构重要系数的几个近似计算公式。若当最小割集确定后，则可依据式（3-4）~式（3-6）求出某基本事件的结构重要度系数，然后依据其系数值的大小进行排序。

①

$$I_\Phi(i) = \frac{1}{N}\sum_{x_i \in K_j}\frac{1}{n_j} \tag{3-4}$$

式中 N——最小割集总数；

K_j——含有基本事件 i 的最小割集；

n_j——K_j 中的基本事件数。

②

$$I_\Phi(i) = \sum_{x_i \in K_j}\frac{1}{2^{n_j-1}} \tag{3-5}$$

③

$$I_\Phi(i) = 1 - \prod_{x_i \in K_j}\left(1 - \frac{1}{2^{n_j-1}}\right) \tag{3-6}$$

［举例］　某一事故树的最小割集 $K_1 = \{x_1, x_2\}$；$K_2 = \{x_3, x_4, x_5\}$；$K_3 = \{x_3, x_4, x_6\}$，用上述3个近似公式求 $I_{\Phi(i)}$。

解：用式（3-4）计算：

已知 $N=3$，包含 x_1 的割集只有一个，即 K_1，K_1 中有2个基本事件，则

$$I_\Phi(1) = \frac{1}{3} \times \frac{1}{2} = \frac{1}{6}$$

同理得：$I_\Phi(2) = \frac{1}{6}$，$I_\Phi(3) = \frac{2}{9}$，$I_\Phi(4) = \frac{2}{9}$，$I_\Phi(5) = \frac{1}{9}$，$I_\Phi(6) = \frac{1}{9}$

故 $I_\Phi(3) = I_\Phi(4) > I_\Phi(1) = I_\Phi(2) > I_\Phi(5) = I_\Phi(6)$

用式（3-5）计算：

已知包含 x_1 的割集只有一个，即 K_1，K_1 中有 2 个基本事件，则

$$I_{\Phi(1)}=\frac{1}{2^{(2-1)}}=\frac{1}{2}$$

同理得：$I_\Phi(2)=I_\Phi(3)=I_\Phi(4)=\frac{1}{2}$，$I_\Phi(5)=I_\Phi(6)=\frac{1}{4}$

故 $I_\Phi(1)=I_\Phi(2)=I_\Phi(3)=I_\Phi(4)>I_\Phi(5)=I_\Phi(6)$

用式（3-6）计算：

已知包含 x_1 的割集只有一个，即 K_1，K_1 中有 2 个基本事件，则

$$I_{\Phi(1)}=1-\left(1-\frac{1}{2^{(2-1)}}\right)=\frac{1}{2}$$

同理得：$I_\Phi(2)=\frac{1}{2}$，$I_\Phi(3)=\frac{7}{16}$，$I_\Phi(4)=\frac{7}{16}$，$I_\Phi(5)=\frac{1}{4}$，$I_\Phi(6)=\frac{1}{4}$

故 $I_\Phi(1)=I_\Phi(2)>I_\Phi(3)=I_\Phi(4)>I_\Phi(5)=I_\Phi(6)$

此例用上述 3 个公式算出来的排序不一样，就其精度而言，用式（3-6）较好。

由上例计算可见，利用近似公式求解结构重要度排序时，可能出现误差。因此，在选用公式时，应酌情选用。一般说来，对于最小割集中的基本事件个数（n_j）相同时，利用 3 个公式均可得到正确的排序；若最小割集包含的事件个数（阶数）差别较大时，式（3-5）、（3-6）可以保证排列顺序的正确；若最小割集的阶数差别仅为 1 或 2 时，使用式（3-4）、（3-5）可能产生较大的误差。在 3 个近似计算公式中，式（3-6）的精度最高（说明：上述 3 个公式同样适用于利用最小径集进行结构重要度系数的近似计算，将割集改成径集即可）。

五、事故树定量分析

事故树定量分析包括顶事件发生概率计算、概率重要度及临界重要度计算。

1. 事故树顶事件发生概率计算

（1）逐级向上推算法（只适用于事故树中基本事件没有重复的情况）。

1）当各基本事件均是独立事件时，凡是与门连接的地方，可用几个独立事件逻辑积的概率计算公式计算

$$Q(T)=\prod_{i=1}^{n}q_i \tag{3-7}$$

式中　Π——数学运算符号，表示连乘；

$Q(T)$——顶事件的发生概率；

q_i——基本事件 i 的发生概率。

2）当各基本事件均是独立事件时，凡是或门连接的地方，可用几个独立事件逻辑和的概率计算公式计算

$$Q(T) = \sum_{i=1}^{n} q_i = 1 - \prod_{i=1}^{n}(1 - q_i) \tag{3-8}$$

式中　∑——数学运算符号，表示连加；

$Q(T)$——顶事件的发生概率；

q_i——基本事件 i 的发生概率。

按照给定的事故树写出其结构函数表达式，根据表达式中的各基本事件的逻辑关系，可直接计算出顶事件的发生概率。

（2）利用最小割集计算顶事件的发生概率。假定事故树有 r 个最小割集 K_j（$j=1, 2, \cdots, r$），根据用最小割集表示的等效树，可以写出事故树的结构函数为

$$\Phi(x) = \coprod_{j=1}^{r} K_j(x_i) = \coprod_{j=1}^{r} \prod_{x_i \in K_j} x_i \tag{3-9}$$

由于基本事件 x_i 发生的概率 q_i 是 $x_i=1$ 的概率，顶事件的发生概率 $Q(T)$ 是 $\Phi(x)=1$ 的概率，所以，如果在各最小割集中没有重复的基本事件，且各基本事件相互独立时，则顶事件的发生概率为

$$Q(T) = \coprod_{j=1}^{r} \prod_{x_i \in K_j} q_i \tag{3-10}$$

如果事故树的各最小割集中有重复事件，则式（3-10）不能成立。这时须将式（3-10）展开，根据布尔代数的幂等法则消去每个概率因子中的重复因子，方可得到正确的结果。

计算各最小割集彼此有重复事件的一般公式为

$$Q(T) = \sum_{j=1}^{r} \prod_{x_i \in K_j} q_i - \sum_{1 \leqslant j < h \leqslant r} \left(\prod_{x_i \in K_j \cup K_h} q_i \right) + \cdots + (-1)^{r-1} \prod_{x_i \in K_1 \cup K_2 \cup \cdots \cup K_r} q_i \tag{3-11}$$

式中　r——最小割集的个数；

i——基本事件的序数；

j，h——最小割集的序数。

（3）利用最小径集计算顶事件发生概率。用最小径集表示事故树等效图时，顶事件与最小径集是用与门连接的，各个最小径集与基本事件是用或门连接的。假

设事故树最小径集的个数为 s，各最小径集彼此无重复事件且相互独立时，则顶事件发生的概率 Q（T）可表示为

$$Q(T)=\prod_{j=1}^{s}\coprod_{x_i\in P_j}q_i=\prod_{j=1}^{s}\left[1-\prod_{x_i\in P_j}(1-q_i)\right] \tag{3-12}$$

若各最小径集彼此有重复事件，则需将式（3-12）展开，用布尔代数的幂等法则消去概率积中的重复因子，可得利用最小径集计算顶事件发生概率的一般公式为

$$Q(T)=1-\sum_{j=1}^{s}\prod_{x_i\in P_j}(1-q_i)+\sum_{1\leqslant j<h\leqslant s}\prod_{x_i\in P_j\cup P_h}(1-q_i)-\cdots+(-1)^s\prod_{x_i\in P_1\cup P_2\cup\cdots\cup P_s}(1-q_i) \tag{3-13}$$

式中　s——最小径集的个数；

i——基本事件的序数；

j，h——最小径集序数。

（4）近似计算方法。当逻辑门和基本事件的数目很多时，计算顶事件概率精确值的计算量将非常大。此时，可使用近似的计算方法。在保证适当精度的前提下，使计算得以简化。

顶事件概率近似算法有多种，现概要介绍以下 3 种。

1）首项近似法。根据由最小割集计算顶事件发生概率的式（3-11），可设：

$$F_1=\sum_{j=1}^{r}\prod_{x_i\in K_j}q_i$$

$$F_2=\sum_{1\leqslant j<h\leqslant r}\left(\prod_{x_i\in K_j\cup K_h}q_i\right)$$

$$F_r=\prod_{x_i\in K_1\cup K_2\cup\cdots\cup K_r}q_i=\prod_{i}^{n}q_i$$

式中，n 为事故树的基本事件个数。

则式（3-11）可改写为

$$Q(T)=F_1-F_2+\cdots+(-1)^{r-1}F_r \tag{3-14}$$

一般说来，由于 $F_1\gg F_2$，$F_2\gg F_3\cdots$所以，求出第一项 F_1，就可近似地当作顶事件的发生概率，即

$$Q(T)\approx F_1=\sum_{j=1}^{r}\prod_{x_i\in K_j}q_i \tag{3-15}$$

2）求近似区间。用上述方法时，若还想更精确些，则可继续求出 F_2，$F_3\cdots$，直到认为已达到了所要求的精度为止。

根据由最小割集计算顶事件发生概率的公式，也可得出如下不等式：

$$\begin{aligned} Q(T) &< F_1 \\ Q(T) &> F_1 - F_2 \\ Q(T) &< F_1 - F_2 + F_3 \end{aligned} \tag{3-16}$$

由此可见，F_1，F_1-F_2，$F_1-F_2+F_3$ 顺序地给出了顶事件 $Q(T)$ 发生概率的上限和下限，因此，顶事件发生的概率可近似地为

$$Q(T) \approx F_1 - \frac{1}{2}F_2 \tag{3-17}$$

当然，所求的项数愈多，则愈逼近顶事件发生概率的精确值，也就逐次得到任意精度的近似区间，即

$$F_1 > Q(T) > F_1 - F_2$$
$$F_1 - F_2 < Q(T) < F_1 - F_2 + F_3$$
$$\cdots\cdots$$

这样，随着计算项数的增加，而得到由两条逐渐逼近精确值，并最后交于精确值的曲线，如图 3-15 所示，其中横坐标表示计算项数，纵坐标表示概率。

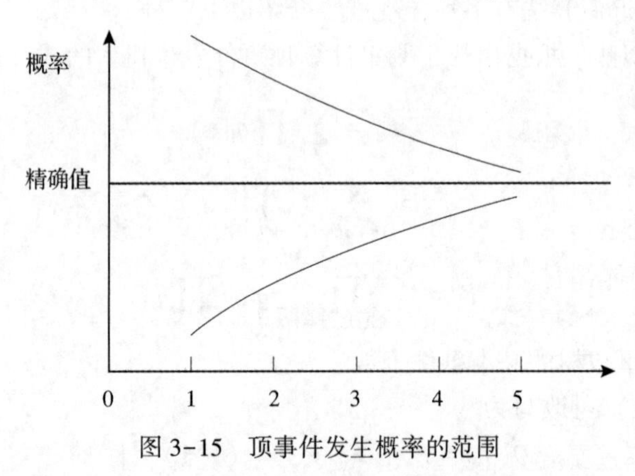

图 3-15　顶事件发生概率的范围

3）独立近似法。这种近似算法是基于把事故树各最小割（径）集间相同的基本事件视为无相同的基本事件，即认为各最小割集是相互独立的。其计算公式为

$$Q(T) \approx \coprod_{j=1}^{r} \prod_{x_i \in K_j} q_i \tag{3-18}$$

$$Q(T) \approx \prod_{j=1}^{s} \coprod_{x_i \in P_j} q_i \tag{3-19}$$

通常按式（3-18）计算较简单，可以得到顶事件发生概率的最大值，且能较好地接近精确值；而按式（3-19）计算，偏差很大。因此，当事故树各最小割集包含的相同事件少，且各基本事件的概率值较小时，可用独立近似法的式（3-18）进行近似计算。

2. 概率重要度

前边我们已经介绍基本事件结构重要度的概念，它主要是从事故树的结构上分析各基本事件的重要程度。如果考虑各基本事件发生概率的变化会给顶事件概率带来多大的影响，就必须研究基本事件的概率重要度。

基本事件的概率重要度是指顶事件发生概率对该基本事件发生概率的变化率，即

$$I_g(i) = \frac{\partial Q(T)}{\partial q_i} \tag{3-20}$$

式中　I_g（i）——基本事件 i 的概率重要度系数；

Q（T）——顶事件发生概率；

q_i——基本事件 i 发生概率。

求出各基本事件的概率重要度后，就可知道，在诸多基本事件中，降低哪个基本事件的发生概率，就可迅速有效地降低顶事件的发生概率。

综合式（3-11）和式（3-20）可以看出，一个基本事件的概率重要度与它本身发生概率无关，且通常主要取决于它所在的最小割集中的其他事件的发生概率。

3. 临界重要度

由于一个基本事件的概率重要度与该基本事件自身发生概率无关，这就会出现一些概率很小的基本事件，其概率重要度却很大。而在实践中要想使概率值已经很小的基本事件的概率进一步减小，其难度往往要比减小概率大的事件的概率要难得多，这就影响了概率重要度对实际安全工作的指导意义。

为弥补概率重要度的这点不足，可采用基本事件发生概率的相对变化率与顶事件发生概率的相对变化率之比来表示基本事件的重要程度。这个比值就是临界重要度，也叫关键重要度，其定义为

$$I_c(i) = \lim_{\Delta q_i \to 0}\left(\frac{\Delta Q/Q}{\Delta q_i/q_i}\right) = \frac{q_i}{Q}\lim_{\Delta q_i \to 0}\left(\frac{\Delta Q}{\Delta q_i}\right) = \frac{q_i}{Q}\frac{\partial Q}{\partial q_i} = I_g(i) \cdot \frac{q_i}{Q} \tag{3-21}$$

式中 $I_c(i)$ ——第 i 个基本事件的临界重要度系数；

Q ——顶事件的发生概率；

q_i——第 i 个基本事件的发生概率；

$I_g(i)$ ——第 i 个基本事件的概率重要度系数。

[举例] 设某事故树最小径集为 $P_1=\{x_1, x_2, x_3\}$，$P_2=\{x_4, x_5\}$，$P_3=\{x_6\}$。若各基本事件发生概率分别为：$q_1=0.005$，$q_2=0.001$，$q_3=0.001$，$q_4=0.2$，$q_5=0.8$，$q_6=1$，试求：

①顶事件发生概率；

②各基本事件的概率重要度系数；

③各基本事件的临界重要度系数。

解：① 由已知条件可得知其结构函数式为

$$T=(x_1+x_2+x_3)\cdot(x_4+x_5)\cdot x_6$$

其顶事件发生概率函数式为

$$Q(T)=[1-(1-q_1)(1-q_2)(1-q_3)][1-(1-q_4)(1-q_5)]q_6$$

则顶事件发生概率为

$$\begin{aligned}Q(T)&=[1-(1-0.005)(1-0.001)(1-0.001)]\times[1-(1-0.2)(1-0.8)]\times 1\\&=0.006\,989\,005\times 0.84\times 1\\&=0.005\,870\,764\,2\end{aligned}$$

②各基本事件的概率重要度为

$$\begin{aligned}I_g(1)&=\frac{\partial Q(T)}{\partial q_1}=(1-q_2)(1-q_3)(q_4+q_5-q_4q_5)q_6\\&=(1-0.001)(1-0.001)(0.2+0.8-0.2\times 0.8)\times 1\\&=0.838\,320\,84\end{aligned}$$

同理可得

$$Ig(2)=0.834\,964\,2$$

$$Ig(3)=0.834\,964\,2$$

$$Ig(4)=0.001\,397\,801$$

$$Ig(5)=0.005\,591\,204$$

$$Ig(6)=0.938\,120\,96$$

③各基本事件临界重要度为

$$I_c(1)=Ig(1)\frac{q_1}{Q(T)}=0.838\times\frac{0.005}{0.005\,87}=0.713\,8$$

$$I_c(2)=Ig(2)\ \frac{q_2}{Q(T)}=0.835\times\frac{0.001}{0.005\ 87}=0.142\ 2$$

$$I_c(3)=Ig(3)\ \frac{q_3}{Q(T)}=0.835\times\frac{0.001}{0.005\ 87}=0.142\ 2$$

$$I_c(4)=Ig(4)\ \frac{q_4}{Q(T)}=0.001\ 4\times\frac{0.2}{0.005\ 87}=0.047\ 7$$

$$I_c(5)=Ig(5)\ \frac{q_5}{Q(T)}=0.005\ 6\times\frac{0.8}{0.005\ 87}=0.763\ 2$$

$$I_c(6)=Ig(6)\ \frac{q_6}{Q(T)}=0.938\ 1\times\frac{1}{0.005\ 87}=159.81$$

故：I_c（6）$>I_c$（5）$>I_c$（1）$>I_c$（2）$=I_c$（3）$>I_c$（4）

第六节　事件树分析

事件树是一种二叉树，用于评估给定问题中的多重决策路径。事件树分析（event tree analysis，简称 ETA）起源于对 WASH-1400 核电站的安全研究。WASH-1400 的团队认为核电站可以通过 FTA 实现概率风险评估（PRA），然而，产生的故障树非常庞大且烦琐，因此他们建立了事件树，将分析过程浓缩为更易于管理的图形模型，同时仍然使用 FTA。

一、ETA 的基本定义

ETA 是从一个起始事件开始，按事件的发展顺序考虑各个环节事件成功或失败，预测各种可能结果的归纳分析方法。

逐一从所有可能的起始事件出发，通过 ETA 可以分析出复杂系统中可能出现的各种事故模式及其后果，并能根据起始事件及关键事件的概率计算各种结果的概率。

其中，起始事件（initial event，简称 IE）是引发事故序列的故障或意外事件。起始事件是否导致事故，这取决于系统中设计的危险对策方法能否得到成功运行。

关键事件是介于起始事件和最终事故之间的中间事件，是为了防止起始事件导致事故而设定的安全对策响应后的失败/成功事件。如果关键事件运行成功，它将停止事故场景，称之为缓解事件。如果关键事件运行失败，那么事故场景继续进行，称之为加重事件。

概率风险评估（PRA）是一种综合的、结构化的逻辑分析方法，用于识别和评估复杂技术系统中的风险。PRA 的目标是通过定量分析，详细地识别和评估事故场景。PRA 涉及以下 3 个特性：

1. 事故场景会出现什么问题？
2. 出现这个事故场景的概率有多大？
3. 这个事故场景下会产生什么后果？

事件树（ET）是事故情景的图形模型，产生出多个结果及其概率。事件树是概率风险评估法最常用的工具之一。

二、ETA 的基本原理

ETA 识别和分析事故是概率风险评估（PRA）的基础。这一过程从一系列干扰系统安全性和可靠性的起始事件开始（例如：导致系统改变其运行状态），对每个起始事件，分析造成不良后果的故障模式，计算起始事件发展的各种可能路径的结果（成功与失败）及概率，所有路径的概率构成系统的风险概况。

如图 3-16 所示，事故场景包括起始事件和一个或多个导致不理想的最终事故的关键事件。

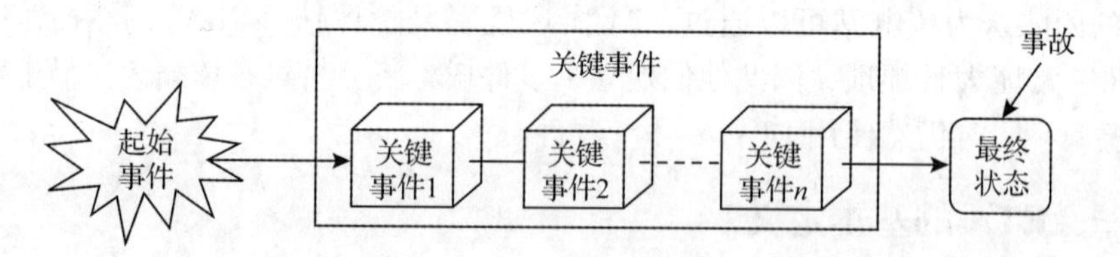

图 3-16　事故场景

起始事件是一种扰动，需要操作员做出某种响应，避免出现不利结果。关键事件包括成功和失败响应，也包括能发生和不能发生的外部条件或关键现象。事件的最终状态是经过分析确定的。根据结果的种类和严重程度，最终的事故从完全成功的结果划分到各种程度的损失结果，例如：

1. 人员伤亡/疾病。
2. 设备或财产（包括软件）的损失。
3. 试验造成的意外或附加损害。
4. 任务失败。
5. 系统可用性丧失。

6. 环境破坏。

事件树分析法借助树结构，根据事件结果对事故场景进行分类。事件树主要包括起始事件、关键事件和最终状态。事件树展现了起始事件可能引发的所有事故场景，即关键事件的发生与否。事件树的不同路径指向不同的场景。习惯上，关键事件的状态用系统成败表示，上分支代表成功事件，下分支为失败事件。且大多数事件树中，关键事件都是二分的，即一种现象要么发生，要么不发生；一个系统要么失败，要么不失败。图 3-17 展示了典型的事件树结构。

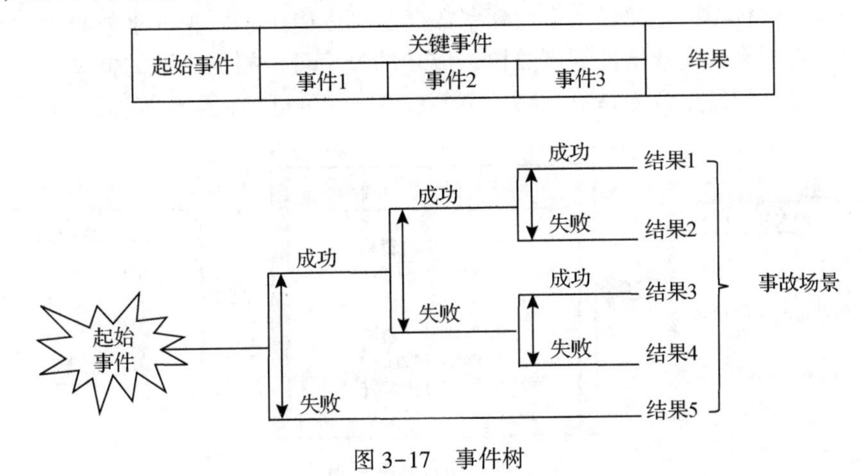

图 3-17　事件树

图 3-18 给出了一个事件树的定量计算过程。事件树模型从逻辑上集合了全部

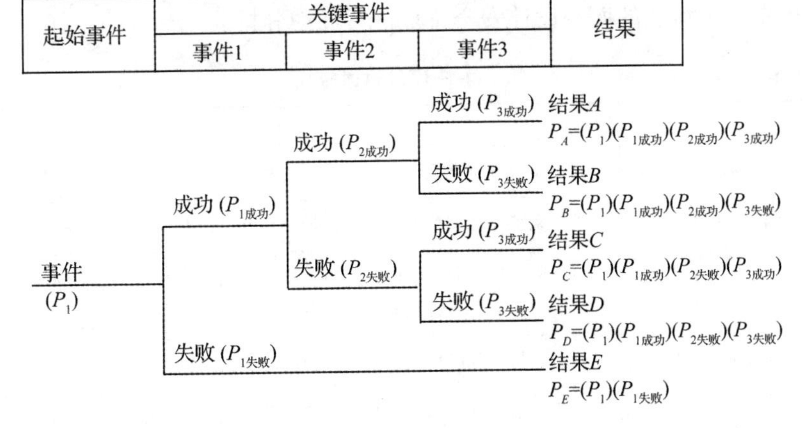

图 3-18　事件树分析法

系统设计的安全对策，旨在防止起始事件造成事故。这种分析方法的作用是可以发现和评估多种不同的结果。

三、ETA 的分析步骤

图 3-19 展示了事件树分析的基本流程，总结了事件树分析过程中涉及的重要内容。事件树分析过程包括利用详细的设计信息，为特定的起始事件创建事件树图。为了开发事件树图，分析员必须确定事故背景、起始事件和感兴趣的关键事件。一旦事件树图构建完成，事故频率数据就可以应用于图中的事故事件。通常，事故频率数据来自失败事件的事故树。成功的概率可以根据失败的概率计算而得。特定结果事件的发生概率是通过路径中各事件的发生概率相乘计算而来的。

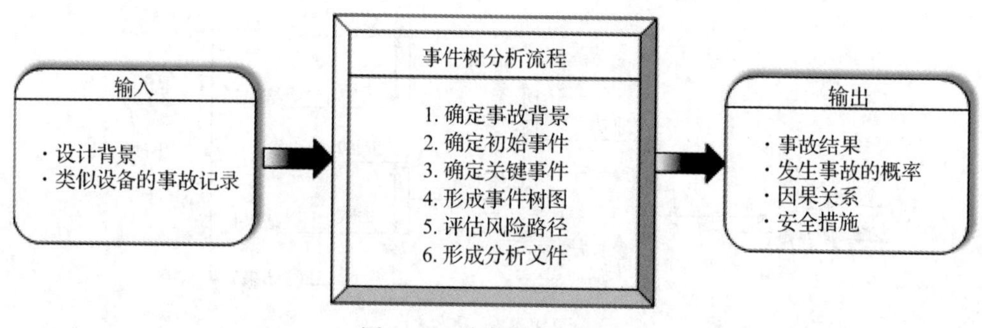

图 3-19　事件树分析概述

表 3-13 列出并描述了事件树分析的详细步骤，包括对从起始事件到结果事件的一系列事件中涉及的所有设计安全特征进行详细分析。

表 3-13　　**事件树分析流程**

步骤	任务	描述
1	识别系统	检查系统并定义系统边界、子系统和接口
2	确定事故背景	进行系统评估或危险分析，以识别系统设计中存在的危险和隐患
3	确定起始事件	重新进行危险分析，以确定事故隐患中的重大事故，包括火灾、碰撞、爆炸、管道破裂、有毒物质泄漏等事件
4	确定关键事件	确定与特定隐患相关的安全措施或对策，以防止事故发生
5	构建事件树图	形成逻辑事件树图，从起始事件开始，接着是关键事件，最后是每条路径的结果事件

续表

步骤	任务	描述
6	获取事故事件的发生概率	获取或计算事件树中事故事件的失败概率。可能需要通过事故树来确定事故事件如何会失败，并获取失败概率
7	确定结果事件的风险	计算事件树每条路径的结果事件的风险
8	评估结果风险	评估每条路径的结果风险，并确定风险是否可接受
9	建议防范措施	如果路径的结果风险不可接受，采用防范措施来降低风险
10	形成事件树分析文件	以事件树图来展示事件树分析过程，必要时及时更新信息

三、ETA 与 FTA 的结合

复杂系统往往有大量相互依赖的组件和冗余、备用的安全系统。有时，仅用事故树来模拟一个系统太困难或者太烦琐，因此，风险概率评估研究将事故树和事件树结合起来使用。事件树模拟事故或灾难的原因—结果，故障树模拟复杂的子系统，以获取这些子系统运行失败的概率。一种事故状况可能导致许多不同的结果，这取决于哪些环节出现了问题，哪些功能正常运行。事件树和事故树的结合能够很好地模拟出这一复杂问题。

事件树是一张图，它模拟了因为故障或意外事件所导致的事件。起始事件可能是技术故障或者人为操作失误造成的，目标是判断一个或多个特定基本事件之后的事件链，以评估影响并确定该事件是否会发展为严重事故或是否受到安全系统和程序的严格控制。因此，其结果可以作为减少冗余或修改安全系统的建议。

事件树分析从图 3-20 左侧列出的起始事件开始。所有安全设计方法和对策都列在图标顶部，作为结果事件。每种安全设计方案都是针对结果事件进行评估：操作成功和操作失败。形成的图表结合了成功和失败事件所有情况的组合，并以横向树形结构向右展开。每个成功和失败事件都可以被赋予一个发生的概率，最终的结果概率是沿着特定路径的时间概率的乘积。请注意，最终结果事件可能是安全的，也可能是严重事故，这取决于一系列的关键事件。

四、ETA 举例

图 3-21 为某办公楼火灾探测和扑灭系统的事件树图示例。该事件树分析了系统失火的所有可能结果，启动事件是“起火”，记录了由安全子系统的成功或失败（关键事件）导致的结果范围。

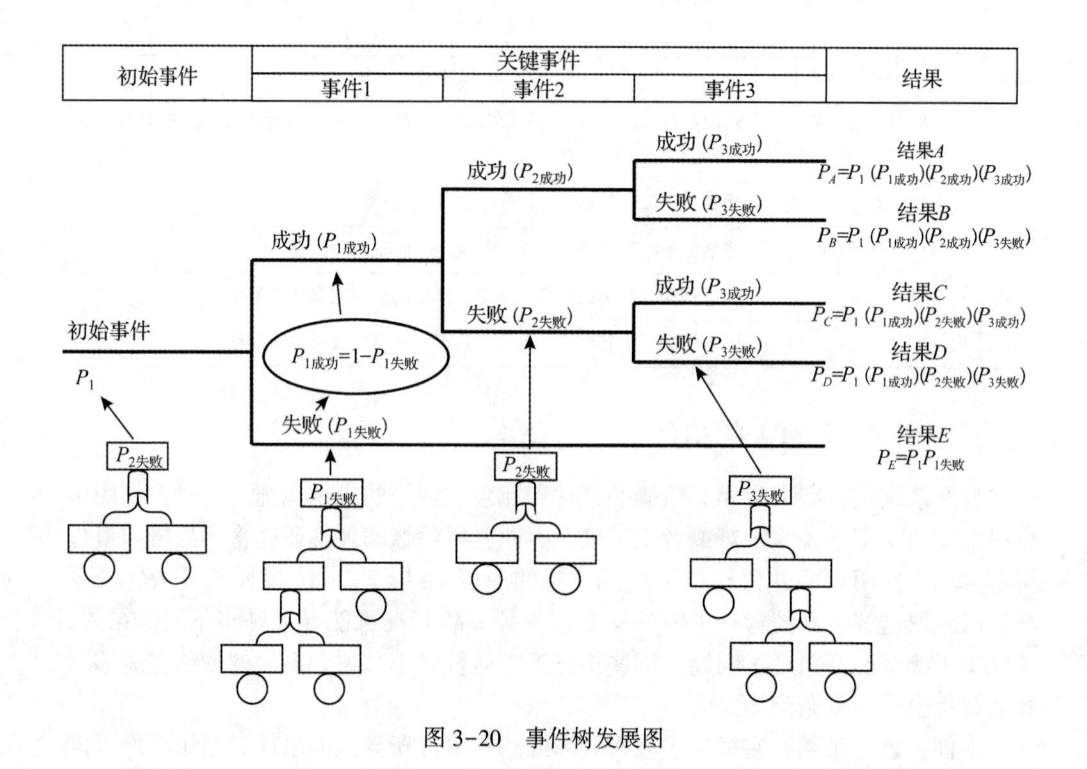

图 3-20　事件树发展图

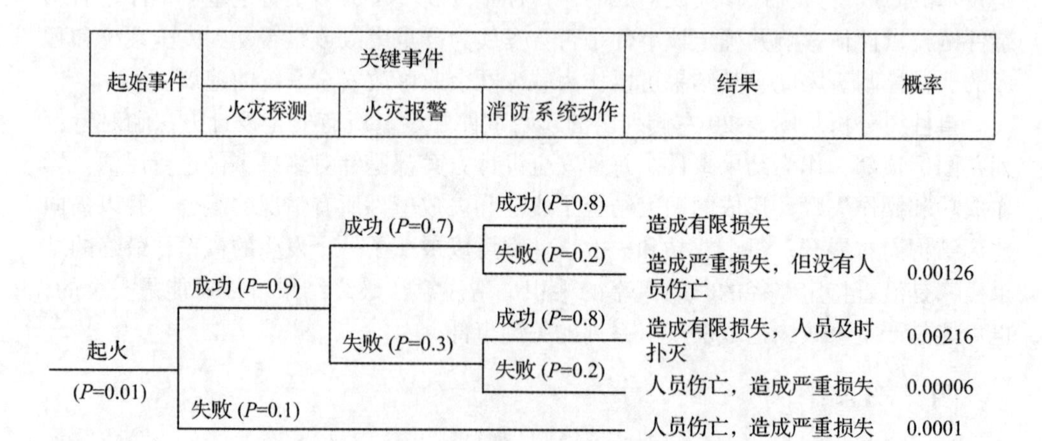

图 3-21　某办公楼火灾探测和扑灭系统事件树图

从这个例子中注意到，在计算每个起贡献的关键事件的成功、失败概率时，根据可靠性公式 PSUCCESS/PFAILURE（事件成功/失败的概率的计算结果），关键事件总和必须始终为 1。还要注意，在本例中，有 3 个起贡献的关键事件，产生了 5 种不同的结果，每种结果都有不同的概率。

第七节　系统可靠性分析

可靠性技术是为了分析由于机械零部件的故障，或人的差错而使设备或系统丧失原有功能或功能下降的原因而产生的学科。故障（物的不安全状态）和差错（人的不安全行为）不仅会使设备或系统功能下降，而且还是导致意外事故和灾害的原因。在进行定量的系统安全分析时，比如事件树或事故树分析，各种事件的发生概率（包括：事件树起始事件的发生概率、环节事件成功或失败的概率、事故树基本事件的发生概率）一般都需要通过分析相关设备或单元以及人的可靠性来获得。因此，可靠性分析是系统安全定量分析的基础，在安全系统工程中占有很重要的位置。

一、基本概念

1. 可靠性和可靠度

可靠性是指系统、设备或元件等在规定的时间内、规定的条件下，完成其规定功能的能力。可靠性是一个定性的概念，与之对应的定量指标是可靠度。

可靠度是指系统、设备或元件等在预期的使用周期（规定的时间）内和规定的条件下，完成其规定功能的概率。

在可靠度的内涵中明确了 5 个要素，即具体的对象（系统、设备或元件等）、规定的条件、规定的时间、规定的功能、概率。其中“规定的功能”不仅依存于具体的对象，同时也依存于规定的时间和条件。从某种意义上说，当超出了规定的时间和条件后，系统也未必就会完全丧失完成规定功能的能力，但此时已无法预期系统应达到怎样的可靠度，因此再讨论可靠性或可靠度的问题已没有实际意义。

2. 维修度

维修度是指系统发生故障后在维修容许时间内完成维修的概率。

对于可修复系统（如贵重耐用的产品），发生故障后，通常经过维修后还可正常使用。对于这类系统，是否易于维修对系统实现其功能有重要影响。可修复系统维修的难易程度一般可用维修度来衡量。

在确定系统维修度时需考虑的一个关键因素就是维修容许时间，在确定维修容许时间时不但要考虑一次维修所需的时间，还应考虑在系统预期使用周期内的总维修时间。

3. 有效度

有效度是指对于可修复系统在规定的使用条件和时间内能够保持正常使用状态的概率。

具体地讲，给定某系统的预期使用时间为 t，维修所容许的时间为 τ(远小于 t)，该系统的可靠度、维修度和有效度分别为 $R(t)$、$M(\tau)$ 和 $A(t, \tau)$，则有

$$A(t, \tau) = R(t) + [1 - R(t)]M(\tau) \quad (3-22)$$

这就是系统有效度的计算式。由式（3-22）可以看出，要提高系统的有效度有两个途径：一是提高系统的可靠度；二是提高系统的维修度。如果在设计阶段就能保证系统具有极高的可靠度，例如使 $R(t) = 1$，也就是系统永远都不会出故障，有效度 $A(t, \tau)$ 自然为1。显然若要保证这样高的可靠度，势必增加系统初期投资；如果不能保证这样高的可靠度 $R(t) <1$，也可以通过提高系统的维修度来提高有效度。比如若能保证 $M(\tau) = 1$，根据有效度的计算式，也可使有效度 $A(t, \tau) = 1$。这就相当于系统发生的故障总可以在规定的时间内顺利修复，也就可以认为系统的正常使用没有受到影响。如果系统本身的可靠性很低，经常出故障，必然会提高系统维修费用。如果系统故障频繁，就会使总的维修时间超过允许的范围，从而降低系统的维修度，最终导致系统有效度下降。显然，对于不可修复系统由于 $M(\tau) \equiv 0$，系统有效度就是系统的可靠度。而对于可修复系统由于 $M(\tau) >0$，故系统的有效度大于系统的可靠度。

显然，系统可靠性分析针对的是系统功能能否实现。但需要指出的是，系统可靠性与系统安全性还是有区别的。从伤亡事故预防的角度来看，系统功能丧失并不意味着一定会导致工伤事故；而系统在正常运转时也并不意味着就不会出事故。因此，如何保证系统安全运行，以及如何在系统故障时保证安全都是非常重要的。

二、可靠度、维修度和有效度的常用度量指标

根据可靠度、维修度和有效度定义，它们可以用概率来度量。除此之外，还可以用时间或单位时间的次数来度量。下面就介绍几种常用的度量指标。

1. 平均无故障时间（*MTTF*）

平均无故障时间是指系统由开始工作到发生故障前连续正常工作的平均时间，通常用来度量不可修复系统的可靠度。

对于某不可修复系统，其无故障时间也就是其寿命 t，显然 t 可以在 0 到 $+\infty$ 内取任意值，即 $t \in (0, +\infty)$。对于某两件产品来说，其寿命 t 可能是不同的。而这里所说的平均无故障时间应该是指大量的产品由开始工作到发生故障前连续的正常工作时间的一个平均值，也就是一个数学期望值。即

$$MTTF = E(t) = \int_0^{\infty} tf(t)\,\mathrm{d}t \tag{3-23}$$

式中，$f(t)$ 为寿命 t 的概率密度函数。

2. 平均故障间隔时间（$MTBF$）

平均故障间隔时间是指可修复系统发生了故障后，经修理仍能正常工作，其在两次相邻故障间的平均工作时间。如系统第一次开始工作，经过时间 t_1 出现故障，修复后第二次开始工作，过了时间 t_2 后又出现故障。依此类推，设第 n 次开始工作后经过了 t_n 时间后发生故障，则平均故障间隔时间为

$$MTBF = \frac{\sum_{i=1}^{n} t_i}{n} \tag{3-24}$$

3. 平均故障修复时间（$MTTR$）

平均故障修复时间是指可修复系统出现故障到恢复正常工作平均所需的时间。

$$MTTR = \frac{\sum_{i=1}^{n} \tau_i}{n} \tag{3-25}$$

三、可靠度函数与故障率

由可靠度的定义可以看出，在一定使用条件下，可靠度是时间的函数。设可靠度为 $R(t)$，不可靠度为 $F(t)$，则有

$$R(t) + F(t) = 1 \tag{3-26}$$

对任何一个系统，总会有一个时间 T，当 $t>T$ 以后，系统彻底失效，也就是可靠度 $R(t)$ 降低为 0，而不可靠度 $F(t)$ 上升为 1。相应地，当 $t=+\infty$ 时，必有

$$R(+\infty) = 0;\quad F(+\infty) = 1$$

考虑 $F(t)$ 是时间的连续函数，则可定义故障概率密度函数为

$$f(t) = \frac{\mathrm{d}F(t)}{\mathrm{d}t} \tag{3-27}$$

相应地

$$F(t)=\int_0^t f(t)\,\mathrm{d}t \tag{3-28}$$

$$R(t)=1-F(t)=F(+\infty)-F(t)$$
$$=\int_0^{+\infty} f(t)\,\mathrm{d}t-\int_0^t f(t)\,\mathrm{d}t=\int_t^{+\infty} f(t)\,\mathrm{d}t \tag{3-29}$$

由式（3-29）推导过程也可看出，关于故障概率密度函数，有

$$\int_0^{+\infty} f(t)\,\mathrm{d}t=1 \tag{3-30}$$

以式（3-30）给出的关于可靠度、不可靠度和故障概率密度函数在数学上的定义，在实际的研究过程中，这些参数的具体数值都是通过大量的统计实验得出的。

设有 N 个样本同时进行试验，在 t 时间后有 N_f（t）个失效，则有 N_s（t）$=N-N_f$（t）个仍正常工作。根据可靠度的定义，有

$$R(t)=\frac{N_s(t)}{N}=\frac{N-N_f(t)}{N} \tag{3-31}$$

$$F(t)=\frac{N_f(t)}{N} \tag{3-32}$$

对 R（t）求导，得

$$\frac{\mathrm{d}R(t)}{\mathrm{d}t}=-\frac{1}{N}\frac{\mathrm{d}N_f(t)}{\mathrm{d}t},\ 即:\ \frac{\mathrm{d}N_f(t)}{\mathrm{d}t}=-N\frac{\mathrm{d}R(t)}{\mathrm{d}t} \tag{3-33}$$

将式（3-33）两边同时除以 N_s（t）可得

$$\frac{1}{N_s(t)}\frac{\mathrm{d}N_f(t)}{\mathrm{d}t}=-\frac{N}{N_s(t)}\frac{\mathrm{d}R(t)}{\mathrm{d}t} \tag{3-34}$$

分析式（3-34）的左端，已知 N_s（t）为 t 时刻仍正常工作的样本数，$\frac{\mathrm{d}N_f(t)}{\mathrm{d}t}$ 中的 $\mathrm{d}N_f$（t）为 t 时刻经过一个微小时间段 $\mathrm{d}t$ 后新增失效样本数，故 $\frac{\mathrm{d}N_f(t)}{N_s(t)}$ 可看作是在 t 至 $t+\mathrm{d}t$ 时间段内样本的失效概率，因此 $\frac{1}{N_s(t)}\frac{\mathrm{d}N_f(t)}{\mathrm{d}t}$ 则可看作是所研究的样本在某一时刻 t，单位时间内发生故障的概率。

因此可以定义故障率（也叫失效率）$\lambda(t)$ 为

$$\lambda(t)=\frac{1}{N_s(t)}\frac{\mathrm{d}N_f(t)}{\mathrm{d}t}=-\frac{N}{N_s(t)}\frac{\mathrm{d}R(t)}{\mathrm{d}t}=-\frac{1}{R(t)}\frac{\mathrm{d}R(t)}{\mathrm{d}t} \tag{3-35}$$

再进一步

$$\lambda(t)=-\frac{1}{R(t)}\frac{dR(t)}{dt}=-\frac{1}{R(t)}\frac{d[1-F(t)]}{dt}=\frac{1}{R(t)}\frac{dF(t)}{dt}=\frac{f(t)}{R(t)} \quad (3-36)$$

对式（3-35）做进一步的变换，可得

$$\lambda(t)dt=-\frac{1}{R(t)}dR(t) \quad (3-37)$$

对式（3-37）两边取积分

$$\int_0^t\lambda(t)dt=-\int_0^0\frac{1}{R(t)}dR(t)=-\ln R(t)\Big|_0^t \quad (3-38)$$

由于 $R(0)=1$，$\ln R(0)=0$，得 $\int_0^t\lambda(t)dt=-\ln R(t)$，即

$$R(t)=\exp\left[-\int_0^t\lambda(t)dt\right] \quad (3-39)$$

显然，当故障率为常数时，即$\lambda(t)=\lambda$，可得

$$R(t)=\exp\left[-\int_0^t\lambda(t)dt\right]=e^{-\lambda t} \quad (3-40)$$

即可靠度服从指数分布。相应地，还可求得故障概率密度函数 $f(t)=\lambda e^{-\lambda t}$。

对于任一不可修复系统，设其寿命为 T，显然有

$$R(t)=P(T\geqslant t),\ F(t)=P(T<t)$$

即 $F(t)$ 为 T 的概率分布函数。由此可得系统的平均寿命为

$$Q=\int_0^{+\infty}R(t)dt=\int_0^{+\infty}e^{-\lambda t}dt=-\frac{1}{\lambda}e^{-\lambda t}\Big|_0^{+\infty}=\frac{1}{\lambda} \quad (3-41)$$

即系统的平均寿命为其故障率的倒数。对可修复系统，故障率的倒数实际就是平均故障间隔时间。

通过以上分析可知，系统的故障率实际就是在某一时刻系统单位时间发生故障的概率，其量纲应为时间的倒数。一般元器件在其寿命周期内要经过早期失效期、随机失效期和损耗失效期 3 个阶段。其故障率$\lambda(t)$随时间的变化如图 3-22 所示的浴盆曲线。

早期失效是在生产过程中，由于使用了不合格的原材料或元器件、加工或装配精度低等原因所引起的，它表现为一些新生产的产品（设备）在早期具有较高的失效率。但经过一定时间的运行后，这些潜在的问题通过故障的发生而逐步暴露，通过更换元器件和调试，使故障率逐步下降并进入一个比较稳定的失效期，即随机失效期。

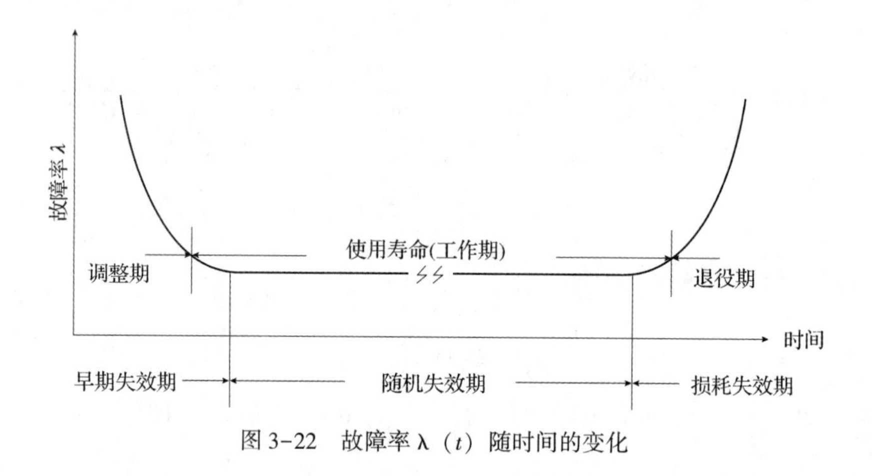

图 3-22　故障率 λ（t）随时间的变化

随机失效期又叫偶然失效期，它的故障率是设备在长期运行过程中，一些特定的元器件所积累的应力超过了其本身固有缺陷的强度而引起的报废。随机失效期的特点是故障率低而且稳定，但其失效是随机的。在随机失效期系统的故障率近似为一常数。

损耗失效期是指设备经过长期的运行大部分器件均已发生严重磨损或老化而趋于报废，进而导致系统的故障率逐步增大的时期。系统进入损耗失效期通常意味着系统使用期限已接近终结。

由以上分析可见，故障率也是时间的函数。但在实际应用过程中，考虑到随机失效期作为系统的主要工作期，在此时期内系统的故障率近似为常数，因此在设计或计算中对各种元器件或零部件的故障率通常取为常数，对某一类器件取其平均故障率，具体数值可在有关手册上查到。

四、系统可靠度计算

一个系统通常由若干个子系统组成，各子系统间相互联系、相互依赖，以完成一定的功能。系统的可靠度一方面取决于各子系统本身的可靠度，同时还取决于各子系统间的功能作用关系。根据子系统间功能作用关系的不同，系统可分为串联系统和并联系统。

1. 串联系统

串联系统是指系统中任何一个子系统发生故障，都会导致整个系统发生故障的系统。设一个串联系统中各子系统的可靠度是相互独立的，且分别为 R_1，R_2，…，

R_n，这个串联系统的可靠度为

$$R_s = R_1 \times R_2 \times \cdots\cdots \times R_n = \prod_{i=1}^{n} R_i \tag{3-42}$$

若子系统可靠度是时间的函数，则 $R_s(t) = \prod_{i=1}^{n} R_i(t)$

若所有子系统的故障率都是常数，则

$$R_s(t) = \prod_{i=1}^{n} R_i(t) = \prod_{i=1}^{n} e^{-\lambda_i t} = e^{-\sum_{i=1}^{n} \lambda_i t} = e^{-\lambda_s t} \tag{3-43}$$

此式说明由故障率为常数的子系统组成的串联系统的可靠度也服从指数分布，且系统的故障率等于各单元故障率之和。例如某系统包含两个串联的子系统，故障率均为λ(显然，子系统的平均寿命为1/λ)，则系统的故障率为2λ，系统的平均寿命则为0.5/λ，为子系统平均寿命的一半。

由以上分析可以看出，要提高串联系统的可靠度，有3个途径：① 提高各子系统的可靠度，即减少子系统的故障率；② 减少串联级数；③ 缩短任务时间。

2. 并联系统

串联系统中的任何部件或单元都是缺一不可的，即没有任何的备用部件，当其中的任何一个部件发生故障时都会导致整个系统的失效，这在很多情况下是不可接受的。为了提高系统的可靠性，通常需要使系统的部分子系统乃至全部子系统有一定数量储备，即使某一子系统发生故障，相应的储备子系统可继续顶替它的工作，从而保证整个系统的正常工作。利用储备提高系统可靠性最常用的方法就是采用并联结构的系统，即并联系统。在并联系统中，只有在所有子系统或单元都发生故障时系统才发生故障。并联系统一般可分为两种情况，即热储备系统和冷储备系统。

(1) 热储备系统。热储备系统是指储备的单元也参与工作，即参与工作的设备数量大于实际所必需的数量，这种系统又叫冗余系统，如图3-23所示。设系统各个单元的可靠性是相互独立的，各单元的不可靠度分别为 F_1，F_2，…，F_n，根据概率乘法定理，可得系统的不可靠度为

$$F_s = F_1 \times F_2 \times \cdots \times F_n = \prod_{i=1}^{n} F_i \tag{3-44}$$

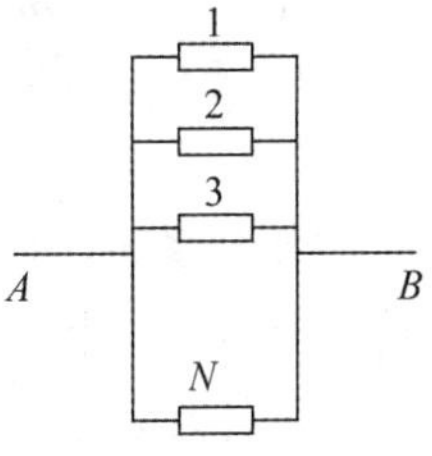

图3-23　热储备系统

由此也可以看出可靠性并联相当于不可靠性的串联。显然，此式可等价地变换为

$$(1-R_s)=(1-R_1)\times(1-R_2)\times\cdots\times(1-R_n)=\prod_{i=1}^{n}(1-R_i) \quad (3-45)$$

故系统的可靠度为

$$R_s=1-\prod_{i=1}^{n}(1-R_i) \quad (3-46)$$

可以证明，热储备并联系统的可靠度大于等于各并联单元可靠度的最大值。

例：某系统为两单元组成的热储备系统，若两单元的故障分别为常数λ_1和λ_2，则系统的可靠度为

$$R_s=e^{-\lambda_1 t}+e^{-\lambda_2 t}-e^{-(\lambda_1+\lambda_2)t}$$

若$\lambda=\lambda_1=\lambda_2$，即$R_1=R_2$，则有

$$R_s=2e^{-\lambda t}-e^{-2\lambda t}$$

应用式（3-41）可求得该系统的平均寿命为

$$Q_s=\int_0^{+\infty}R_s(\mathrm{t})\,\mathrm{d}t=\int_0^{+\infty}(2\mathrm{e}^{-\lambda t}-\mathrm{e}^{-2\lambda t})\,\mathrm{d}t$$

$$=\left(-\frac{2}{\lambda}\mathrm{e}^{-\lambda t}+\frac{1}{2\lambda}\mathrm{e}^{-2\lambda t}\right)\Bigg|_0^{+\infty}=\frac{2}{\lambda}-\frac{1}{2\lambda}=1.5\frac{1}{\lambda}=1.5Q$$

即由两个故障率相等的子系统构成的热储备系统的平均寿命是子系统平均寿命的1.5倍。

以两个或两个以上的同功能的重复单元并行工作构成热储备系统（冗余系统）来提高系统的可靠度的方法，可称作冗余设计法。在进行冗余设计时需考虑以下两方面的问题。

1）冗余度的选择问题。系统的总可靠度总是随着冗余度的提高而提高，但提高的效率越来越低。用低可靠度的单元构成冗余系统可靠度提高的效率比用高可靠度单元构成冗余系统效率高（可靠度的绝对数值仍比以高可靠度单元构成的系统高）。

例如某系统由两个同样的单元构成的冗余系统（冗余单元为1个），单元可靠度均为0.6，可求得系统的可靠度为0.84，较没有冗余的情况可靠度提高的效率为40%。若将冗余单元增加到2个，则系统可靠度增加到0.936，较冗余单元为1个时可靠度提高的效率为11.4%。

再例如某系统由两个可靠度为0.7的相同单元组成的冗余系统，易得系统的可靠度应为0.91，可靠度提高的效率为30%。若用两个可靠度为0.9的单元组成该系统，则系统的可靠度可达0.99，但可靠度的提高效率只有10%。

2）冗余级别的选择问题。部件级冗余比系统级冗余的效率高。如图 3-24a 所示系统 S 中包含两个串联的部件 A 和 B。图 3-24b 由系统 S_1 和 S_2 构成的系统级冗余系统，而图 3-24c 由 S_1 和 S_2 的部件进行组合构成的部件级冗余系统。显然系统级冗余和部件级冗余所使用的部件数是相同的。设部件 A 的可靠度为 0.8，部件 B 的可靠度为 0.9，下面分别来计算图 3-24b 和 3-24c 所示系统的可靠度。

系统 S 的可靠度是部件 A 和 B 的可靠度的乘积，为 0.72。图 3-24b 所示的系统级冗余系统的可靠度为 0.9216。对图 3-24c 所示的部件级冗余系统，求得 A_1 和 A_2 并联的可靠度为 0.96，B_1 和 B_2 并联的可靠度为 0.99，则系统的可靠度为 $0.96\times0.99=0.9504$。显然，部件级冗余比系统级冗余提高系统可靠度的效率高。

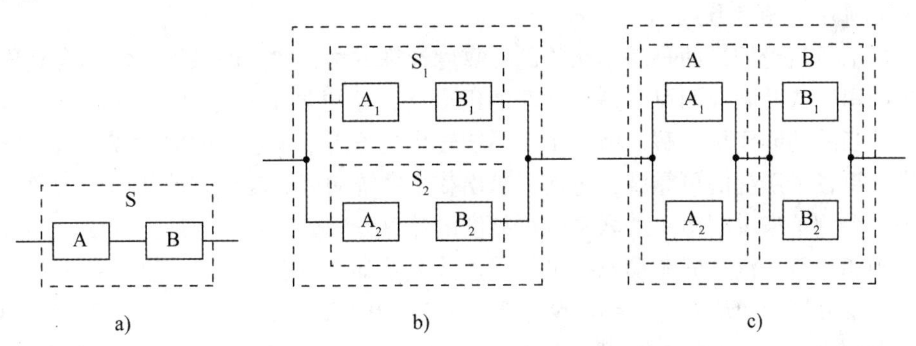

图 3-24 部件级冗余与系统级冗余的效率

（2）冷储备系统。冷储备系统是指储备的单元不参加工作，并且假定在储备中不会出现失效，储备时间的长短不影响以后的使用寿命，如图 3-25 所示。在 A 与 B 两点间有 $N+1$ 个部件，通过转换开关连接。当部件 1 失效时，转换到部件 2，由部件 2 顶替部件 1 工作；当部件 2 失效时，由部件 3 顶替，依此类推，直到所有部件失效时系统失效。假设转换开关完全可靠，若所有部件的故障率均相等且为λ，则系统的可靠度可用式（3-47）计算：

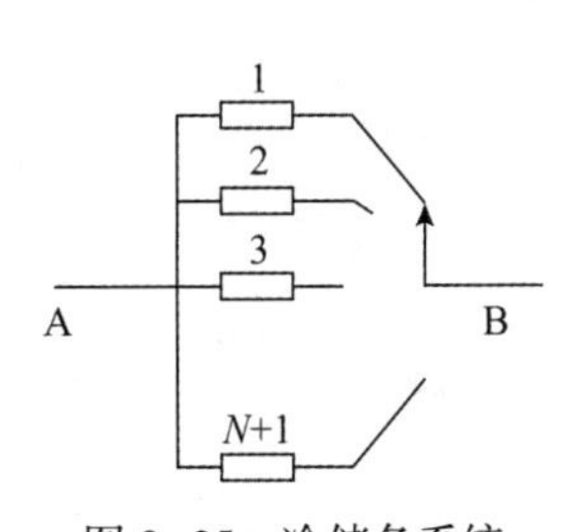

图 3-25 冷储备系统

$$R_s(t)=e^{-\lambda t}\sum_{i=0}^{N}\frac{(\lambda t)^i}{i!} \tag{3-47}$$

系统的平均寿命为

$$Q_s = \frac{N+1}{\lambda} \tag{3-48}$$

由式（3-48）可见，冷储备系统的平均寿命是各单元平均寿命的总和。

如果系统各部件的故障率不相等，且分别为λ_1，λ_2，…，λ_{N+1}，则系统的可靠度可用式（3-49）计算

$$R_s(t) = \sum_{i=1}^{N} \left(\prod_{N+1} \frac{\lambda_k}{\lambda_k - \lambda_i} \right) e^{-\lambda_i t} \tag{3-49}$$

系统的平均寿命为

$$Q_s = \sum_{i=1}^{N+1} \frac{1}{\lambda_i} \tag{3-50}$$

3. 串—并联系统

以上所讨论的是两种基本结构的可靠度计算方法，实际的系统可能不会是这种纯粹的串联或并联，而可能是串并联的组合（甚至更复杂）。对串—并联系统可以通过适当的功能模块分解，将一个大系统转化成若干个子系统的串联或并联，然后分别计算各子系统的可靠度，进而再求出整个系统的可靠度或其他相应的参数。下面用一个例子来说明串—并联系统可靠度的计算方法。

例如：有一汽车的制动系统可靠性连接关系如图 3-26 所示。组成系统各单元的可靠度分别为：$R(A_1)=0.995$，$R(A_2)=0.975$，$R(A_3)=0.972$，$R(B_1)=0.990$，$R(B_2)=0.980$，$R(C_1)=R(C_2)=R(C_3)=R(C_4)=0.995$。求系统的可靠度。

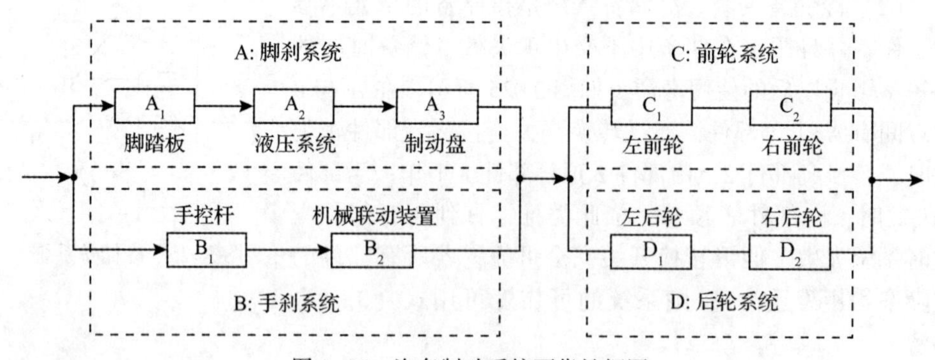

图 3-26　汽车制动系统可靠性框图

解：（1）分析系统：

由图3-26可见，该制动系统可看作是由A—B子系统和C—D子系统组成的可靠性串联系统。其中A—B子系统又是由A子系统和B子系统组成的可靠性并联子系统；C—D子系统是由C子系统和D子系统组成的可靠性并联子系统。A子系统是A_1、A_2和A_3三个单元组成的可靠性串联子系统；B子系统是B_1和B_2两个单元组成的可靠性串联子系统；C子系统是C_1和C_2两个单元组成的可靠性串联子系统；D子系统是D_1和D_2两个单元组成的可靠性串联子系统。

（2）分别求A、B、C、D4个子系统的可靠度：

A子系统：

$$R(A)=R(A_1)\times R(A_2)\times R(A_3)=0.995\times 0.975\times 0.972=0.943$$

B子系统：

$$R(B)=R(B_1)\times R(B_2)=0.990\times 0.980=0.970$$

C子系统：

$$R(C)=R(C_1)\times R(C_2)=0.980\times 0.980=0.960$$

D子系统：

$$R(D)=R(D_1)\times R(D_2)=0.980\times 0.980=0.960$$

（3）分别求A—B并联子系统和C—D并联子系统的可靠度

A—B子系统：

$$R(AB)=1-[1-R(A)][1-R(B)]=1-(1-0.943)(1-0.970)$$
$$=0.998$$

C—D子系统：

$$R(CD)=1-[1-R(C)][1-R(D)]=1-(1-0.960)(1-0.960)$$
$$=0.998$$

（4）求整个系统的可靠度

$$R_s=R(AB)\times R(CD)=0.998\times 0.998=0.996$$

计算结果表明，目前该制动系统的可靠度为0.996（不可靠度为0.004）。随着使用时间加长，可靠度将不断下降，而不可靠度不断上升。

上题所演示的汽车制动系统，其手刹和脚刹均同时作用于前轮和后轮。目前多数家用小汽车是脚刹作用于四轮，手刹只作用于后轮。请读者尝试画出这种制动系统的可靠性框图，并进行系统可靠度的分析计算（提示：进行系统可靠度计算时可借鉴事故树顶事件概率计算的方法或原理）。

五、人的工作可靠度预测

1. 人的工作差错与人的工作可靠度

人在工作中难免发生差错，如设计差错、指挥差错、计算差错、操作差错、写作差错等，不胜枚举。这些差错，归纳起来主要有以下 5 类：

（1）未履行职能。例如，应该执行的作业未执行等。

（2）错误地履行职能。例如，按规定程序应转动手柄Ⅰ，却错误地转动手柄Ⅱ；操作方向与规定的相反等。

（3）执行末赋予的分外职能。

（4）按错误程序执行职能。

（5）执行职能时间不对。例如，未按规定时间执行完成或未按规定的时间域执行职能。

人的工作有差错，自然就降低人的工作可靠度。如果系统是由人与机械组成，人的工作可靠度显然影响系统可靠度，同时，没有关于人的工作可靠度数据，当然无法估计系统可靠度。所以，在预测人—机系统的可靠度时，必须分析计算人的工作可靠度。

从理论上讲，人的可靠度也可利用前面所介绍的方法加以计算或预测。但由于人毕竟不同于一般的机器设备或元件，人的可靠度的影响因素更为复杂，对人的可靠度的预测难度也更大。为此，人们正在研究一些专门用于计算人的可靠度的方法，并已得到了一些可供参考使用的方法，这里将简单介绍一下计算人的工作可靠度的差错概率法。

2. 人的差错概率（HEP）

人的工作可靠度与人的工作差错概率是互逆的。因此，人的工作可靠度可通过人的工作差错概率来计算。

人的差错概率可用式（3-51）计算：

$$\mathrm{HEP}=\frac{e}{E} \tag{3-51}$$

式中，e 为某项工作（作业对象）中发生的差错数；E 为某项工作（作业对象）中可能发生差错的机会数。

手动控制系统的操作差错概率的一部分数据，列于表 3-14。

表 3-14　　手动控制系统操作差错概率

作业	HEP
从只用标号表示的同型操作器中进行选择的差错	0.003（0.001~0.01）
从按功能分类的操作器中进行选择的差错	0.001（0.000 5~0.001）
操纵台上的操作器选择差错	0.000 6（0.000 1~0.001）
按错误的方向旋转（常识性的旋转方向）	0.000 6（0.000 1~0.001）
按错误的方向旋转（与常识性的旋转方向相反）	0.05（0.005~0.1）
在高应力状态，按错误方向旋转（与常识性旋转方向相反）	0.01（0.001~0.05）

由式（3-51），可得人的工作可靠度为

$$R_M = 1 - \text{HEP} = 1 - e/E \tag{3-52}$$

实际工作中，计算 e 和 E 用的数据，可从下列几种途径取得：

（1）收集紧急状态时的全部运转记录。

（2）收集全部正常业务、保养、校正、定期检验、启动停止时人的差错记录，引起差错的具体条件。

（3）收集模拟的正常业务、非正常业务方面的人的差错的潜在来源。

（4）专家的经验判断。

3. 计算人的工作可靠度的差错概率法

运用差错概率法预测人的工作可靠度的程序为：

（1）明确系统故障的判定基准。

（2）进行作业分析，评价基本动作间的相互关系。

（3）估计人的差错概率。

（4）求系统故障率，评价人的差错对系统故障的影响。

（5）重复 1~4 步工作，改进人—机系统的特征值，直到达到可容许的范围。

在应用差错概率法预测人的工作可靠度时一般需绘制人的差错概率树图，然后计算作业成功或失败的概率。

1）绘制人的差错概率树图。设有 A、B 二项作业，作业程序为：①执行作业 A；②执行作业 B。只在 A、B 作业都成功完成，整个作业才能成功完成。例如，水泵定期修理之后，打开水泵前后两端的阀门 A 和阀门 B 的作业失败概率等于多少的估计，就属于这种情况。

图 3-27 是表示作业 A 与作业 B 成功或失败的概率树图。图中，a 为作业 A 成功的概率，A 为作业 A 失败的概率；b 为作业 B 成功的概率，B 为作业 B 失败的概

率；b/a 为作业 A 成功后，作业 B 成功的概率；B/a 为作业 A 成功后，作业 B 失败的概率；b/A 为作业 A 失败后，作业 B 成功的概率；B/A 为作业 A 失败后，作业 B 失败的概率。

从图 3-27 可知，作业 A 有成功与失败两种情况。如果 A 成功，就移向代表成功的事件的左枝结点 2；如果在作业 A 成功条件下，出现作业 B 成功事件，就移向左枝终点 6；如果在作业 A 成功条件下，出现作业 B 失败的事件，就移向左枝的终点 5；如果作业 A 失败，就移向右枝的结点 1；如果在作业 A 失败条件下，出现作业 B 成功事件，就移向右枝的终点 4；如果在作业 A 失败的条件下，出现作业 B 失败事件，就移向右枝的终点 3。

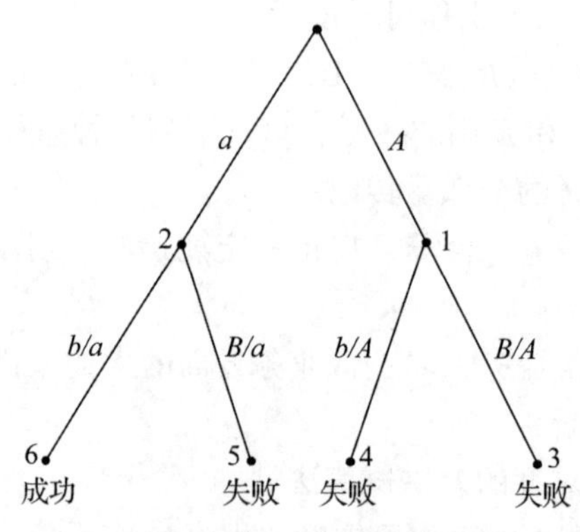

图 3-27　作业 A 与作业 B 的概率树

2）成功与失败的概率计算。成功与失败的概率计算，应分为两种情况（A 与 B 相互独立和不相互独立）进行。

如果作业 A 与作业 B 相互独立，设作业 A 的失败概率 = 作业 B 的失败概率 = 10^{-2}，则整个作业的成功概率为

$$(1-10^{-2})^{-2}=0.99^{-2}=0.98$$

整个作业的失败概率为

$$1-(1-10^{-2})^{-2}=0.02$$

$$B/A=(10^{-2})^{-2}=0.0001$$

如果作业 A 与作业 B 不相互独立，设作业 B 完全从属于作业 A，则整个作业的成功概率为

$$1.0\times(1-10^{-2})=0.99$$

整个作业的失败概率为

$$1 - 0.99 = 0.01$$

$$B/A = 1.0 \times (10^{-2}) = 0.01$$

上述人的工作可靠度计算，显然是按串联模型计算的。如果阀门为并联模型，则整个作业的成功概率就显著受阀门 A、B 是否相互独立的影响。因而，在实际情况下，如不正确估计这个条件概率，就会对预测结果带来很大影响。为此，在预测人的工作可靠度时，把依存性作为条件概率来估计。

两个作业间的依存性，通过 5 个水平来表现：无依存（ZD）、低度依存（LD）、中度依存（MD）、高度依存（HD）、完全依存（CD）。各个水平所对应的成功概率或失败概率，见表 3-15。

表 3-15　　第 i 号作业失败后，第 $i+1$ 号作业的成功与失败概率

ZD		LD		MD		HD		CD	
成功	失败	成功	失败	成功	失败	成功	失败	成功	失败
0.75	0.25	0.71	0.29	0.64	0.36	0.37	0.83	0	1.0
0.90	0.1	0.85	0.15	0.77	0.23	0.45	0.55	0	1.0
0.95	0.05	0.90	0.10	0.81	0.19	0.47	0.53	0	1.0
0.99	0.01	0.94	0.06	0.85	0.16	0.49	0.51	0	1.0

人发生工作差错后，马上发觉并改正的情况是常见的，这称为“回复”。

如图 3-28 所示，把“回复”引入差错概率树图中，计算就复杂化了。这时第 i 号作业最终成功完成的概率可由式（3-53）计算：

$$R_i = \frac{R_{bi}}{1 - F_{bi}S_i} \tag{3-53}$$

式中　R_i——第 i 号作业最终成功完成的概率；

R_{bi}——第 i 号作业的起始成功概率，即不考虑回复时第 i 号作业的成功概率；

F_{bi}——第 i 号作业的起始失败概率，即不考虑回复时第 i 号作业的失败概率；

S_i——第 i 号作业失败能够被觉察的条件概率。

例如，设第 i 号作业的起始成功概率为 0.9，起始失败概率为 0.1，失败后能觉察失败的概率为 0.9，未觉察失败的概率为 0.1，则

$$\text{第 } i \text{ 号作业最终成功的概率} = \frac{0.9}{1 - (0.1)(0.9)} \approx 0.99$$

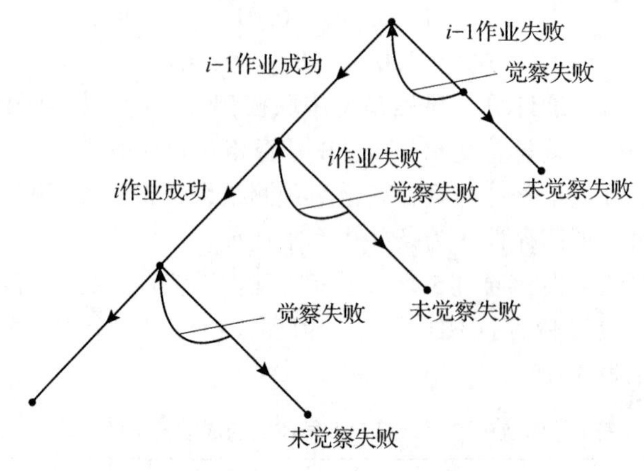

图 3-28　引入“回复”的概率树

$$第\ i\ 号作业最终失败的概率 \approx 1 - 0.99 = 0.01$$

可靠度预测经验表明，可靠度预测值有时与实测值不太符合，其原因主要包括以下几个方面：

（1）故障率、应力条件、各种计算系数的估计与计算误差。

（2）预测对象与所用数据源对象，在技术设计、制造、使用环境、使用应力等方面的相近程度差异。

（3）可靠性模型选用不当。例如把非串联模型而误认为串联模型。

（4）可靠性管理工作有效性对预测精度的影响。如人为失误、工艺欠妥、管理规章、更改手续等方面造成的故障，比零部件可靠度及固有可靠性对预测精度的影响可能还大些。

因此，在可靠度预测计算中，应该对上述几项给予相应注意，以提高可靠度预测精度。

第八节　原因—后果分析

原因—后果分析（cause-consequence analysis，简称 CCA）是一种将事故树分析和事件树分析结合在一起的分析方法。它用事故树做原因分析（cause analysis），用事件树做后果分析（consequence analysis），是一种演绎和归纳相结合的方法。

CCA 的基本思路是：以事件树的起始事件和被识别为失败的环节事件为顶事件绘制事故树，利用事故树定量分析方法计算事件树的起始事件和环节事件的发生概率，进而计算事件树所归纳出的各种后果的出现概率，通过后果与概率的结合得出关于系统风险的评价。

［举例］ 某工厂有一电机系统，应用 CCA 以“电机过热”为起始事件分析工厂所面临的风险。

1. 绘制原因—后果图

以“电机过热”为起始事件绘制事件树如图 3-29 所示，图中的 5 种后果及损失见表 3-16。

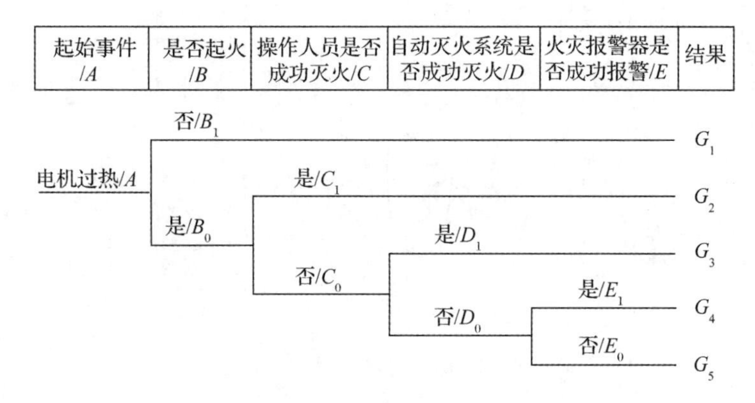

图 3-29 电机过热事件树

表 3-16 **电机过热各种后果及损失** （单位：元）

后果	说明	直接损失	停工损失	总损失
G_1	停产 2 小时	10^3	2×10^3	3×10^3
G_2	停产 24 小时	1.5×10^4	2.4×10^4	3.9×10^4
G_3	停产 1 个月	10^6	7.44×10^5	1.744×10^6
G_4	无限期停产	10^7	10^7	2×10^7
G_5	无限期停产，伤亡 10 人	4×10^7	10^7	5×10^7

说明：（1）直接损失是指直接烧坏或造成的财产损失。对 G_5 还包括伤亡抚恤费，每人 3×10^6 元；

（2）停工损失是指每停工 1 h 损失 1 000 元。无限期停产约损失 10^7 元。

假设已知电机过热后起火的条件概率：$P(B_0 \mid A)=0.02$；不起火概率：$P(B_1 \mid A)=0.98$。除此之外，起始事件和其他环节事件的发生概率都需要通过 FTA 加以确定。以这些事件为顶事件绘制事故树，并把这些事故树与事件树连接起来就得到的原因—后果图，如图 3-30 所示。

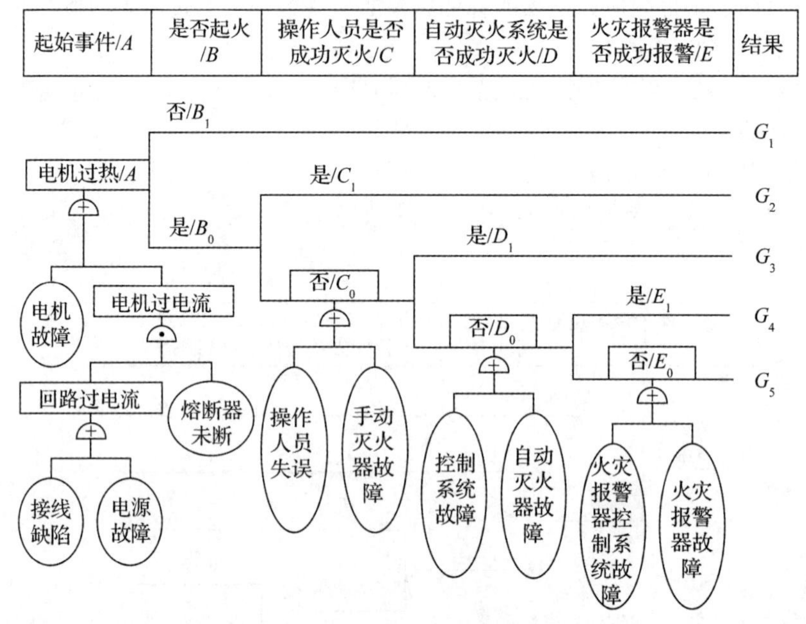

图 3-30　电机过热原因—后果图

2. 搜集基础数据、计算后果事件的概率

搜集事故树基本事件发生概率及相关数据，见表 3-14。

根据表 3-17 中的数据，利用计算事故树顶事件发生概率的算法，可分别计算出事件树起始事件和环节事件的发生概率为

$$P(A)=0.092/6\text{ 个月};\ P(C_0)=0.133/365\text{ h};$$

$$P(D_0)=0.044/2\,190\text{ h};\ P(E_0)=0.065/1\,095\text{ h};$$

表 3-17　　基本事件发生概率及相关数据

事件树起始或环节事件	事故树基本事件	基本事件发生概率或设备故障率
电机过热/A	电机故障/x_1	电机故障率 $\lambda_1=1.43\times10^{-5}/h$（检修周期 $T_1=6$ 个月 $=4\,320$ h） 最大故障概率 $P(x_1)=1-\exp(-\lambda_1 T_1)\approx\lambda_1 T_1=0.062$
	接线缺陷/x_2	$P(x_2)=0.19$
	电源故障/x_3	电源故障率 $\lambda_3=2.44\times10^{-5}/h$（检修周期 $T_3=6$ 个月 $=4\,320$ h） 最大故障概率 $P(x_3)\approx\lambda_3 T_3=0.105$

续表

事件树起始或环节事件	事故树基本事件	基本事件发生概率或设备故障率
电机过热/A	熔断器未断/x_4	熔断器故障率 $\lambda_4=1.62\times10^{-4}/h$（检修周期 $T_4=1$ 个月 $=720$ h） 最大故障概率 $P(x_4)\approx\lambda_4T_4=0.117$
操作人员手动灭火未成功/C_0	操作人员手动灭火失误/x_5	$P(x_5)=0.1$
	手动灭火器故障/x_6	手动灭火器故障率 $\lambda_6=10^{-4}/h$（检修周期 $T_6=365$ h） 最大故障概率 $P(x_6)\approx\lambda_6T_6=0.037$
自动灭火系统灭火未成功/D_0	自动灭火器控制系统故障/x_7	自动灭火器控制系统故障率 $\lambda_7=10^{-5}/h$（检修周期 $T_7=2\ 190$ h） 最大故障概率 $P(x_7)\approx\lambda_7T_7=0.022$
	自动灭火器故障/x_8	自动灭火器故障率 $\lambda_8=10^{-5}/h$（检修周期 $T_8=2\ 190$ h） 最大故障概率 $P(x_8)\approx\lambda_8T_8=0.022$
火灾报警系统报警未成功/E_0	火警器控制系统故障/x_9	火警器控制系统故障率 $\lambda_9=5\times10^{-5}/h$（检修周期 $T_9=1\ 095$ h） 最大故障概率 $P(x_9)\approx\lambda_9T_9=0.055$
	火警器故障/x_{10}	火警器故障率 $\lambda_{10}=10^{-5}/h$（检修周期 $T_9=1\ 095$ h） 最大故障概率 $P(x_{10})\approx\lambda_{10}T_{10}=0.011$

可计算得5种后果事件的出现概率分别为

$P(G_1)=P(A)P(B_1|A)=0.092\times0.98=0.090$/6个月

$P(G_2)=P(A)P(B_0|A)P(C_1)=0.092\times0.02\times(1-0.133)$
$=0.0016$/6个月

$P(G_3)=P(A)P(B_0|A)P(C_0)P(D_1)$
$=0.092\times0.02\times0.133\times(1-0.044)=2.3\times10^{-4}$/6个月

$P(G_4)=P(A)P(B_0|A)P(C_0)P(D_0)P(E_1)$
$=0.092\times0.02\times0.133\times0.044\times(1-0.065)=10^{-5}$/6个月

$P(G_5)=P(A)P(B_0|A)P(C_0)P(D_0)P(E_0)$
$=0.092\times0.02\times0.133\times0.044\times0.065=7.0\times10^{-7}$/6个月

3. 计算风险率

根据各种后果事件的出现概率和所造成的损失综合衡量电机过热所带来的风险。这里可直接采用后果的出现概率与后果损失的乘积作为风险率。风险率计算结果见表3-18。

表 3-18　　各种后果的风险率

后果	风险率（元/6 个月）
G_1	$0.090\times3\times10^3=270$
G_2	$0.0016\times3.9\times10^4=62.4$
G_3	$2.3\times10^{-4}\times1.744\times10^6=401$
G_4	$10^{-5}\times2\times10^7=200$
G_5	$7.0\times10^{-7}\times5\times10^7=35$
累计	968 元/6 个月 = 1 936 元/年

4. 评价

评价可采用法默风险评价图进行。该图以事故发生概率为纵坐标，以损失价值为横坐标，用一条直线（等风险线，作为安全标准）将坐标平面分成左右两部分，如图 3-31 所示。图中，等风险线的右上方是高风险区，左下方是低风险区。

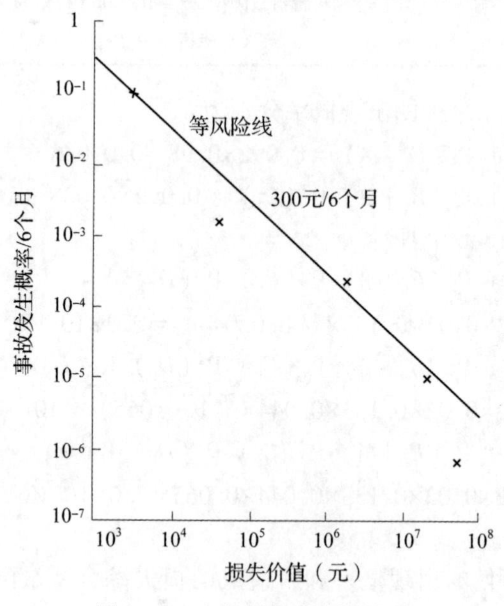

图 3-31　电机过热风险评价图

在电机过热风险评价图 3-31 中标出电机过热各种后果事件的风险坐标（损失人偶值，概率），可以看出如果以 300 元/6 个月作为安全标准，则除 G_3 以外其他后果的风险都是可以接受的。针对 G_3 应进一步采取措施降低其风险。从整体考虑，如果以各种后果的风险率总和不超过 1 000 元/6 个月作为安全标准的话，则该系统也可认为是安全的。

本章小结

本章共介绍了 8 种常用的系统安全分析方法，分别为安全检查表法、预先危险分析法、故障类型和影响分析法、危险和可操作性研究法、事故树分析法、事件树分析法、系统可靠性分析法、原因—后果分析法。其中，前 4 种方法为定性分析方法，后 3 种方法为定量分析方法，事故树分析法为半定性半定量分析方法。

在实际的系统安全分析过程中，如果是较为复杂的系统，并不是每一种方法都独立使用，而是几种方法的有机结合。在分析中，首先通过比较简单的定性分析找出分析重点，再有针对性地对系统风险或危害较严重的事件进行定量分析。

复习思考题

1. 系统安全分析的目的是什么？
2. 常见的系统安全分析方法有哪些？哪些方法可用于定量分析？
3. 安全检查表的编制依据有哪些？
4. 请论述安全检查表的编制方法，并尝试编制宿舍安全检查表。
5. 预先危险分析（PHL）的基本步骤是什么？
6. FMEA 实施的基本思路是什么？
7. FMEA 分析中，故障严重度是如何划分的？
8. 什么是危险与可操作性研究，其核心步骤有哪些？
9. 什么是事故树的最小割集和最小径集？
10. 最小割集和最小径集在事故树分析中有什么作用？
11. 事故树分析中，结构重要度、概率重要度和临界重要度有何区别？
12. ETA 分析的基本原理和步骤是什么？
13. 原因—后果分析的操作流程是什么？

14. 系统的维修度、有效度有什么区别？可靠度、维修度和有效度之间有什么关系？

15. 提高系统有效度的途径有哪些？

16. 冗余设计预防事故的基本原理是什么？

17. 人的差错一般可分为哪几类？

第四章　系统安全评价

本章学习目标

1. 了解安全评价的定义、内含、原理及其分类。
2. 掌握概率评价法的基本原理。
3. 掌握并理解指数评价法特别是道化学公司火灾、爆炸指数评价法的定义及其过程。
4. 掌握单元危险快速性排序法的基本原理。
5. 掌握生产设备安全评价方法及安全管理评价的基本程序。
6. 掌握并运用已有安全评价方法。

早在20世纪50年代初期，欧美一些西方国家就先后开展了风险评价和风险管理工作。日本引进风险管理已有40多年的历史，开展安全评价的工作也有30多年。但是，日本人有时避讳“风险”这个词，所以有的日本安全工程学学者建议在安全工作中把风险评价改称为安全评价。风险评价问题最早由保险行业提出，后来才逐渐推广到安全管理工作中。因此，对于安全评价的内容和含义大致有两种理解：一是从事保险业务的人员和研究保险工作的学者认为，风险管理的中心是保险，而把预防灾害事故作为补充内容，风险管理是为了减小风险而减少支付的保险金；二是安全工作者把安全评价当作一种行之有效的先进的安全管理方法，因为安全评价既分析评定系统中存在的静态危险，也评估分析系统中可能存在的动态事故隐患，开展安全评价能够预防和减少事故，所以安全评价是安全系统工程的重要组成部分。

第一节　安全评价的程序及方法

一、安全评价的定义及分类

2007年1月4日由国家安全生产监督管理总局发布《安全评价通则》（AQ 8001—2007），于2007年4月1日实施。该标准对安全评价的定义进行了界定，即以实现安全为目的，应用安全系统工程原理和方法，辨识与分析工程、系统、生产经营活动中的危险、有害因素，做出评价结论的活动。安全评价可针对一个特定的对象，也可针对一定区域范围。

安全评价方法目前在国内外提出并应用的有几十种，几乎每种方法都有较强的针对性。也就是说，由于评价对象的多样性，因而也就提出许多种评价方法。安全评价的分类方法有多种形式。

1. 根据评价方法的特征分类

（1）定性评价。定性评价时不对危险性进行量化处理，只作定性比较。定性评价使用系统工程方法，将系统进行分解，依靠人的观察分析能力，借助有关法规、标准、规范、经验和判断能力进行评价。

（2）定量评价。定量评价是在危险性量化基础上进行评价，主要依靠历史统计数据，运用数学方法构造数学模型进行评价。定量评价方法分为概率评价法、数学模型计算评价法和相对评价法（指数法）。概率评价法是以某事故发生概率计算为基础的方法。相对评价法也称评分法，是评价者根据经验和个人见解规定一系列评分标准，然后按危险性分数值评价危险性。评分法根据所用的数学方法构造的数学模型的不同，又可分为加法评分法、加乘评分法和加权评分法3种。

2. 根据评价内容分类

（1）工厂设计的安全性评审。工厂设计和应用新技术开发新产品，在进行可行性研究的同时就应进行安全性评审。通过评审将不安全因素消灭在计划设计阶段。一些国家已将它用法律的形式固定下来。

（2）安全管理的有效性评价。反映企业安全管理结构效能、事故伤亡率、损失率、投资效益等。

（3）人的行为安全性评价。对人的不安全心理状态和人体操作的可靠度进行行为测定，评定其安全性。

（4）生产设备的安全可靠性评价。对机器设备、装置、部件的故障和人—机系统设计，应用安全系统工程分析方法进行安全、可靠性的评价。

（5）作业环境和环境质量评价。是指作业环境对人体健康危害的影响和工厂排放物对环境的影响。

（6）化学物质的物理、化学危险性评价。评价化学物质在生产、运输、储存中存在物理、化学危险性，或已发生的火灾、爆炸、中毒、腐蚀等安全问题。

3. 根据评价对象的不同阶段分类

安全评价按照实施阶段的不同分为3类：安全预评价、安全验收评价、安全现状评价。

（1）安全预评价。在建设项目可行性研究阶段、工业园区规划阶段或生产经营活动组织实施之前，根据相关的基础资料，辨识与分析建设项目、工业园区、生产经营活动潜在的危险、有害因素，确定其与安全生产法律、法规、标准、行政规章、规范的符合性，预测发生事故的可能性及其严重程度，提出科学、合理、可行的安全对策和措施建议，最终做出安全评价结论的活动。

安全预评价的内容有以下6个方面。

1）明确评价对象和评价范围；组建评价组；收集国内外相关法律法规、标准、规章、规范；收集并分析评价对象的基础资料、相关事故案例；对类似工程进行实地调查。

2）辨识和分析评价对象可能存在的各种危险、有害因素；分析危险、有害因素发生作用的途径及其变化规律。

3）评价单元划分。应考虑安全预评价的特点，以自然条件、基本工艺条件、危险、有害因素分布及状况、便于实施评价为原则进行。

4）根据评价的目的、要求和评价对象的特点、工艺、功能或活动分布，选择科学、合理、适用的定性、定量评价方法，对危险、有害因素导致事故发生的可能性及其严重程度进行评价。对于不同的评价单元，可根据评价的需要和单元特征选择不同的评价方法。

5）为保障评价对象建成或实施后能安全运行，应从评价对象的总图布置、功能分布、工艺流程、设施、设备、装置等方面提出安全技术对策措施；从评价对象的组织机构设置、人员管理、物料管理、应急救援管理等方面提出安全管理对策措施；保证评价对象安全运行的需要提出其他安全对策措施。

6）评价结论。应概括评价结果，给出评价对象在评价时的条件下与国家有关法律、法规、标准、规章、规范的符合性结论，给出危险、有害因素引发各类事故的可能性及其严重程度的预测性结论，明确评价对象建成或实施后能否安全运行的结论。

（2）安全验收评价。安全验收评价是在建设项目竣工、试生产运行正常后，通过对建设项目的设施、设备、装置实际运行状况及管理状况的安全评价，查找该建设项目投产后存在的危险、有害因素的种类和程度，提出合理可行的安全对策措施及建议。

安全验收评价内容有以下 2 个方面。

1）检查建设项目中安全设施是否已与主体工程同时设计、同时施工、同时投入生产和使用；评价建设项目及与之配套的安全设施是否符合国家有关安全生产的法律法规和技术标准。

2）从整体上评价建设项目的运行状况和安全管理是否正常、安全、可靠。

（3）安全现状评价。安全现状评价是在系统生命周期内的生产运行期，通过对生产经营单位的生产设施、设备、装置实际运行状况及管理状况的调查、分析，运用安全系统工程的方法，进行危险、有害因素的识别及其危险度的评价，查找该系统生产运行中存在的事故隐患并判定其危险程度，提出合理可行的安全对策措施及建议，使系统在生产运行期内的安全风险控制在安全、合理的程度内。

安全现状评价是根据国家有关法律、法规规定或者生产经营单位的要求进行的，应对生产经营单位生产设施、设备、装置、储存、运输及安全管理等方面进行全面、综合的安全评价，主要内容包括以下 4 个方面。

1）收集评价所需的信息资料，采用恰当的方法进行危险、有害因素识别。

2）对于可能造成重大后果的事故隐患，采用科学合理的安全评价方法建立相应的数学模型进行事故模拟，预测极端情况下事故的影响范围、最大损失，以及发生事故的可能性或概率，给出量化的安全状态参数值。

3）对发现的事故隐患，根据量化的安全状态参数值，进行整改优先度排序。

4）提出安全对策措施与建议。

生产经营单位应将安全现状评价的结果纳入生产经营单位事故隐患整改计划和安全管理制度，并按计划加以实施和检查。

二、安全评价的程序与内容

1. 安全评价程序

安全评价程序包括前期准备，辨识与分析危险、有害因素，划分评价单元，定性、定量评价，提出安全对策措施建议，做出评价结论，编制安全评价报告。安全评价程序如图 4-1 所示。

2. 安全评价内容

（1）前期准备。明确评价对象，备齐有关安全评价所需的设备、工具，收集国内外相关法律法规、标准、规章、规范等资料。

（2）辨识与分析危险、有害因素。根据评价对象的具体情况，辨识和分析危险、有害因素，确定其存在的部位、方式，以及发生作用的途径和变化规律。

（3）划分评价单元。评价单元划分应科学、合理、便于实施评价，相对独立且具有明显的特征界限。

（4）定性、定量评价。根据评价单元的特性，选择合理的评价方法，对评价对象发生事故的可能性及其严重程度进行定性、定量评价。

（5）提出安全对策措施建议。依据危险、有害因素辨识结果与定性、定量评价结果，遵循针对性、技术可行性、经济合理性的原则，提出消除或减弱危险、危害的技术和管理对策措施建议。

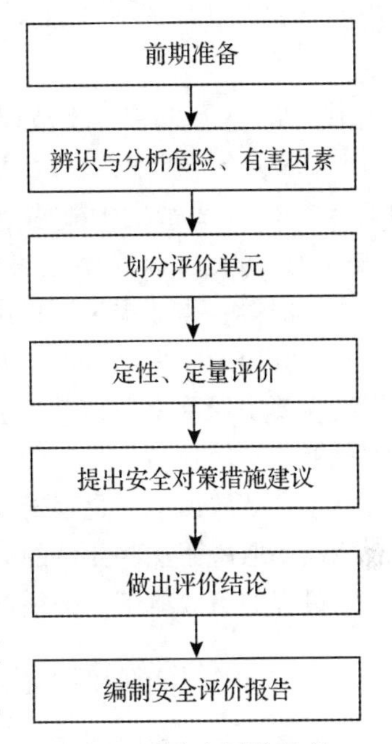

图 4-1　安全评价程序

对策措施建议应具体翔实、具有可操作性。按照针对性和重要性的不同，措施和建议可分为应采纳和宜采纳两种类型。

（6）安全评价结论。安全评价机构应根据客观、公正、真实的原则，严谨、明确地做出评价结论。

安全评价结论的内容应包括高度概括评价结果，从风险管理角度给出评价对象在评价时与国家有关安全生产的法律法规、标准、规章、规范的符合性结论，给出事故发生的可能性和严重程度的预测性结论，以及采取安全对策措施后的安全状态等。

第二节　概率评价法

概率评价法是一种定量评价法。此法是先求出系统发生事故的概率，如用故障类型影响和致命度分析、事故树定量分析、事件树定量分析等方法，在求出事故发生概率的基础上，进一步计算风险率，以风险率大小确定系统的安全程度。

系统危险性的大小取决于两个方面，一是事故发生的概率，二是造成后果的严重度。风险率是综合了两个方面因素，它的数值等于事故的概率（频率）与严重

度的乘积。其计算公式如下

$$R=S\cdot P \tag{4-1}$$

式中 R——风险率，事故损失/时间；

S——严重度，事故损失/事故次数；

P——事故发生概率（频率），事故次数/时间。

由此可见，风险率是表示事故造成损失与时间的比值。时间可以是年、月、日、小时等；事故损失可以用人的死亡、经济损失或是工作日的损失等表示。

计算出风险率就可以与安全指标比较，从而得知危险是否降到人们可以接受的程度。要求风险率必须首先求出系统发生事故的概率，因此下面就概率的有关概念和计算作一简述。

生产装置或工艺过程发生事故是由组成它的若干元件间相互作用的结果，总的故障概率取决于这些元件的故障概率和它们之间相互作用的性质，故要计算装置或工艺过程的事故概率，必须首先了解各个元件的故障概率。

一、元件的故障概率及其求法

构成设备或装置的元件，工作一定时间就会发生故障或失效。所谓故障就是指元件、子系统或系统在运行时达不到规定的功能。可修复系统的失效就是故障。根据可靠性工程理论，元件分为可修复系统元件和不可修复系统元件。可修复系统元件的故障概率为 $q\approx\lambda\tau$，λ 为平均故障率，τ 为平均修复时间；不可修复系统元件故障概率为 $q=\lambda t$，t 为元件运行时间。

元件在两次相邻故障间隔期内正常工作的平均时间，叫平均故障间隔期，用 τ 表示。如某元件在第一次工作时间 t_1 后出现故障，第二次工作时间 t_2 后出现故障，第 n 次工作 t_n 时间后出现故障，则平均故障间隔期为

$$\tau=\frac{\sum_{i=1}^{n}t_i}{n} \tag{4-2}$$

τ 一般是通过实验测定 n 个元件的故障间隔时间的平均值得到。

元件在一定时间（或周期）内发生故障的平均值称为平均故障率，用 λ 表示，单位为故障次数/时间。平均故障率是平均故障间隔期的倒数，即

$$\lambda=\frac{1}{\tau} \tag{4-3}$$

故障率是通过实验测定出来的，实际应用时受到环境因素的不良影响，如温

度、湿度、振动、腐蚀等，故应给予修正，即考虑一定的修正系数（严重系数 k）。部分环境下严重系数 k 的取值见表 4-1。

表 4-1　　严重系数值举例

使用场所	k	使用场所	k
实验室	1	火箭试验台	60
普通室	1.1～10	飞机	80～150
船舶	10～18	火箭	400～1000
铁路车辆、牵引式公共汽车	18～30		

元件在规定时间内和规定条件下完成规定功能的概率称为可靠度，用 $R(t)$ 表示。元件在时间间隔（0，t）内的可靠度符合下列关系：

$$R(t) = e^{-\lambda t} \tag{4-4}$$

式中　t——元件运行时间。

元件在规定时间内和规定条件下没有完成规定功能（失效）的概率就是故障概率（或不可靠度），用 $P(t)$ 表示。故障是可靠的补事件，用式（4-5）得到故障概率

$$P(t) = 1 - R(t) = 1 - e^{-\lambda t} \tag{4-5}$$

式（4-4）和式（4-5）只适用于故障率 λ 稳定的情况。许多元件的故障率随时间而变化，显示出如图 4-2 所示的浴盆曲线。

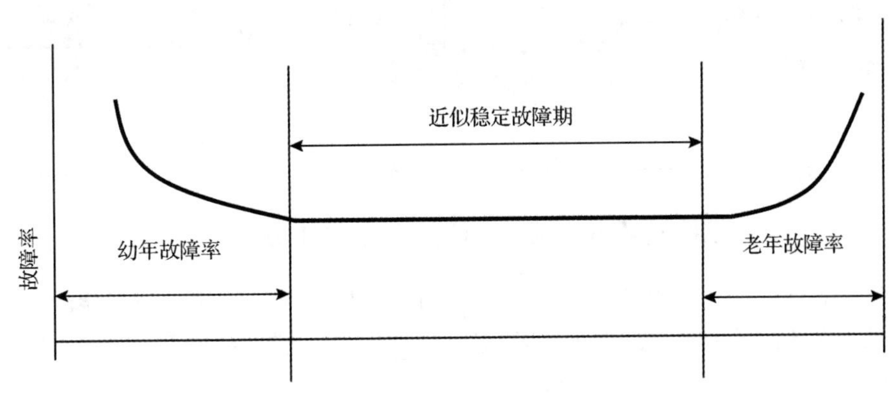

图 4-2　故障率曲线图

由图 4-2 可见，元件故障率随时间变化有 3 个时期，即：

1. 幼年故障期（早期故障期）。
2. 近似稳定故障期（偶然故障期）。
3. 老年故障期（损耗故障期）。

元件在幼年期和老年期故障率都很高。这是因为元件在新的时候可能内部有缺陷或调试过程被损坏，因而开始故障率较高，但很快就会下降。当使用时间长了，由于老化、磨损、功能下降，故障率又会迅速提高。如果设备或元件在老年期之前，更换或修理即将失效部分，则可延长使用寿命。在幼年和老年两个周期之间（偶然故障期）的故障率低且稳定，式（4-4）和式（4-5）都适用。表 4-2 列出部分元件的故障率。

表 4-2　　部分元件的故障率

元件	故障率（次/年）	元件	故障率（次/年）
控制阀	0.60	压力测量	1.41
控制器	0.29	泄压阀	0.022
流量测量（液体）	1.14	压力开关	0.14
流量测量（固体）	3.75	电磁阀	0.42
流量开关	1.12	步进电动机	0.044
气液色谱	30.6	长纸条记录仪	0.2
手动阀	0.13	热电偶温度测量	0.52
指示灯	0.044	温度计温度测量	0.027
液位测量（液体）	1.70	阀动定位器	0.44
液位测量（固体）	6.86		
氧分析仪	5.65		
pH 计	5.88		

二、元件的连接及系统故障（事故）概率计算

生产装置或工艺过程是由许多元件连接在一起构成的，这些元件发生故障常会导致整个系统故障或事故的发生。因此，可根据各个元件故障概率，依照它们之间的连接关系计算出整个系统的故障概率。

元件的相互连接有串联和并联两种情况。

（1）串联连接的元件用逻辑或门表示，意思是任何一个元件故障都会引起系

统发生故障或事故。串联元件组成的系统，其可靠度计算公式如下

$$R=\prod_{i=1}^{n}R_i \tag{4-6}$$

式中　R_i——每个元件的可靠度；

n——元件的数量。

系统的故障概率 P 由式（4-7）计算

$$P=1-\prod_{i=1}^{n}(1-P_i) \tag{4-7}$$

式中　P_i——每个元件的故障概率。

只有 A 和 B 两个元件组成的系统，将式（4-7）展开为

$$P(A\cup B)=P(A)+P(B)-P(A)P(B) \tag{4-8}$$

如果元件的故障概率很小，则 $P(A)P(B)$ 项可以忽略，此时式（4-8）可简化为

$$P(A\cup B)=P(A)+P(B) \tag{4-9}$$

式（4-7）则可简化为

$$P=\sum_{i=1}^{n}P_i \tag{4-10}$$

注意：当元件的故障率不是很小时，不能用简化公式计算总的故障概率。

（2）并联连接的元件用逻辑与门表示，意思是并联的几个元件同时发生故障，系统就会故障。并联元件组成的系统故障概率 P 计算公式是

$$P=\prod_{i=1}^{n}P_i \tag{4-11}$$

系统的可靠度计算公式如下

$$R=1-\prod_{i=1}^{n}(1-R_i) \tag{4-12}$$

系统的可靠度计算出来后，可由式（4-4）求出总的故障率 λ。

三、系统故障概率的计算举例

某反应器内进行的是放热反应，当温度超过一定值后，会引起反应失控而爆炸。为及时移走反应热，在反应器外面安装了夹套冷却水系统。由反应器上的热电偶温度测量仪与冷却水进口阀连接，根据温度控制冷却水流量。为防止冷却水供给失效，在冷却水进水管上安装了压力开关并与原料进口阀连接，当水压小到一定值时，原料进口阀会自动关闭，停止反应。装置组成如图 4-3 所示。试计算这一装

置发生超温爆炸的故障率、故障概率、可靠度和平均故障间隔期。假设操作周期为一年。

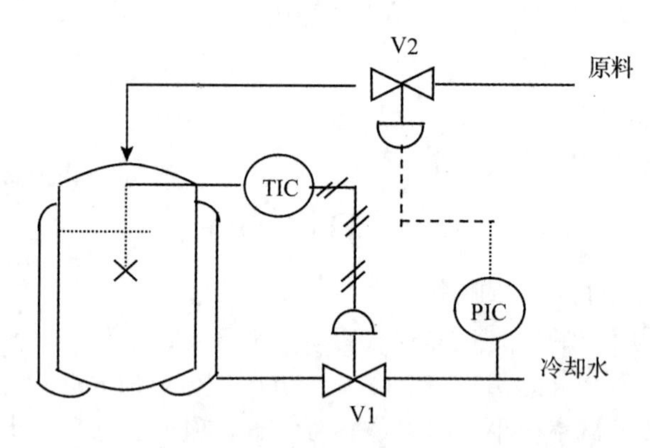

图 4-3　反应器的超温防护系统

解：由图 4-3 得知，反应器的超温防护系统由温度控制和原料关闭两部分组成。温度控制部分的温度测量仪与冷却水进口阀串联，原料关闭部分的压力开关和原料进口阀也是串联的，而温度控制和原料关闭两部分则为并联关系。

由表 4-2 查得热电偶温度测量、控制阀、压力开关的故障率分别是 0.52 次/年、0.60 次/年、0.14 次/年。根据式（4-4）~（4-12）计算各个元件的可靠度。

热电偶温度测量仪：$R_1=e^{-0.52\times1}$；$P_1=1-R_1$

控制阀：$R_2=e^{-0.60\times1}$；$P_2=1-R_2$

压力开关：$R_3=e^{-0.14\times1}$；$P_3=1-R_3$

温度控制部分：$R_A=R_1R_2$；$P_A=1-R_A$

$\lambda_A=-\ln R_A/t$

$\tau_A=1/\lambda_A=0.89$（年）

原料关闭部分：$R_B=R_2R_3$；$P_B=1-R_B$

$\lambda_B=-\ln R_B/t$

$\tau_B=1/\lambda_B=1.35$（年）

超温防护系统：$P=P_AP_B=0.68\times0.52=0.35$；$R=1-P=1-0.35=0.65$

$\lambda=-\ln R/t$

$\tau=1/\lambda=2.3$（年）

由计算可知，预计温度控制部分每 0.89 年发生一次故障，原料关闭部分每 1.35 年发生一次故障。两部分并联组成的超温防护系统，预计 2.3 年发生一次故障，防止超温的可靠性明显提高。

计算出安全防护系统的故障率，就可进一步确定反应器超压爆炸的风险率，从而可比较它的安全性。

在事故树分析中，若知道了每个基本事件发生的概率，可求出顶事件发生概率，根据其概率或风险率评价系统的安全性。

下面以图 4-4 所示的事故树为例，说明顶事件发生概率的计算。

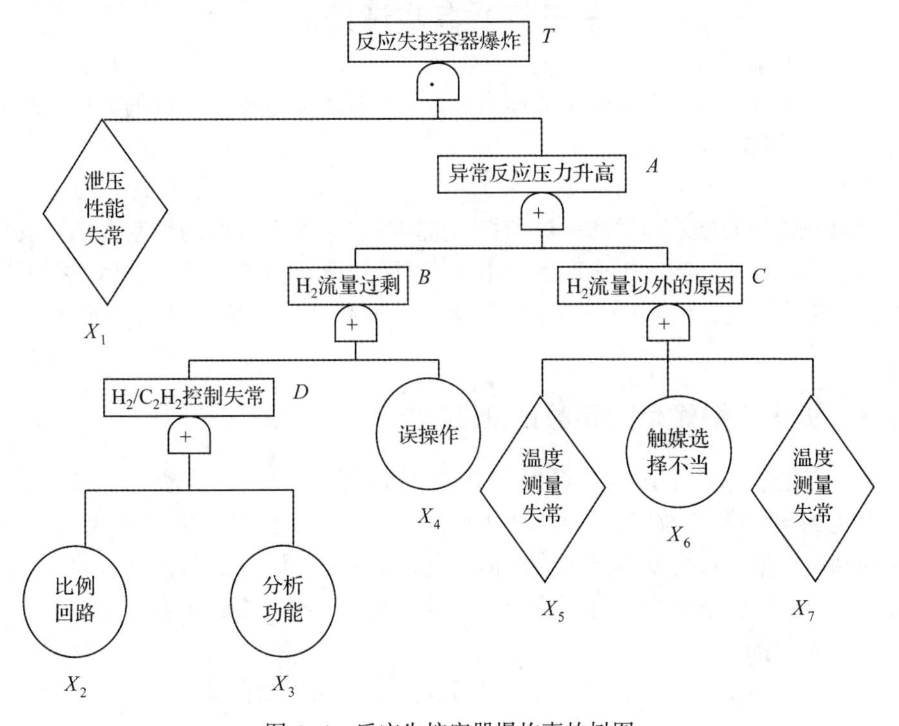

图 4-4　反应失控容器爆炸事故树图

假设事故树中基本事件的故障概率分别是：

$P(X_1)=0.01$；$P(X_2)=0.02$；$P(X_3)=0.03$；$P(X_4)=0.04$；

$P(X_5)=0.05$；$P(X_6)=0.06$；$P(X_7)=0.07$

首先求出中间事件 D 的故障概率，逐层向上推算，最后可计算出顶事件的发生概率。

$$P(D)\approx P(X_2)+P(X_3)=0.02+0.03=0.05$$

$$P(B)\approx P(D)+P(X_4)=0.05+0.04=0.09$$

$P(C) \approx P(X_5)+P(X_6)+P(X_7)=0.05+0.06+0.07=0.18$

$P(A) \approx P(B)+P(C)=0.09+0.18=0.27$

$P(T) \approx P(X_1) \cdot P(A)=0.01\times0.27=0.0027$

以上是近似计算的结果，各基本事件的故障概率都很小，且事故树中没有重复事件出现。各基本事件故障概率比较大时，使用式（4-10）应将括号展开计算。

第三节 指数评价法

指数评价法是用火灾爆炸指数作为衡量一个化工企业安全评价的标准。指数评价法以物质系数法为基础。

这种方法是根据工厂所用原材料的一般化学性质，结合它们具有的特殊危险性，再加上进行工艺处理时的一般和特殊危险性，以及量方面的因素，换算成火灾爆炸指数或评点数，然后按火灾爆炸指数或评点数划分危险等级，最后根据不同等级确定在建筑结构、消防设备、电气防爆、检测仪表、控制方法等方面的安全要求。

一、火灾、爆炸危险指数评价法

美国道化学公司自 1964 年开发“火灾、爆炸危险指数评价法”（第一版）以来，历经 29 年不断修改完善，在 1993 年推出了第七版，以过去的事故统计资料、物质的潜在能量和现行安全措施为依据，定量地对工艺装置及所含物料的实际潜在火灾、爆炸和反应危险性行分析评价，可以说更趋完善、更趋成熟。

1. 评价目的

（1）真实地量化潜在火灾、爆炸和反应性事故的预测损失。

（2）确定可能引起事故发生或使事故扩大的设备（或单元）。

（3）向管理部门通报潜在的火灾、爆炸危险性。

（4）使工程技术人员了解各工艺部分可能造成的损失，并帮助确定减轻潜在事故严重性和总损失的有效而又经济的途径。这是评价的最重要目的。

2. 评价程序

评价的基本程序如图 4-5 所示。

在评价之前首先要准备如下资料：

（1）装置或工厂的设计方案。

（2）火灾、爆炸指数危险度分级表。

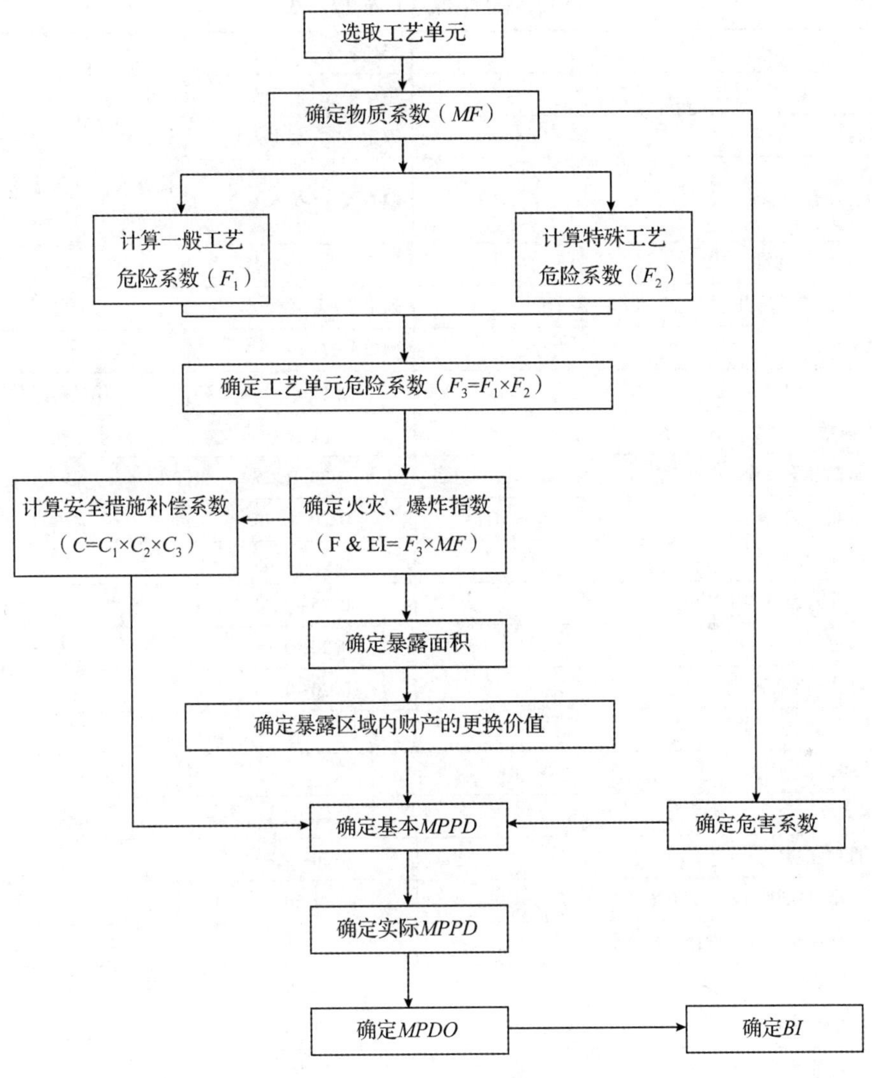

图 4-5　风险分析评价程序

（3）火灾、爆炸指数计算表（见表 4-3）。

（4）安全措施补偿系数表（见表 4-4）。

（5）工艺单元危险分析汇总表（见表 4-5）。

表 4-3　　火灾、爆炸指数（*F & EI*）表

<table>
<tr><td>地区/国家：</td><td>部门：</td><td>场所：</td><td>日期：</td></tr>
<tr><td colspan="2">位置：</td><td>生产单元：</td><td>工艺单元：</td></tr>
<tr><td colspan="2">评价人：</td><td>审定人：（负责人）</td><td>建筑物：</td></tr>
<tr><td colspan="2">检查人：（管理部）</td><td>检查人：（技术中心）</td><td>检查人：（安全和损失预防）</td></tr>
<tr><td colspan="4">工艺设备中的物料：</td></tr>
<tr><td colspan="2">操作状态：设计—开车—正常操作—停车</td><td colspan="2">确定 MF 的物质：</td></tr>
<tr><td colspan="2">操作温度：</td><td colspan="2">物质系数：</td></tr>
<tr><td colspan="2">1. 一般工艺危险</td><td>危险系数范围</td><td>采用危险系数</td></tr>
<tr><td colspan="2">基本系数</td><td>1.00</td><td>1.00</td></tr>
<tr><td colspan="2">A：放热化学反应</td><td>0.30~1.25</td><td></td></tr>
<tr><td colspan="2">B：吸热反应</td><td>0.20~0.40</td><td></td></tr>
<tr><td colspan="2">C：物料处理与输送</td><td>0.25~1.05</td><td></td></tr>
<tr><td colspan="2">D：密闭式或室内工艺单元</td><td>0.25~0.90</td><td></td></tr>
<tr><td colspan="2">E：通道</td><td>0.20~0.35</td><td></td></tr>
<tr><td colspan="2">F：排放和泄漏控制</td><td>0.20~0.50</td><td></td></tr>
<tr><td colspan="4">一般工艺危险系数（F_1）</td></tr>
<tr><td colspan="4">2. 特殊工艺危险</td></tr>
<tr><td colspan="2">基本系数</td><td>1.00</td><td>1.00</td></tr>
<tr><td colspan="2">A：毒性物质</td><td>0.20~0.80</td><td></td></tr>
<tr><td colspan="2">B：负压（<500 mmHg，合 66 661 Pa）</td><td>0.50</td><td></td></tr>
<tr><td colspan="2">C：接近易燃范围的操作；惰性化，未惰性化</td><td></td><td></td></tr>
<tr><td colspan="2">a：灌装易燃液体</td><td>0.50</td><td></td></tr>
<tr><td colspan="2">b：过程失常或吹扫故障</td><td>0.30</td><td></td></tr>
<tr><td colspan="2">c：一直在燃烧范围内</td><td>0.80</td><td></td></tr>
<tr><td colspan="2">D：压力：操作压力/kPa（绝对）
释放压力/kPa（绝对）</td><td></td><td></td></tr>
<tr><td colspan="2">E：低温</td><td>0.20~0.30</td><td></td></tr>
<tr><td colspan="2">F：易燃及不稳定物质量/kg
物质燃烧热 Hc/（J·kg^{-1}）</td><td></td><td></td></tr>
</table>

续表

a：工艺中的液体及气体		
b：储存中的液体及气体		
c：储存中的可燃固体及工艺中的粉尘		
G：腐蚀与磨损	0.10~0.75	
H：泄漏—接头和填料	0.10~1.50	
I：使用明火设备		
J：热油、热交换系统	0.15~1.15	
K：传动设备	0.50	
特殊工艺危险系数（F_2）		
3. 工艺单元危险系数（$F_3=F_1 \times F_2$）		
4. 火灾、爆炸指数（$F \& EI=F_3 \times MF$）		

注：无危险时系数用0.00。

表4-4　　安全措施补偿系数表

项目	补偿系数范围	采用补偿系数*	项目	补偿系数范围	采用补偿系数*
1. 工艺控制	—		c. 排放系统	0.91~0.97	
a. 应急电源	0.98		d. 连锁装置	0.98	
b. 冷却装置	0.97~0.99		物质隔离安全补偿系数 C_2 **		
c. 抑爆装置	0.84~0.98		3. 防火设施	—	
d. 紧急停车装置	0.96~0.99		a. 泄漏检验装置	0.94~0.98	
e. 计算机控制	0.93~0.99		b. 钢质结构	0.95~0.98	
f. 惰性气体保护	0.94~0.96		c. 消防水供应系统	0.94~0.97	
g. 操作指南/规程	0.91~0.99		d. 特殊灭火系统	0.91	
h. 活性化学物质检查	0.91~0.98		e. 喷水灭火系统	0.74~0.97	
i. 其他工艺过程危险分析	0.91~0.98		f. 水幕	0.97~0.98	
工艺控制安全补偿系数 C_1 **			g. 泡沫灭火装置	0.92~0.97	
2. 物质隔离	—		h. 手提式灭火器/喷水枪	0.93~0.98	
a. 远距离控制阀	0.96~0.98		i. 电缆保护	0.94~0.98	
b. 卸料/排空装置	0.96~0.98		防火设施安全补偿系数 C_3 **		

注：安全措施补偿系数=$C_1 \times C_2 \times C_3$；*无安全补偿系数时，填入1.00；**是所采用的各项补偿系数之积。

表 4-5　　工艺单元危险分析汇总表

序号	内容	工艺单元
1	火灾、爆炸危险指数（*F & EI*）	
2	危险等级	
3	暴露区域半径	
4	暴露区域面积	
5	暴露区域内财产价值	
6	危害系数	
7	基本最大可能财产损失（基本 *MPPD*）	
8	安全措施补偿系数	
9	实际最大可能财产损失（实际 *MPPD*）	
10	最大可能工作日损失（*MPDO*）	
11	停产损失（*BI*）	

（6）生产单元危险分析汇总表（见表 4-6）。

表 4-6　　生产单元危险分析汇总表

地区/国家			部门			场所	
位置			生产单元			操作类型	
评价人			生产单元总替换价值			日期	
工艺单元主要物质	物质系数	火灾、爆炸指数（*F & EI*）	影响区内财产价值	基本 *MPPD*	实际 *MPPD*	工作日损失 *MPDO*	停产损失 *BI*

（7）有关装置的更换费用数据。

3. 道氏法计算说明

（1）选择工艺单元。

1）确定评价单元。进行危险指数评价的第一步是确定评价单元，单元是装置的一个独立部分，与其他部分保持一定的距离，或用防火墙隔开。

①工艺单元：工艺装置的任一主要单元。

②生产单元：包括化学工艺、机械加工、仓库、包装线等在内的整个生产设施。

③恰当工艺单元：在计算火灾、爆炸危险指数时，只评价从预防损失角度考虑对工艺有影响的工艺单元，简称恰当工艺单元。

2）选择工艺单元。选择恰当工艺单元的重要参数有下列 6 个。一般情况下，参数值越大，则该工艺单元就越需要评价。

①潜在化学能（物质系数）。

②工艺单元中危险物质的数量。

③资金密度（美元/米^2）。

④操作压力和操作温度。

⑤导致火灾、爆炸事故的历史资料。

⑥对装置起关键作用的单元。

（2）物质系数的确定。物质系数（MF）是表述物质在燃烧或其他化学反应引起的火灾、爆炸时释放能量大小的内在特性，是一个最基础的数值。

物质系数是由美国消防协会规定的 N_F、N_R（分别代表物质的燃烧性和化学活性）决定的。

通常，N_F 和 N_R 是针对正常温度环境而言的。物质发生燃烧和反应的危险性随着温度的升高而急剧加大，如在闪点之上的可燃液体引起火灾的危险性就比正常环境温度下的易燃液体大得多，反应的速度也随着温度的升高而急剧加大，所以当温度超过 60 ℃，物质系数要修正。

在道化学公司出版的《火灾、爆炸危险指数评级法》手册的附表中提供了大量的化学物质系数数据，它能用于大多数场合，但是在附表中未列出的物质，其 N_F、N_R 可以根据美国消防协会（NFPA）的相关标准 NFPA325M（易燃液体、气体和挥发性固体的火灾危险特性数据）或 NFPA49（危险化学品数据）加以确定，并依照温度修正后，由表 4-7 确定其物质系数。对于可燃性粉尘而言，确定其物质系数时用粉尘危险分级值（Sc）而不是 N_F。

表 4-7　　物质系数取值表

挥发性固体、液体、气体的易燃性或可燃性	NFPA325M 或 NFPA49	反应性或不稳定性					备注
		$N_R=0$	$N_R=1$	$N_R=2$	$N_R=3$	$N_R=4$	
不燃物	$N_F=0$	1	14	24	29	40	暴露在 816 ℃的热空气中 5 min 不燃烧
F. P. >93. 3 ℃	$N_F=1$	4	14	24	29	40	F. P. 为闭杯闪点

续表

挥发性固体、液体、气体的易燃性或可燃性	NFPA325M 或 NFPA49	反应性或不稳定性					备注
		$N_R=0$	$N_R=1$	$N_R=2$	$N_R=3$	$N_R=4$	
37.8 ℃<F.P.≤93.3 ℃	$N_F=2$	10	14	24	29	40	
22.8 ℃≤F.P.<37.8 ℃ 或 F.P.<22.8 ℃且 B.P.≥37.8 ℃	$N_F=3$	16	16	24	29	40	B.P. 为标准温度和压力下的沸点
F.P.<22.8 ℃且 B.P.<37.8 ℃	$N_F=4$	21	21	24	29	40	
可燃性粉尘或烟雾							K_{st} 值是用带强点火源的 16 L 或更大的密闭试验容器测定的见 NFPA68
S_t—1（$K_{st}\leq200$ Pa·m·s^{-1}）		16	16	24	29	40	
S_t—2（$K_{st}=201\sim300$ Pa·m·s^{-1}）		21	21	24	29	40	
S_t—3（$K_{st}>300$ Pa·m·s^{-1}）		24	24	24	29	40	
可燃性固体							
厚度>40 mm，紧密的	$N_F=1$	4	14	24	29	40	包括 50.8 mm 厚的木板、镁锭、紧密的固体堆积物、紧密的纸张或废弃薄膜卷
厚度<40 mm，疏松的	$N_F=2$	10	14	24	29	40	包括塑料颗粒、支架、木材平板架之类粗粒状材料，以及聚苯乙烯类不起沉的粉尘物料等
泡沫材料、纤维、粉状物等	$N_F=3$	16	16	24	29	40	包括轮胎、胶靴类橡胶制品等

* 1 bar=10^5 Pa。

1）表外的物质系数。在求取附表、NFPA49 和 NFPA325M 中未列出的物质、混合物或化合物的物质系数时，必须确定其可燃性等级（N_F）或可燃性粉尘等级（S_t），根据表 4-7 左栏中的参数，液体和气体的 N_F 由闪点求得，粉尘或尘雾的 S_t 值由粉尘爆炸试验确定。可燃固体的 N_F 值则依其性质不同在表 4-7 左栏中分类标示。

物质、混合物或化合物的反应性等级 N_R 根据其在环境温度条件下的不稳定性（或与水反应的剧烈程度），按 NFPA704（危险品紧急处理鉴别标准）确定。

N_R=0 为在燃烧条件下仍保持稳定的物质，一般包括以下物质：

①不与水反应的物质。

②在温度>300～500 ℃时，用差示扫描量热计（DSC）测量显示温升的物质。

③用 DSC 试验时，在温度≤500 ℃时不显示温升的物质。

N_R=1 为稳定，但在加温加压条件下成为不稳定的物质，一般包括以下物质：

①接触空气、受光照射或受潮时发生变化或分解的物质。

②在>150～300 ℃时显示温升的物质。

N_R=2 为在加温加压条件下发生剧烈化学变化的物质：

①用 DSC 试验时，在温度≤150 ℃时显示温升的物质。

②与水剧烈反应或与水形成潜在爆炸性混合物的物质。

N_R=3 为本身能发生爆炸分解或爆炸反应，但需要强引发源或引发前必须在密闭状态下加热的物质：

①加温加热时对热机械冲击敏感的物质。

②加温加热时或密闭，即与水发生爆炸反应的物质。

N_R=4 为在常温常压下易于引爆分解或发生爆炸反应的物质。

注意：反应性包括自身反应性（不稳定性）和与水反应性。物质的 N_R 指标由差热分析仪（DTA）或差示扫描量热计（DSC）分析其温升的最低峰值温度来判断，按表 4-8 分类。

表 4-8　　温升与 N_R 关系表

温升/℃	N_R
>300～500	0
>150～300	1
≤150	2，3，4

附加限制条件有以下 3 点：

①若该物质为氧化剂，则 N_R 再加 1（但不超过 4）。

②对冲击敏感性物质，N_R 为 3 或 4。

③如果得出的 N_R 值与物质的特性不相符，则应补做化学品反应性试验。一旦求出并确定 N_F、N_R，就可以用表 4-7 确定物质系数。

2）混合物。工艺单元内混合物物质应按“在实际操作过程中所存在的最危险物质”原则来确定。发生剧烈反应的物质，如氢气和氯气在人工条件下混合、反应，反应持续而快速，生成物为非燃烧性、稳定的产物，则其物质系数应根据起始混合状态来确定。

混合溶剂或含有反应性物质溶剂的物质系数，可通过反应性化学试验数据求得；若无法取得时，则应取组分中最大的 *MF* 作为混合物 *MF* 的近似值（最大组分质量分数≥5%）。

对由可燃粉尘和易燃气体在空气中能形成爆炸性的混合物，其物质系数必须用反应性化学品试验数据来确定。

3）烟雾。易燃或可燃液体的微粒悬浮于空气中能形成易燃的混合物，它具有易燃气体—空气混合物的一些特性。易燃或可燃液体的雾滴在远远低于其闪点的温度下，能像易燃气体—空气混合物那样具有爆炸性。因此，防止烟雾爆炸的最佳有效防护措施是避免烟雾的形成，特别是不要在封闭的工艺单元内使可燃液体形成烟雾。如果会形成烟雾，则需将物质系数提高 1 级，并请教有关专家。

4）物质系数的温度修正。如果物质闪点小于 60 ℃或反应活性温度低于 60 ℃，则该物质系数不需要修正；若工艺单元温度超过 60 ℃，则需要对 *MF* 进行修正，见表 4-9。

表 4-9　　物质系数温度修正表

<table>
<tr><th>MF 温度修正</th><th>N_F</th><th>S_t</th><th>N_R</th><th>备注</th></tr>
<tr><td>1. 填入 N_F（粉尘为 S_t）、N_R</td><td></td><td></td><td></td><td rowspan="6">1. 储存物由于层叠放置和阳光照射，温度可达 60 ℃
2. 若工艺单元是反应器，则不必考虑温度修正</td></tr>
<tr><td>2. 若稳定温度低于 60 ℃，则转至“e”项</td><td></td><td></td><td></td></tr>
<tr><td>3. 若温度高于闪点，或温度高于 60 ℃，则在 NF 栏内填“1”</td><td></td><td></td><td></td></tr>
<tr><td>4. 若温度大于放热起始温度或自燃点，则在 N_R 栏内填“1”</td><td></td><td></td><td></td></tr>
<tr><td>5. 各竖行数字相加，当总数≥5 时，填“4”</td><td></td><td></td><td></td></tr>
<tr><td>6. 用“5”栏数和表 5 确定 MF</td><td></td><td></td><td></td></tr>
</table>

（3）工艺单元危险系数（F_3）。工艺单元危险系数（F_3）包括一般工艺危险系数（F_1）和特殊工艺危险系数（F_2），对每项系数都要恰当地进行评价。

计算工艺单元危险系数（F_3）中各项系数时，应选择物质在工艺单元中所处的最危险的状态，可以考虑的操作状态有：开车、连续操作和停车等。

计算 *F & EI* 时，一次只评价一种危险，如果 *MF* 是按照工艺单元中的易燃液体来确定的，就不要选择与可燃性粉尘有关的系数，即使粉尘可能存在于过程中的另一段时间内。合理的计算方法为：先用易燃液体的物质系数进行评价，然后再用可燃性粉尘的物质系数评价，只有导致最高的 *F & EI* 和实际的可能的最大财产损失的计算结果才需要报告。

一个重要的例外是混合物，如果某种混杂在一起的混合物被视作最高危险物质的代表，则计算工艺单元危险系数时，可燃性粉尘和易燃蒸气的系数都要考虑。

1）一般工艺危险性。一般工艺危险是确定事故损害大小的主要因素，共有6项。根据实际情况，并不是每项系数都采用，各项系数的具体取值参考以下几方面。

①放热反应。若所分析的工艺单元有化学反应过程，则选取此项危险系数，所评价物质的反应性危险已经为物质系数所包括。

a. 轻微放热反应的危险系数为0.3，包括加氢、水合、异构化、磺化、中和等反应。

b. 中等放热反应系数为0.5，包括：

（a）烷基化——引入烷基形成各种有机化合物的反应。

（b）酯化——有机酸和醇生成酯的反应。

（c）加成——不饱和碳氢化合物和无机酸的反应，无机酸为强酸时系数增加到0.75。

（d）氧化——物质在氧中燃烧生成 CO_2、H_2O 的反应，或者在控制条件下物质与氧反应不生成 CO_2、H_2O 的反应，对于燃烧过程及使用氯酸盐、硝酸、次氯酸、次氯酸盐类强氧化剂时，系数增加到1.00。

（e）聚合——将分子连接成链状物或其他大分子的反应。

（f）缩合——两个或多个有机化合物分子连接在一起形成较大分子的化合物，并放出 H_2O 和 HCl 的反应。

c. 剧烈反应是指一旦反应失控导致严重火灾、爆炸危险的反应，如卤化反应，取1.00。

d. 特别剧烈的反应，指相当危险的放热反应，系数取1.25。

②吸热反应。反应器中所发生的任何吸热反应，系数均取0.25。

a. 煅烧——加热物质除去结合水或易挥发性物质的过程，系数取为0.40。

b. 电解——用电流离解离子的过程，系统为0.20。

c. 热解或裂化——在高温、高压和触媒作用下，将大分子裂解成小分子的过程，当用电加热或高温气体间接加热时，系数为0.20；直接火加热时，系数为0.4。

③物料处理与输送。本项目用于评价工艺单元在处理、输送和储存物料时潜在的火灾危险性。

a. 所有Ⅰ类易燃或液化石油气类的物料在连接或未连接的管线上装卸时的系

数为 0.5。

b. 采用人工加料，且空气可随时加料进入离心机、间歇式反应器、间歇式混料器设备内，并且能引起燃烧或发生反应的危险，不论是否采用惰性气体置换，系数均取 0.5。

c. 可燃性物质存放于库房或露天时的系数为：

（a）对 $N_F=3$ 或 $N_F=4$ 的易燃液体或气体，系数取 0.85，包括桶装、罐装、可移动挠性容器和气溶胶罐装。

（b）对 $N_F=3$ 的可燃固体，系数取 0.5。

（c）对 $N_F=2$ 的可燃性固体，系数取 0.4。

（d）对闭杯闪点高于 37.8 ℃并低于 60 ℃的可燃性液体，系数取 0.25。

若上述物质存放于货架上且未安设洒水装置时，系数要加 0.20，此处考虑的范围不适合于一般储存容器。

④封闭单元或室内单元。封闭区域定义为有顶且三面或多面有墙壁的区域，或无顶但四周有墙封闭的区域。

封闭单元内即使专门设计有机械通风，其效果也不如敞开式结构，但如果机械通风系统能收集所有的气体并排出去的话，则系数可以降低。

系数选取原则如下：

a. 粉尘过滤器或捕集器安置在封闭区域内时，系数取 0.50。

b. 封闭区域内，在闪点以上处理易燃液体时，系数取 0.3；如果处理易燃液体的量大于 4 540 kg，系数取 0.45。

c. 封闭区域内，在沸点以上处理液化石油气或任何易燃液体量时，系数取 0.6；若易燃液体的量大于 4 540 kg，则系数取 0.90。

d. 若已安装了合理的通风装置时，a、b 两项系数减 50%。

⑤通道。生产装置周围必须有紧急救援车辆的通道，最低要求是至少在两个方向上设有通道，其中至少有一条通道必须是通向公路的，火灾时消防道路可以看作是第二条通道，设有监控水枪并处于待用状态。选取封闭区域内主要工艺单元的危险系数时要格外注意。

整个操作区面积大于 925 m^2，且通道不符合要求时，系数为 0.35。

整个库区面积大于 2 315 m^2，且通道不符合要求时，系数为 0.35。

面积小于上述数值时，要分析它对通道的要求。如果通道不符合要求，影响消防时，系数取 0.20。

⑥排放和泄漏控制。此项内容是针对大量易燃、可燃液体溢出从而危及周围设

备的情况，不合理的排放设计已成为造成重大损失的原因。

该项系数仅适用于工艺单元内物料闪点 60 ℃或操作温度高于其闪点的场合。

为了评价排放和泄漏控制是否合理，必须估算易燃、可燃物总量以及消防水能否在事故时得到及时排放。

a. *F & EI* 计算表中排放量按以下原则确定：

（a）对工艺和储存设备，取单元中最大储罐的储量加上第二大储罐 10% 的储量。

（b）采用 30 min 的消防水量。

将上述（a）、（b）两项之和填入 *F & EI* 计算表中一般工艺危险的 *F & EI*。

b. 系数选取的原则：

（a）设有堤坝防止泄漏液流入其他区域，但堤坝内所有设备露天放置时，系数取 0. 5。

（b）单元周围有一可排放泄漏液的平坦地，一旦失火，会引起火灾，系数为 0. 5。

（c）单元的三面有堤坝，能将泄漏液引至蓄液池的地沟，并满足以下条件，不取系数：

■ 蓄液池或地沟的地面斜度不得小于下列数值：土质地面为 2%，硬质地面为 1%。

■ 蓄液池或地沟的最外缘与设备之间的距离小于 15 m，如果设有防火墙，可以减少其距离。

■ 蓄液池的储液能力至少等于 a 中（a）与（b）之和。

（d）如蓄液池或地沟处设有公用工程管线或管线的距离不符合要求，系数取 0. 5。

简而言之，有良好的排放设施才可以不取危险系数。

2）特殊工艺危险性。特殊工艺危险是影响事故发生概率的主要因素，特定的工艺条件是导致火灾、爆炸事故的主要原因。特殊工艺危险有下列 12 项。

①毒性物质。毒性物质能够扰乱人们机体的正常反应，因而降低了人们在事故中制定对策和减轻伤害的能力。毒性物质的危险系数为 $0.2 \times N_H$，对于混合物，取其中最高的 N_H 值。

N_H 是美国消防协会在 NFPA704 中定义的物质毒性系数，其值在 NFPA325M 或 NFPA49 中已列出。其中对于新物质，可请工业卫生专家帮助确定。

NFPA704 对物质的 N_H 分类为以下 5 种。

a．$N_H=0$，发生火灾时除一般可燃物的危险外，短期接触没有其他危险的物质。

b．$N_H=1$，短期接触可引起刺激，致人轻微伤害的物质，包括要求使用适当的空气净化呼吸器的物质。

c．$N_H=2$，高浓度或短期接触可致人暂时失去能力或残留伤害的物质，包括要求使用单独供给空气的呼吸器的物质。

d．$N_H=3$，短期接触可致人严重的暂时或残留伤害的物质，包括要求全身防护的物质。

e．$N_H=4$，短暂接触也能致人死亡或严重伤害的物质。

注：上述毒性系数 N_H 值只是用来表示人体受害的程度，它可导致额外损失。该值不能用于职业卫生和环境的评价。

②负压操作。本项内容适用于空气泄入系统会引起危险的场合。当空气与湿度敏感性物质或氧敏感性物质接触时可能引起危险，在易燃混合物中引入空气也会导致危险。该系数只用于绝对压力小于 66.661 Pa 的情况，系数为 0.50。

如果采用了本项系数，就不能采用下面“燃烧范围内或其附近的操作”和“释放压力”中的系数，以免重复。

大多数气体操作，一些压缩过程和少许蒸馏操作都属于本项内容。

③燃烧范围或其附近的操作。某些操作导致空气引入或夹带进入系统，空气的进入会形成易燃混合物，进而导致危险。

a．$N_F=3$ 或 $N_F=4$ 的易燃液体储罐，在储罐泵出物料或者突然冷却时可能吸入空气，系数取 0.50。

打开放气阀或在负压操作中未采用惰性气体保护时，系数为 0.50。

储有可燃液体，其温度在闭杯闪点以上且无惰性气体保护时，系数也为 0.50。

如果使用了惰性化的密闭蒸汽回收系统，且能保证其气密性则不用选取系数。

b．当仪表或装置失灵时，工艺设备或储罐才处于燃烧范围内或其附近，系数为 0.30。

任何靠惰性气体吹扫，使其处于燃烧范围之外的操作，系数为 0.30，该系数也适用于装载可燃物的船舶和槽车。若已按“负压操作”选取系数，此处不再选取。

c．由于惰性气体吹扫系统不实用或者未采取惰性气体吹扫，使操作总是处于燃烧范围内或其附近时，系数为 0.80。

④粉尘爆炸。粉尘最大压力上升速度和最大压力值主要受其粒径大小的影响。

通常粉尘越细，危险性越大。这是由于细尘具有很高的压力上升速度和极大压力伴生。

本项系数将用于含有粉尘处理的单元，如粉体输送、混合粉碎和包装等。

所有粉尘都有一定的粒径分布范围。为了确定系数，采用10%粒径，即在这个粒径处有90%粗粒子，其余10%为细粒子。根据表4-10确定合理的系数。

表4-10　　粉尘爆炸危险系数确定表

粉尘爆炸危险系数		
粉尘粒径/μm	泰勒筛/网目	系数*
>175	60~80	0.25
>150~175	>80~100	0.50
>100~150	>100~150	0.75
>75~100	>150~200	1.25
<75	>200	2.00

注：*在惰性气体气氛中操作，上述系数减半。

除非粉尘爆炸试验已经证明没有粉尘爆炸危险，否则都要考虑粉尘系数。

⑤释放压力。操作压力高于大气压时，由于高压可能会引起高速率的泄漏，因此要采用危险系数。是否采用系数，取决于单元中的某些导致易燃物料泄漏的构件是否会发生故障。

例如：已烷液体通过6.5 cm^2的小孔泄漏，当压力为517 kPa（表压）时，泄漏量为272 kg/min；压力为2 069 kPa（表压）时，泄漏量为上述的2.5倍，即680 kg/min。用释放压力系数确定不同压力下的特殊泄漏危险潜能，释放压力还影响扩散特性。

如图4-6所示，根据操作压力确定起始危险系数值。下列方程适用于压力为0~6 895 kPa（表压）时危险系数Y的确定，（公式中的压力即X值的单位为"1b/in^2"）。

$$Y = 0.16109 + 1.61503(X/1000) - 1.42879(X/1000)^2 + 0.5172(X/1000)^3$$

表4-11可确定压力为0~68 950 kPa（表压）的易燃、可燃液体的压力系数（也包括图4-7）。

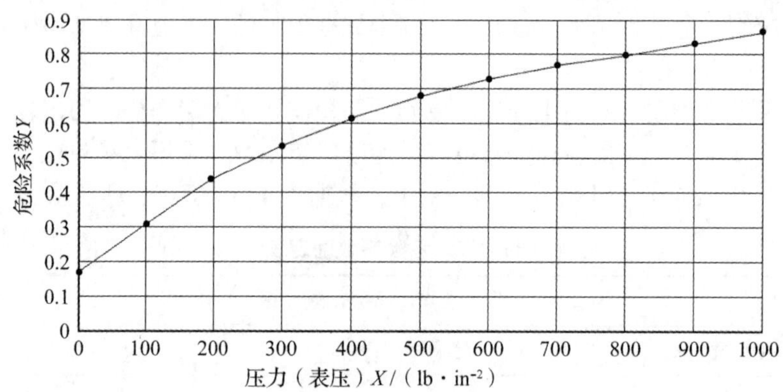

注：1 lb/in²=6894.76Pa。

图 4-6　易燃、可燃液体的压力危险系数图

表 4-11　　易燃、可燃液体的压力危险系数

压力（表压）/kPa	危险系数	压力（表压）/kPa	危险系数
6 895	0.86	17 238	0.98
10 343	0.92	20 685~68 950	1.00
13 790	0.96	>68 950	1.50

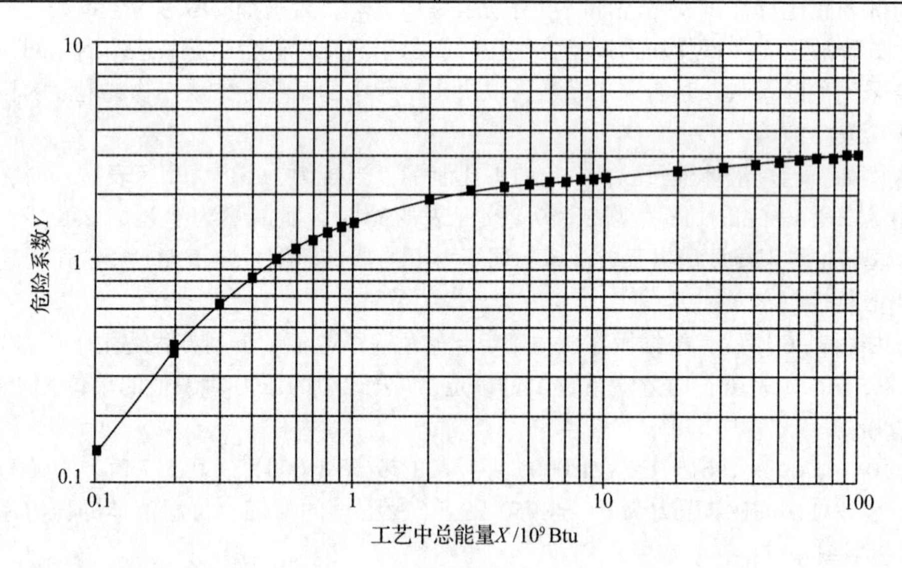

注：1 Btu=1.055×10³J。

图 4-7　工艺中的液体和气体的危险系数

用图 4-6 中的曲线能直接确定闪点低于 60 ℃的易燃、可燃液体的压力危险系数。对其他物质可先由曲线查出起始系数值，再用下列方法加以修正：

a. 焦油、沥青、重润滑油等高黏性物质，用起始系数乘以 0.7 作为危险系数。

b. 单独使用压缩气体或利用气体使易燃液体压力增至 103 kPa（表压）以上时，用起始系数值乘以 1.2 作为危险系数。

c. 液化的易燃气体（包括所有在其沸点以上储存的易燃物料），用起始系数值乘以 1.3 作为危险系数。

确定实际压力系数时，首先由图 4-6 查出操作压力系数，然后求出释放装置设定压力系数，用操作压力系数除以设定压力系数得出实际压力系数的调整系数，再用该调整系数乘以操作压力系数求得实际压力系数。这样，就对那些具有较高设定压力和设计压力的情况给予了补偿。

⑥低温。本项主要考虑碳钢或其他金属在其展延或脆化转变温度以下时可能存在的脆性问题。如果经过认真评价，确认在正常操作和异常情况下均不会低于转变温度，则不用系数。

测定转变温度的一般方法是对加工单元中设备所用的金属小样进行标准摆锤式冲击试验，然后进行设计，使操作温度高于转变温度。正确设计应避免采用低温工艺条件。

系数给定原则有以下两方面：

a. 采用碳钢结构的工艺装置，操作温度等于或低于转变温度时，系数取 0.30。如果没有转变温度数据，则可假定转变温度为 10 ℃。

b. 装置为碳钢以外的其他材质，操作温度等于或低于转变温度时，系数取 0.20。如果材质适于最低可能的操作温度，则不用给系数。

⑦易燃和不稳定物质的数量。易燃和不稳定物质的数量主要讨论单元中易燃物和不稳定物质的数量与危险性的关系，共分为 3 种类型，用各自的系数曲线分别评价。对每个单元而言，只能选取一个系数，依据是已确定为单元物质系数代表的物质。

a. 工艺过程中的液体或气体。该系数主要考虑可能泄漏并引起火灾危险的物质数量，或因暴露在火中可能导致化学反应事故的物质数量。它应用于任何工艺操作，包括用泵向储罐送料的操作。该系数适用于下列已确定作为单元物质系数代表的物质：

（a）易燃液体和闪点低于 60 ℃的可燃液体。

（b）易燃气体。

（c）液化易燃气。

（d）闭杯闪点大于 60 ℃的可燃液体，且操作温度高于其闪点时。

（e）化学活性物质，不论其可燃性大小（$N_R = 2$，3 或 4）。

确定该项系数时，首先要估算工艺中的物质数量（kg）。这里所说的物质数量是在 10 min 内从单元中或相连的管道中可能泄漏出来的可燃物的量。在判断可能有多少物质泄漏时要借助于一般常识。经验表明，取工艺单元中的物料量和相连单元中的最大物料量。两者中的较大值作为可能泄漏量是合理的。

紧急情况时，通过遥控关闭阀门，使相连单元与之隔离的情况不在考虑之列。

在火灾、爆炸指数表的特殊工艺危险的“F”栏中的有关空格中填写易燃及不稳定物质的合适数量。

使用图 4-8 时，将求出的工艺过程中的可燃或不稳定物料总量乘以燃烧热 H_c（J/kg），得到总热量（J）。燃烧热 H_c 可以从道化学公司出版的《火灾、爆炸危险指数评级法》手册的附表或化学反应实验数据中查得。

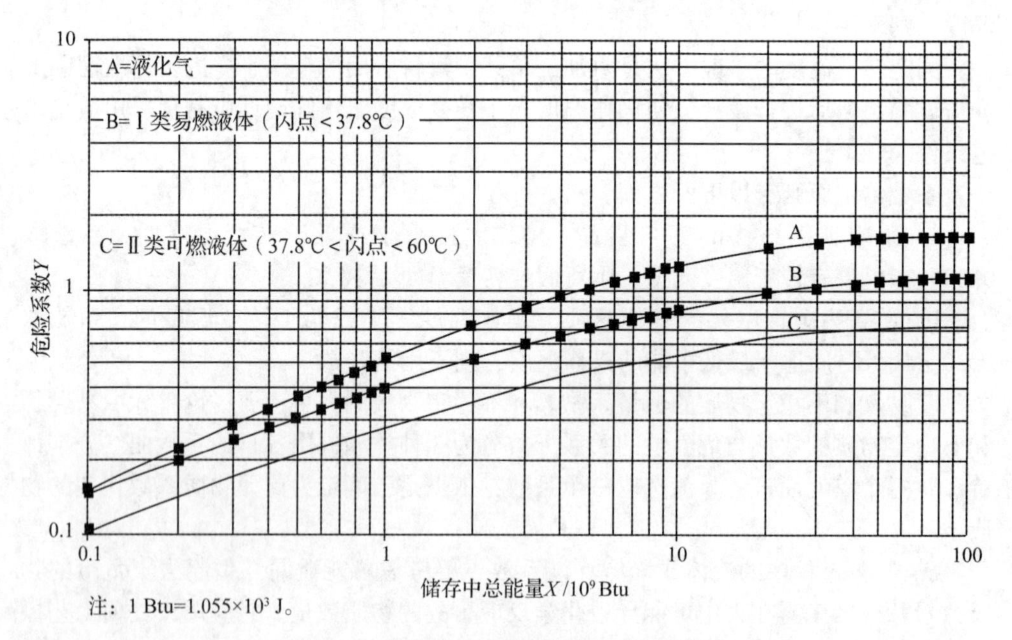

图 4-8　储存中的液体和气体的危险系数

对于 $N_R = 2$ 或 N_R 值更大的不稳定物质，其 H_c 值可取 6 倍于分解热或燃烧热中的较大值。分解热也可从化学反应实验数据中查得。在火灾、爆炸指数表的特殊工艺危险“F”栏有关空格处填入燃烧热 H_c（J/kg）值。

由图 4-7 工艺单元能量值查得所对应的危险系数。总能量值与曲线的相交点代表系数值。该曲线中总能量值 X 与系数 Y 的曲线方程为：（计算时式中的能量即 X 数值的单位应为 10^9 英热单位［10^9 Btu］。本节以下各公式单位与此相同。）

$$\lg Y = 0.17179 + 0.42988(\lg X) - 0.37244(\lg X)^2 + 0.17712(\lg X)^3 - 0.029984(\lg X)^4$$

b. 储存中的液体或气体（工艺操作场所之外）。操作场所之外储存的易燃和可燃液体、气体或液化气的危险系数比“工艺中的”要小，这是因为它不包含工艺过程，工艺过程有产生事故的可能。本项包括桶或储罐中的原料、罐区中的物料以及可移动式容器和桶中的物料。

对单个储存容器可用总能量值（储存物料量乘以燃烧热而得）查图 4-8 确定其危险系数；对于若干个可移动容器，用所有容器中的物料总能量查图 4-8 确定其危险系数。

对于不稳定的物质，采取和 F & EI 表中 F. a 相同的方法进行计算，即取最大分解热或燃烧热的 6 倍作为 H_c，取燃烧热值，其总能量计算如下：

340 100 kg 苯乙烯 × 40.5 × 10^6 J/kg = 13.8 × 10^{12} J

340 100 kg = 乙基苯 × 41.9 × 10^6 J/kg = 14.1 × 10^{12} J

272 100 kg 丙烯腈 × 31.9 × 10^6 J/kg = 8.7 × 10^{12} J

总能量 = 36.6 × 10^{12} J

根据物质种类确定曲线：

苯乙烯　Ⅰ类易燃液体（图 4-8 曲线 B）

丙烯腈　Ⅰ类易燃液体（图 4-8 曲线 B）

二乙基苯　Ⅱ类可燃液体（图 4-8 曲线 C）

如果单元中的物质有几种，则查图 4-8 时，要找出总能量与每种物质对应的曲线中最高的一条曲线的交点，然后再查出与交点对应的系数值，即为所求系数。

在本例中总能量与各物质对应的最高曲线是曲线 B，其对应的系数是 1.00。

图 4-8 中曲线 A、B 和 C 的总能量值（X）与系数（Y）的对应方程分别为：

曲线 A：$\lg Y = -0.289069 + 0.472171(\lg X) - 0.074585(\lg X)^2 - 0.018641(\lg X)^3$

曲线 B：$\lg Y = -0.403115 + 0.378703(\lg X) - 0.46402(\lg X)^2 - 0.015379(\lg X)^3$

曲线 C：$\lg Y = -0.558394 + 0.363321(\lg X) - 0.057296(\lg X)^2 - 0.010759$

$(\lg X)^3$

c. 储存中的可燃固体和工艺中的粉尘（见图 4-9）。本项包括了储存中的固体和工艺单元中的粉尘的量系数，涉及的固体或粉尘即是确定物质系数的那些基本物质。根据物质密度、点火难易程度以及维持燃烧的能力来确定系数。

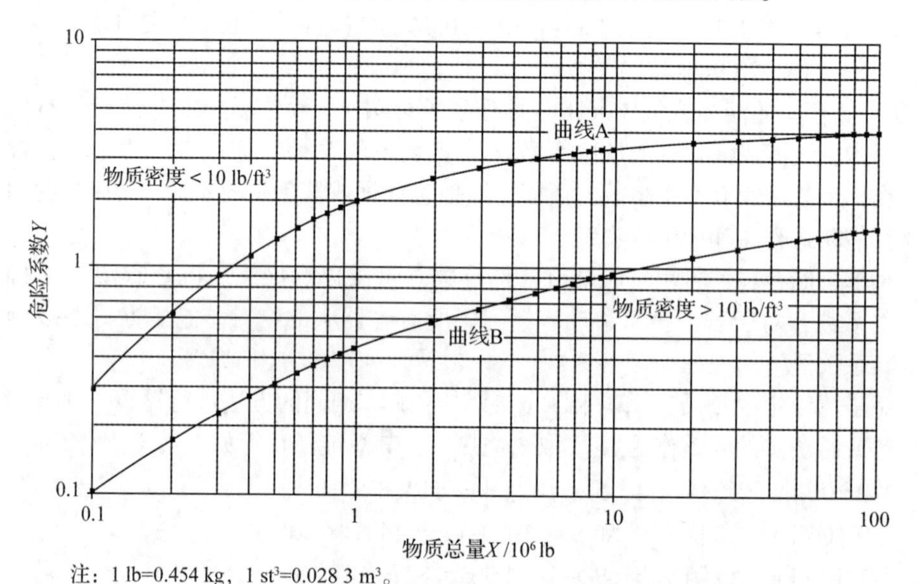

注：1 lb=0.454 kg，1 st³=0.028 3 m³。

图 4-9　储存中的可燃固体/工艺中的粉尘的危险系数

用储存固体总量（kg）或工艺单元中粉尘总量（kg），由图 4-9 查取系数。如果物质的松密度小于 160.2 kg/m³，用曲线 A；松密度大于 160.2 kg/m³，用曲线 B。

对于 $N_R=2$ 或更高的不稳定物质，用单元中的物质实际质量的 6 倍，查曲线 A 来确定系数。

⑧腐蚀。虽然正规的设计留有腐蚀和侵蚀余量，但腐蚀或侵蚀问题仍可能在某些工艺中发生。

此处的腐蚀速率被认为是外部腐蚀速率和内部腐蚀速率之和。切不可忽视工艺物流中少量腐蚀可能产生的影响，它可能比正常的内部腐蚀和由于油漆破坏造成的外部腐蚀强得多，砖的多孔性和塑料衬里的缺陷都可能加速腐蚀。

腐蚀系数按以下规定选取：

a. 腐蚀速率（包括点腐蚀和局部腐蚀）小于 0.127 mm/a（毫米/年），系数为 0. 10。

b. 腐蚀速率大于 0. 127 mm/a，并小于 0. 254 mm/a，系数为 0. 20。

c. 腐蚀速率大于 0. 254 mm/a，系数为 0. 50。

d. 如果应力腐蚀裂纹有扩大的危险，系数为 0. 75，这一般是氯气长期作用的结果。

e. 要求用防腐衬里时，系数为 0. 20。但如果衬里仅仅是为了防止产品污染，则不取系数。

⑨泄漏——连接头和填料处。垫片、接头或轴的密封处及填料处可能是易燃、可燃物质的泄漏源，尤其是在热和压力周期性变化的场所，应该按工艺设计情况和采用的物质选取系数。

泄漏系数按下列原则选取：

a. 泵和压盖密封处可能产生轻微泄漏时，系数为 0. 10。

b. 泵、压缩机和法兰连接处产生正常的一般泄漏时，系数为 0. 30。

c. 承受热和压力周期性变化的场合，系数为 0. 30。

d. 如果工艺单元的物料是有渗透性或磨蚀性的浆液，则可能引起密封失效，或者工艺单元使用转动轴封或填料函时，系数为 0. 40。

e. 单元中有玻璃视镜、波纹管或膨胀节时，系数为 1. 50。

⑩明火设备的使用。当易燃液体、蒸汽或可燃性粉尘泄漏时，工艺中明火设备的存在额外增加了引燃的可能性。分为两种情况选取系数：一是明火设备设置在评价单元中；二是明火设备附近有各种工艺单元。从评价单元可能发生泄漏点到明火设备的空气进口的距离就是图 4-10 中要采取的距离，单位用英尺（ft）表示。

图 4-10 中曲线 A-1 用于：

a. 确定物质系数的物质可能在其闪点以上泄漏的任何工艺单元。

b. 确定物质系数的物质是可燃性粉尘的任何工艺单元。

图中曲线 A-2 用于：确定物质系数的物质可能在其沸点以上泄漏的任何工艺单元。

系数确定的方法：按照图 4-10 用潜在泄漏到明火设备空气进口的距离与相对应曲线（A-1 或 A-2）的交点即可得到系数值。

曲线 A-1，A-2 中，可能的泄漏源距离（X）与系数（Y）对应的方程为：

曲线 A-1：

$$\lg Y = -3.3242\left(\lg\frac{X}{210}\right) + 3.75127\left(\lg\frac{X}{210}\right)^2 - 1.42523\left(\lg\frac{X}{210}\right)^3$$

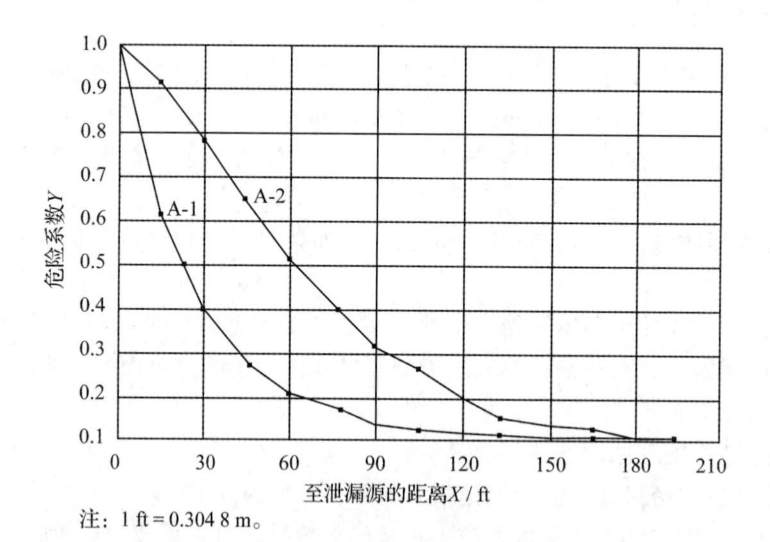

注：1 ft = 0.304 8 m。

图 4-10 明火设备的危险系数

曲线 A-2：

$$\lg Y = -0.3745\left(\lg\frac{X}{210}\right) - 2.70212\left(\lg\frac{X}{210}\right)^2 + 2.09171\left(\lg\frac{X}{210}\right)^3$$

如果明火设备本身就是评价工艺单元，则到潜在泄漏源的距离为 0；如果明火设备加热易燃或可燃物质，即使物质的温度不高于其闪点，系数也取 1.00（明火设备的使用系数不适用于明火炉）。

本项所涉及的任何其他情况，包括所处理的物质低于其闪点都不用取系数。

如果明火设备在工艺单元内，并且单元中选作物质系数的物质的泄漏温度可能高于闪点，则不管距离多少，系数至少取 0.10。

对于带有压力燃烧器的明火设备，若空气进气孔为 3 m 或更大，且不靠近排放口之类的潜在的泄漏源时，系数取标准燃烧器所确定系数的 5 096；但是，当明火加热器本身就是评价单元时，则系数不能乘以 5 096。

⑪热油交换系统。大多数交换介质可燃且操作温度经常在闪点或沸点之上，因此增加了危险性。此项危险系数是根据热交换介质的使用温度和数量来确定的。热交换介质为不可燃物或虽为可燃物但使用温度总是低于闪点时，不用考虑这个系数，但应对生成油雾的可能性加以考虑。

按照表 4-12 确定危险系数时，其油量可取下列两者中较小者：油管破裂后 15 min 的泄漏量或热油循环系统中的总油量。

热交换系统中储备的油量不计入总油量，除非它在大部分时间里与单元保持着联系。

计算热油循环系统的火灾、爆炸指数时，建议应包含运行状态下的油罐（不是油储罐）、泵、输油管及回流油管。根据经验，这样做的结果会使火灾、爆炸指数较大。热油循环系统作为评价热油系统时，则按“明火设备的使用”的规定选取系数。

表 4-12　　热油交换系统危险系数

油量/m^3	系数	
	大于闪点	等于或大于沸点
<18.9	0.15	0.25
18.9~<37.9	0.30	0.45
37.9~94.6	0.50	0.75
>94.6	0.75	1.15

⑫转动设备。单元内大容量的转动设备会带来危险，虽然还没有一个确定公式来计算各种类型和尺寸转动设备的危险性，但统计资料表明，超过一定规格的泵和压缩机很可能引起事故。

评价单元中使用或评价单元本身是以下转动设备的，可选取系数 0.5：大于 735.5 W 的压缩机；大于 55 kW 的泵；发生故障后因混合不均、冷却不足或终止等原因引起反应温度升高的搅拌器和循环泵；其他曾发生过事故的大型高速转动设备，如离心机等。

评价了所有的特殊工艺危险之后，计算基本系数与所涉及的特殊工艺危险系数的总和，并将它填入火灾、爆炸指数表中的“特殊工艺危险系数（F_2）”的栏中。

特殊工艺危险系数的计算：

特殊工艺危险系数（F_2）= 基本系数+所有选取的特殊工艺危险系数

工艺单元危险系数的计算：

工艺单元危险系数（F_3）= 一般工艺危险系数（F_1）×特殊工艺危险系数（F_2）

F_3 值范围为：1~8，若 F_3>8 则按 8 计。

（4）火灾爆炸危险指数等级。火灾、爆炸危险指数被用来估计生产事故可能造成的破坏。各种危险因素，如反应类型、操作温度、压力和可燃物的数量等，表征了事故发生概率、可燃物的潜能以及由工艺控制故障、设备故障、振动或应力疲劳等导致的潜能释放的大小。

根据直接原因，易燃物泄漏并点燃后引起的火灾或燃料混合物爆炸的破坏情况分为以下几类：

1）冲击波或燃爆。

2）起始泄漏引起的火灾暴露。

3）容器爆炸引起的对管道与设备的撞击。

4）引起二次事故——其他可燃物的释放。

随着单元危险系数和物质系数的增大，二次事故变得愈加严重。

火灾、爆炸危险指数（*F & EI*）是单元危险系数（F_3）和物质系数（*MF*）的乘积。

表 4-13 是 *F & EI* 值与危险程度之间的关系，它使人们对火灾、爆炸的严重程度有一个相对的认识。

表 4-13　*F & EI* 及危险等级

F & EI 值	危险等级
1~60	最轻
61~96	较轻
97~127	中等
128~158	很大
>159	非常大

F & EI 被汇总记入火灾、爆炸指数表中。建议保存有关 *F & EI* 的计算和文件，以备日后检查和校对。

（5）安全措施补偿系数。建造任何一个化工装置（或化工厂）时，都应该考虑一些基本设计要点，要符合各种规范。

除了这些基本的设计要求之外，根据经验提出的安全措施也已证明是有效的，它不仅能预防严重事故的发生，也能降低事故的发生概率和危害。

安全措施可以分为工艺控制、物质隔离、防火措施三类，其补偿系数分别为 C_1，C_2，C_3。安全措施补偿系数按下列程序进行计算并汇总于安全措施补偿系数表（表 4-4）中：

1）直接把合适的系数填入该安全措施的右边。

2）没有采取的安全措施，系数记为 1。

3）每一类安全措施的补偿系数是该类别中所有选取系数的乘积。

4）$C_1 \times C_2 \times C_3$ 计算便得到总补偿系数。

5）将补偿系数填入工艺单元危险分析汇总表（表4-5）中的第8行。

所选择的安全措施应能切实地减少或控制评价单元的危险。选择安全措施以提高安全可靠性不是本危险分析方法的最终结果，其最终结果是确定因损失而减少的财产或最大可能使财产损失降至一个更为实际的数值。下面列出安全措施及相应的补偿系数并加以说明。

1）工艺控制补偿系数（C_1）。

①应急电源——0.98。本补偿系数适应于基本设施（仪表电源、控制仪表、搅拌器和泵等）具有应急电源且能从正常状态自动切换到应急状态。只有当应急电源与评价单元事故的控制有关时才考虑这个系数。

在另一种情况下，如聚苯乙烯生产中胶浆罐的搅拌，就不必设置应急电源来防止或控制可能出现的火灾、爆炸事故。即使它能在正常电源中断时保证连续作业，也不给予补偿。

②冷却装置——0.97，0.99。如果冷却系数难保证在出现故障时维持正常的冷却10 min以上，补偿系数为0.99；如果有备用冷却系统，冷却能力为正常需要量的1.5倍且至少维持10 min时，系数为0.97。

③抑爆装置——0.84，0.98。粉体设备或蒸汽处理设备上安有抑爆装置或设备本身有抑爆作用时，系数为0.84；采用防爆膜或泄爆口防止设备发生意外时，系数为0.98。只有那些在突然超压（如燃爆）时能防止设备或建筑物遭受破坏的释放装置才能给予补偿系数，对于那些在所有压力窗口器上都配备的安全阀、储罐的紧急排放口之类常规超压释放装置则不考虑补偿系数。

④紧急停车装置——0.96，0.98，0.99。情况出现异常时能紧急停车并转换到备用系统，补偿系数为0.98；重要的转动设备如压缩机、透平机和鼓风机等装有振动测定仪时，若振动仪只能报警，系数为0.99；若振动仪能使设备自动停车，系数为0.96。

⑤计算机控制——0.93，0.97，0.99。设置了在线计算机以帮助操作者，但它不直接控制关键设备或经常不用计算机操作时，系数为0.99；具有失效保护功能的计算机直接控制工艺操作时，系数为0.97；采用下列3项措施之一者，系数为0.93：

a. 关键现场数据输入的冗余技术。

b. 关键输入的异常中止功能。

c. 备用的控制系统。

⑥惰性气体保护——0.94，0.96。盛装易燃气体的设备有连续的惰性气体保护时，系数为0.96；如果惰性气体系统有足够的容量并自动吹扫整个单元时，系数为0.94。但是，惰性吹扫系统必须人工启动或控制时，不取系数。

⑦操作指南或操作规程——0.91~0.99。正确的操作指南、完整的操作规程是保证正常作业的重要因素。下面列出最重要的操作规程并规定分值：

a. 开车——0.5。

b. 正常停车——0.5。

c. 正常操作条件——0.5。

d. 低负荷操作条件——0.5。

e. 备用装置启动条件（单元循环或全回流）——0.5。

f. 超负荷操作条件——1.0。

g. 短时间停车后再开车规程——1.0。

h. 检修后的重新开车——1.0。

i. 检修程序（批准手续、清除污物、隔离、系统清扫）——1.5。

j. 紧急停车——1.5。

k. 设备、管线的更换和增加——2.0。

l. 发生故障时的应急方案——3.0。

将已经具备的操作规程各项的分值相加作为下式中的X，并按下式计算补偿系数：

$$1.0-\frac{X}{150}$$

如果上面列出的操作规程均已具备，则补偿系数为

$$1.0-\frac{13.5}{150}=0.91$$

此外，也可以根据操作规程的完善程度，在0.91~0.99的范围内确定补偿系数。

⑧活性化学物质检查——0.91，0.98。

⑨其他工艺过程危险分析——0.91~0.98。其他的工艺过程危险分析工具也可用来评价火灾、爆炸危险性。例如，定量风险评价（QRA），详尽的后果分析，故障树分析（FTA），危险和可操作性研究（HAZOP），故障类型和影响分析（FMEA），环境、健康、安全和损失预防审查，故障假设分析，检查表评价以及工艺、物质等变更的审查管理。

相应的补偿系数如下：

a. 定量风险评价（QRA）——0.91。

b. 详尽的后果分析——0.93。

c. 故障树分析（FTA）——0.93。

d. 危险和可操作性研究（HAZOP）——0.94。

e. 故障类型和影响分析（FMEA）——0.94。

f. 环境、健康、安全和损失预防审查——0.96。

g. 故障假设分析——0.96。

h. 检查表评价——0.98。

i. 工艺、物质等变更的审查管理——0.98。

2）物质隔离补偿系数（C_2）。

①远距离控制阀——0.96，0.98。如果单元备有遥控的切断阀以便在紧急情况下迅速地将储罐、容器及主要输送管线隔离时，系数为0.98；如果阀门至少每年更换一次，则系数为0.96。

②备用泄料装置——0.96，0.98。如果备用储槽能安全地（有适当的冷却和通风）直接接受单元内的物料时，系数为0.98；如果备用储槽安置在单元外，则系数为0.96；对于应急通风系统，如果应急通风管能将气体、蒸气排放至火炬系统或密闭的受槽，系数为0.96；与火炬系统或受槽连接的正常排气系统的补偿系数为0.98。

③排放系统——0.91，0.95，0.97。为了自生产和储存单元中移走大量的泄漏物，地面斜度至少要保持2%（硬质地面1%），以便使泄漏物流至尺寸合适的排放沟。排放沟应能容纳最大储罐内所有的物料再加上第二大储罐10%的物料以及消防水1 h的喷洒量。满足上述条件时，补偿系数为0.91。

只要排放设施完善，能把储罐和设备下以及附近的泄漏物排净，就可采用补偿系数0.91。

如果排放装置能汇集大量泄漏物料，但只能处理少量物料（约为最大储罐容量的一半）时，系数为0.97；许多排放装置能处理中等数量的物料时，则系数为0.95。

储罐四周有防护堤以容纳泄漏物时不予补偿。倘若能将泄漏物引至一蓄液池，蓄液池的距离至少要大于15 m，蓄液池的蓄液能力要能容纳区域内时最大储罐的所有物料再加上第二大储罐盛装物料的10%以及消防水，此时补偿系数取0.95。倘若地面斜度不理想或蓄液池距离小于15 m时不予补偿。

④连锁装置——0.98。装有连锁系统以避免出现错误的物料流向以及由此而引起的不需要的反应时，系数为0.98。此系数也能适用于符合标准的燃烧器。

3）防火措施补偿系数（C_3）。

①泄漏检测装置——0.94，0.98。安装了可燃气体检测器，但只能报警和确定危险范围时，系数为0.98；若它既能报警又能在达到燃烧下限之前使保护系统动作，此时系数为0.94。

②钢质结构——0.95，0.97，0.98。防火涂层应达到的耐火时间取决于可燃物的数量及排放装置的设计情况。

如果采用防火涂层，则所有的承重钢结构都要涂覆，且涂覆高度至少为5 m，这时取补偿系数为0.98；涂覆高度大于5 m而小于10 m时，系数为0.97；如果有必要，涂覆高度大于10 m时，系数为0.95。防火涂层必须及时维护，否则不能取补偿系数。

钢筋混凝土结构采用和防火涂层一样的系数。从防火角度出发，应优先考虑钢筋混凝土结构。另外的防火措施是单独安装大容量水喷洒系统来冷却钢结构，这时取补偿系数为0.98。

③消防水供应系统——0.94，0.97。消防水压力为690 kPa（表压）或更高时，补偿系数为0.94；压力低于690 kPa（表压）时，系数为0.97。

工厂消防水的供应要保证按计算的最大需水量连续供应4 h。对危险不大的装置，供水时间少于4 h可能是合适的。满足上述条件的话，补偿系数为0.97。

在保证消防水的供应上，除非有独立正常电源之外的其他能源能提供最大水量（按计算结果），否则不取补偿系数。

④特殊灭火系统——0.91。特殊灭火系统包括二氧化碳、卤代烷灭火及烟火探测器、防爆墙或防爆小层等。对现有的卤代烷灭火设施，如认为它适合于某些特定的场所或有助于保障生命安全，可以取补偿系数。

重要的是，要确保为评价单元选择的安全措施适合于该单元的具体情况。特殊系统的补偿系数为0.91。

地上储罐如果设计成夹层壁结构，当内壁发生泄漏时，外壁能承受所有的负荷，此时采用0.91的补偿系数。

⑤喷水灭火系统——0.74~0.97。喷水灭火系统的补偿系数为0.97。

室内生产区和仓库使用的湿式、干式喷水灭火系统的补偿系数按表4-14选取。

表 4-14　室内生产区和仓库使用的湿式、干式喷水灭火系统的补偿系数

危险等级	设计参数/（$L \cdot min^{-1} \cdot m^{-2}$）	补偿系数	
		湿式喷水灭火系统	干式喷水灭火系统
低危险	6.11~8.15	0.87	0.87
中等危险	8.56~13.6	0.81	0.84
非常危险	>14.3	0.74	0.81

可能的着火面积增大时（如仓库），面积修正系数增大，这使补偿系数增加，从而增大了最大可能财产损失。这是因为面积增大时会有更多的财产暴露在燃烧环境中。

⑥水幕——0.97，0.98。在点火源和可能泄漏的气体之间设置自动喷水幕，可以有效地减少点燃可燃气体的危险。最大高度为 5 m 的单排喷嘴，补偿系数为 0.98；在第一层喷嘴之上 2 m 内设置第二层喷嘴的双排喷嘴，其补偿系数为 0.97。

⑦泡沫灭火装置——0.92~0.97。如果设置了远距离手动控制的有泡沫注入的标准喷洒系统装置，补偿系数为 0.94，这个系数是对喷水灭火系统补偿系数的补充；全自动泡沫喷射系统的补偿系数为 0.92，全自动意味着当检测到着火后泡沫阀自动地开启。

为保护浮顶罐的密封圈设置的手动泡沫灭火系统的补偿系数为 0.97，当采用火焰探测器控制泡沫系统时，补偿系数为 0.94。

锥形顶罐配备有地下泡沫系统和泡沫室时，补偿系数为 0.95；可燃液体储罐的外壁配有泡沫灭火系统时，如为手动其补偿系数为 0.97，如为自动控制则系数为 0.94。

⑧手提式灭火器/水枪——0.93~0.98。如果配备了与火灾危险相适应的手提式或移动式灭火器，补偿系数为 0.98。如果单元内有大量泄漏可燃物的可能，而手提式灭火器又不可能有效地控制，这时不取补偿系数。

如果安装了水枪，补偿系数为 0.97；如果能在安全地点远距离控制它，则系数为 0.95；带有泡沫喷射能力的水枪，其补偿系数为 0.93。

⑨电缆保护——0.94，0.98。仪表和电缆支架均为火灾时非常容易先遭受损坏的部位。如采用带有喷水装置，其下有 14~16 号钢板金属罩加以保护时，系数为 0.98；如金属罩上涂以耐火涂料以取代喷水装置时，其系数也是 0.98；若电缆管埋在地下的电缆沟内（不管沟内是否干燥），补偿系数为 0.94。

（6）工艺单元危险分析汇总。工艺单元危险分析汇总表（表 4-5）汇集了所

有重要的单元危险分析的资料。它首先列出了 *F & EI* 及由 *F & EI* 确定的数据、单元的安全补偿系数、暴露区域、危害系数等。

工艺单元危险分析汇总表以及 *F & EI* 是用来制定生产单元风险管理程序的有效工具。

本评价法另外的作用是提供了一种识别单元中其他危险因素的方法，这可使所有单元的危险因素都能被发现。

1）火灾、爆炸指数（*F & EI*）。火灾、爆炸指数被用来估计生产事故可能造成的破坏。有关火灾、爆炸指数的内容已在前面给出，表 4-13 中还给出了按不同的火灾、爆炸指数值计划分危险等级的规定。

2）暴露半径。对于已计算出来的 *F & EI*，可以用它乘以 0.84 得到暴露半径。它的单位可以是英尺或米。暴露半径表明了生产单元危险区域的平面分布，它是一个以工艺设备的关键部位为中心，以暴露半径为半径的圆。每一个被评价的生产单元都可画出这样一个圆。暴露半径的值填入工艺单元危险分析汇总表的第 3 行。

如果被评价工艺单元是一个小设备，就可以以该设备的中心为圆心，以暴露半径为半径画圆。如果设备形体较大，则应从设备表面向外量取暴露半径，暴露区域加上评价单元的面积才是实际暴露区域的面积。在实际情况下，暴露区域的中心常常是泄漏点，经常发生泄漏的点是排气口、膨胀节和装卸料连接处等部位，它们均可作为暴露区域的圆心。

3）暴露区域。暴露半径决定了暴露区域的大小，按式（4-13）计算暴露区域的面积（单位：m^2）：

$$\text{暴露区域面积} = \pi R^2 \tag{4-13}$$

暴露区域面积的数值填入表 4-5 的第 4 行。

暴露区域意味着其内的设备将会暴露在本单元发生的火灾或爆炸环境中。为了评价这些设备在火灾、爆炸中遭受的损坏，要考虑实际影响的体积。该体积围绕着工艺单元的圆柱体的体积，其面积是暴露区域，高度相当于暴露半径。有时用球体的体积来表示也是合理的，该体积表征了发生火灾、爆炸事故时生产单元所承受风险的大小。

如图 4-11 所示，单元是立式储罐，图中显示了暴露半径、暴露区域及影响体积。

众所周知，火灾、爆炸的蔓延并不是一个理想的圆，故不会在所有各个方向造成同等的破坏。实际破坏情况受设备位置、风向及排放装置情况的影响。这些都是影响损失预防设计的重要因素。不管怎样，“圆”提供了计算的基本依据。

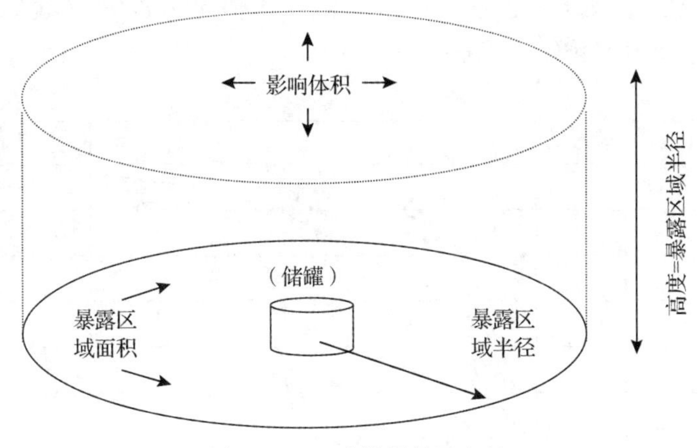

图 4-11　立式储罐暴露半径

在早期的 *F & EI* 研究中，计算暴露半径时要考虑各种易燃物泄漏量达 8 cm 时可能造成的后果以及爆炸性气体混合物和火灾的影响，同时还要考虑几种不同的环境状况。

如果暴露区域内有建筑物，但该建筑物的墙耐火或防爆，或二者兼而有，此时该建筑物没有危险因素而不应计入暴露区域内。如果暴露区域内设有防火墙或防爆墙，则墙后的面积也不算作暴露面积。

如果物料储存在仓库或其他建筑物内，基于上述理由可以得到如下结论：处于危险状态的仅是建筑物本身的容积，可能的危险是燃烧而不是爆炸，建筑物的墙和顶棚应不能传播火焰。假若这个建筑物不耐火或由可燃物建造的，则影响区域就延伸到墙壁之外。

4）暴露区域内财产价值。暴露区域内财产价值可由区域内含有的财产（包括在存的物料）的更换价值来确定：

$$更换价值=原来成本\times 0.82\times 增长系数 \tag{4-14}$$

式（4-14）中的系数 0.82 是考虑到事故发生时有些成本不会遭受损失或无须更换，如场地平整、道路、地下管线、地基、工程费等，如能作更精确的计算，这个系数可以改变。增长系数由工程预算专家确定。

暴露区域内财产价值填入表 4-5 中第 5 行及表 4-6 中。

注意：当一个暴露区域包含另一暴露区域的一部分时，不能重复计算。

5）危害系数的确定。危害系数是由单元危险系数（F_3）和物质系数（*MF*）按图 4-12 来确定的，它代表了单元中物料泄漏或反应能量释放所引起的火灾、爆炸事故的综合效应。确定危害系数时，如果 F_3 数值超过 8.0，不能按图 4-13 外推，应该按 $F_3=8.0$ 来确定危害系数。

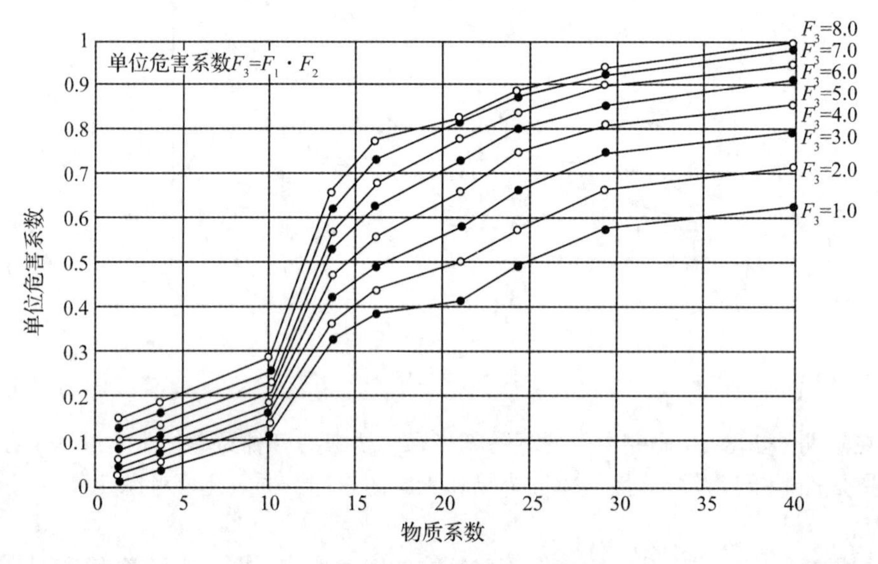

图 4-12　单元危害系数计算图

随着物质系数（*MF*）和单元危险系数（F_3）的增加，单元危害系数从 0.01 增至 1.00。危害系数填入表 4-5 中第 6 行。

6）基本最大可能财产损失（基本 *MPPD*）。确定了暴露区域、暴露区域内财产和危害系数之后，有必要计算按理论推断的暴露面积（实质上是暴露体积）内有关设备价值的数据。暴露面积代表了基本最大可能财产损失。基本最大可能财产损失是由工艺单元危险分析汇总表（表 4-5）中第 4 行和第 5 行的数据相乘得到的。基本最大可能财产损失是根据许多年来开展损失预防积累的数据来确定的。基本最大可能财产损失填入表 4-5 中第 7 行和表 4-6 中。基本最大可能财产损失是假定没有任何一种安全措施来降低损失。

7）安全措施补偿系数。安全措施补偿系数是若干项目的乘积，有关的具体内容在前面已经说明。

8）实际最大可能财产损失（实际 *MPPD*）。基本最大可能财产损失与安全措施补偿系数的乘积就是实际最大可能财产损失。它表示在采取适当的（但不完全理想）防护措施后事故造成的财产损失。如果这些防护装置出现故障，其损失值应接近于基本最大可能财产损失。

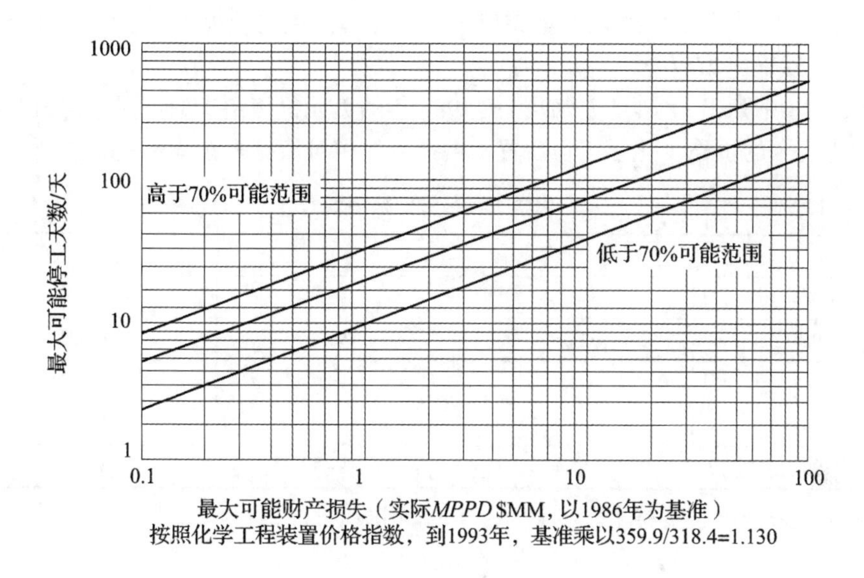

图 4-13 最大可能工作日损失（*MPDO*）计算图

实际最大可能财产损失填入表 4-5 中第 9 行和表 4-6 相应的栏目中。

9）最大可能工作日损失（*MPDO*）。估算最大可能工作日损失是评价停产损失（*BI*）必须经过的一个步骤。停产损失常常等于或超过财产损失，这取决于物料储量和产品的需求状况。一些不同的情况可以导致最大可能工作日损失与财产损失的关系发生变化。

为了求得 *MPDO*，必须首先确定 *MPPD*，然后按图 4-13 查取 *MPDO*。

图 4-13 表明了 *MPDO* 与实际 *MPPD* 之间的关系。根据以往的火灾、爆炸事故得到的数据，也为确定危害系数提了基础。由于对数据作了大量的推算，*MPDO* 与实际 *MPPD* 之间的关系是不够精确的。在许多情况下，人们可直接从中间那条线读出 *MPDO* 值。值得注意的是，在确定 *MPDO* 时要作恰当的判断，如果不能做出精确的判断，*MPDO* 值可能在 70%上下范围内波动。可是，如有确切的数据，*MPDO* 值也可能远远偏离 70%，如果根据供应时间和工程进度较精确地确定停产日期，就可采用它而不用按图 4-13 来加以确定。

有些情况下，*MPDO* 值可能与通常的情况不尽符合。如压缩机的关键部件可能有备品，备用泵和整流器也有储备。在这种情况下，利用图 4-13 中 70%可能范围最下面的线来查取 *MPDO* 是合理的。反之，部件采购困难或单机系统时，一般就要利用图 4-13 中上面的线来确定 *MPDO*。换言之，专门的火灾、爆炸后果分析可用图 4-13 以确定 *MPDO*。

图 4-13 中列出的实际 *MPPD* 是按 1986 年的美元价格给出的，因涨价因素应将其转换为现今的价格。化学工程装置价格指数的相对值见表 4-15。

表 4-15　　化学工程装置价格指数

年份	价格指数	年份	价格指数
1986	318.4	1991	361.3
1987	323.8	1992	358.2
1988	342.5	1993	359.9
1989	355.4	1994	368.4
1990	357.6	1995	378.3

这样一来，由于价格上涨，1986—1994 年的增长系数为

$$368.4/318.4=1.157$$

上述数值需要进一步调整，以便尽可能精确地估计实际的最大可能财产损失。

图 4-13 中 *MPPD*（*X*）与停工日 *MPDO*（*Y*）之间的方程式为

①上限 70%的斜线为：$\lg Y=1.550\,233+0.598\,416\lg X$

②正常值的斜线为：$\lg Y=1.325\,132+0.592\,471\lg X$

③下限 70%的斜线为：$\lg Y=1.045\,515+0.610\,426\lg X$

将得到的 *MPDO* 值填入表 4-5 中第 10 行及表 4-6 中。

10）停产损失（*BI*）。以美元计，停产损失（*BI*）按式（4-15）计算：

$$BI = MPDO/30 \times VPM \times 0.7 \tag{4-15}$$

式中　*VPM*——每月产值；

0.7——固定成本和利润。

停产损失（*BI*）填入表 4-5 中第 11 行和表 4-6 中。

（7）关于最大可能财产损失、停产损失和工厂平面布置的讨论。可以接受的最大可能财产损失和停产损失的风险值为多大？这是一个不容易回答的问题，它取决于不同的工厂类型。例如，烃类加工厂的潜在损失总是要超过泡沫聚苯乙烯工厂。最好的办法是与技术领域类似的工厂进行比较。一个新装置的损失风险预测值不应超过具有同样技术的类似的工厂。另一种确定可以接受的最大可能财产损失的办法是采用生产单元（工厂）更换价值的 10%。

如果最大可能财产损失是不可接受的，重要的是应该或可能采取哪些措施来降

低它。

对现有生产装置进行检查时，改变平面布置或物料的存量在经济上是很难接受的，明显减少 *MPPD* 有一定的限度，这时重点就应该放在增加安全措施上。

1）平面布置。火灾、爆炸指数（*F & EI*）评价在规划新厂的平面布置或在现有生产装置增加设备和建筑物时是非常有用的。*F & EI* 分析与损失预防原则结合，能确保工艺单元和重要的建筑物、设备之间有合适的间距。*F & EI* 数值越大，装置之间的间距越大。

另外，能将 *F & EI* 分析反复应用于初步方案设计阶段以评价相邻建筑物和设备之间火灾、爆炸的潜在影响。假若分析结果表明风险不能接受，则应增大间距或采取更为先进的工程措施并估算其后果。评价 *F & EI* 并在平面布置上采取措施将促进设备与建筑物的安全、易于维修、方便操作和成本效益相兼顾。

2）生产单元危险分析汇总表。生产单元危险分析汇总表（表 4-6）记录了评价单元基本的和实际的最大可能财产损失以及停产损失。

生产单元危险分析汇总表的第一栏填单元名称，名称之下填主要物质名称，由此可确定物质系数。例如胶乳生产装置，该栏填“反应单元/丁二烯”。表中其他数据根据“火灾、爆炸指数表”和“工艺单元危险分析汇总表”填写。这些数据包括：*F & EI*、暴露面积、基本 *MPPD*、实际 *MPPD*、*MPDO* 以及 *BI*。

所有有关的工艺单元都要单独列出“火灾、爆炸指数表”“安全措施补偿系数表”及“工艺单元危险分析汇总表”。生产单元危险分析汇总表则集中了这些表格中的关键信息并被收入“风险分析数据包”中。

风险分析数据包是有必要为火灾保险提供生产单元的事故损失情况及采取安全措施的汇总表。它被称为风险分析数据包，包括如下内容。

①生产单元危险分析汇总表。

②为确定下列各项而完成的 *F & EI* 表格：

a. 最大的实际 *MPPD*。

b. 最大的 *MPDO* 和 *BI*。

c. 最大的 *F & EI*。

③简化的方框式工艺流程图。

④标有暴露面积、气体检测、消防设备、紧急切断阀等的地图。

⑤有关停产损失的数据：

a. 原料或代用物的来源。

b. 产品的包装和运输。

c. 基本的公用设施及可靠性。

d. 关键设备及损坏时的对策。

e. 安全措施如消防、供水、水喷洒设备、抑爆装置及消防部门应急响应的能力。

f. 道化学公司设施与非道化学公司设施之间的依赖关系。

⑥化学物质暴露指数汇总。

⑦现场损失预防安全措施报告书。

⑧单元损失预防安全措施报告书。

每套装置都要有关于各生产单元的最新的风险分析数据包。风险分析数据包被许多部门作为综合审查的一部分。

二、ICI Mond 法

1. 基本程序

英国帝国化学公司（ICI）蒙特（Mond）工厂在美国道化学公司安全评价法的基础上，提出了一个更加全面、系统的安全评价法，称为 ICI Mond 法，或英国帝国化学公司蒙特法。

该方法与道化学公司的方法原理相同，都是基于物质系数法。在肯定道化学公司的火灾、爆炸危险指数评价法的同时，又在其定量评价基础上对道氏法第三版做了重要的改进和扩充。其中在考虑对系统安全的影响因素方面更加全面、更注意系统性，而且注意到在采取措施、改进工艺以后根据反馈的信息修正危险性指数，突出了该方法的动态特性。扩充内容主要有以下几点。

（1）增加了毒性的概念和计算。

（2）发展了某些补偿系数。

（3）增加了几个特殊工程类型的危险性。

（4）能对较广范围内的工程及储存设备进行研究。

改进和扩充后的 ICI Mond 法评价的基本程序如图 4-14 所示。

2. 评价步骤

（1）确定需要评价的单元。根据工厂的实际情况，选择危险性比较大的工艺生产线、车间或工段确定为需要评价的单元或子系统。

（2）计算道氏综合指数 D。

$$D = B\left(1 + \frac{M}{100}\right)\left(1 + \frac{P}{100}\right)\left(1 + \frac{S + Q + L}{100} + \frac{T}{400}\right) \tag{4-16}$$

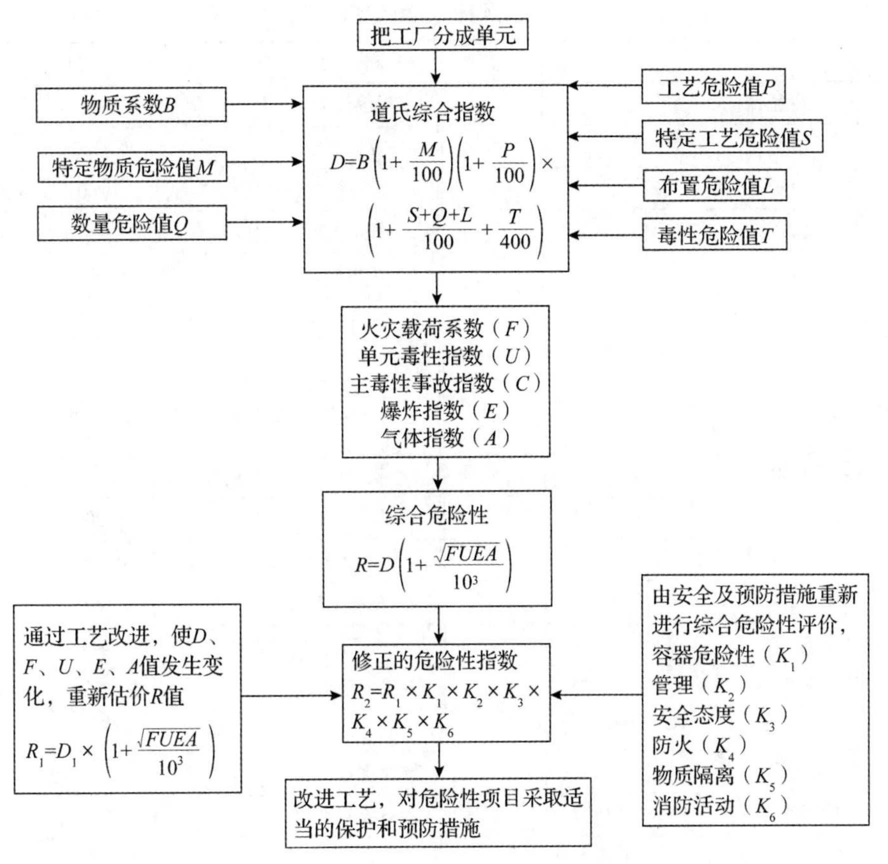

图 4-14　ICI Mond 法安全评价程序

式中　B——物质系数，也写作 MF，一般是由物质的燃烧热值计算得来的；

M——特殊物质危险值，即 SMH；

P 一般工艺危险值，即 GPH；

S——特殊工艺危险值，即 SPH；

Q——量危险值；

L——设备布置危险值；

T——毒性危险值。

各项包含的因素及取值见表 4-16。

表 4-16　　火灾、爆炸、毒性指标

			b）构造物质	0~25	
场所			工程温度 K		
装置			e. 腐蚀与侵蚀	0~150	
单元			f. 接头与垫圈泄漏	0~60	
物质			g. 振动负荷、循环等	0~50	
反应			h. 难控制的工程或反应	20~300	
①物质系数 B			i. 在燃烧范围或其附近条件下爆炸	0~150	
燃烧热 ΔH_c/（kJ/kg）			j. 平均爆炸危险以上	40~100	
物质系数 $B\left(B=\frac{\Delta H_c\times 1.8}{1\ 000}\right)$			k. 粉尘或烟雾的危险性	30~70	
②特殊物质危险性			l. 强氧化剂	0~300	
a. 氧化性物质	0~20		m. 工程着火敏感度	0~75	
b. 与水反应生成可燃气体	0~30		n. 静电危险性	0~200	
c. 混合及扩散特性	−60~60		特殊工艺危险性合计 S		
d. 自然发热性	30~250		⑤量的危险性	建议系数	采用系数
e. 自然聚合性	25~75		物质合计		m^3
f. 着火敏感度	−75~150		（密度=）		10^3kg
g. 爆炸的分解性	125		量系数 Q	1~1 000	
h. 气体的爆炸性	150			建议系数	采用系数
i. 凝聚层爆炸性	20~1 500		⑥单元详细配置		
j. 其他性质	0~150		高度 H		m
特殊工艺危险性合计 M			通常作业区域		m^2
③一般工艺危险性	建议系数	采用系数	a. 构造设计	0~200	
a. 使用与仅物理变化	10~50		b. 多米诺骨牌效应	0~250	
b. 单一连续反应	0~50		c. 地下	0~150	
c. 单一间断反应	10~60		d. 地面排水沟	0~100	
d. 同一装置内的重复反应	0~75		e. 其他	0~250	
e. 物质移动	0~75		配置危险性合计 L		
f. 可能输送的容器	10~100		⑦毒性危险性	建议系数	采用系数
一般工艺危险性合计 P					

续表

④特殊工艺危险性	建议系数	采用系数	a. 阈限值	0~300	
a. 低压（<103 kPa 绝对压力）	0~100		b. 物质类型	25~200	
b. 高压 p	0~150		c. 短期暴露危险性	-100~150	
c. 低温 a）（碳钢-10~10 ℃）	15		d. 皮肤吸收	0~300	
b）（碳钢-10 ℃以下）	30~100		e. 物理性因素	0~50	
c）其他物质	0~100		毒性危险性合计 *T*		
d. 高温： a）引火性	0~40				

ICI Mond 法的特殊工艺危险值除包括道氏法中的几项指标外，又增加了腐蚀、接头和垫圈造成的泄漏、振动、基础、使用强氧化剂、泄漏易燃物的着火点、静电危害等因素。

量危险值是生产过程中与物质状态无关的、单元中关键材料的量，以质量表示，这个数值与物质系数中单位质量物质产生的燃烧热或反应热是一致的。

设备布置危险值是指当设备发生事故时，对其邻近设备所造成的影响。这种影响有火灾、爆炸、设备倒塌、倾覆以及设备喷出有害物等。其影响大小与设备形状、高度、与基础比以及支承情况有关。

毒性危险值是 ICI Mond 法的一个指数。毒性的大小用毒物的阈限值（TLV）表示。在计算时，主要用单元毒性指数即单元中物质的毒性和主毒性指数即单元毒性指数乘以量危险值。虽然由毒性造成的事故比较少，但在有爆炸危险的设备内限制毒物的量是必要的。

ICI Mond 法对特殊物质危险值也有明确规定。对一般工艺危险值除道氏法规定的几种外，还有物质输送方式、可移动的容器；特殊工艺危险值包括腐蚀、泄漏、振动、基础、使用高浓度气体氧化剂、着火感度较高的工艺材料及静电危害。量危险值可以从图查出。设备布置危险值包括结构设计、通风情况、多米诺骨牌效应、地下结构、下水道收集溅出的污染物以及厂房与主控制室、办公室的距离等。毒性危险值是由于维修、工艺过程失控、火灾、各种泄漏而引起毒物外漏，通过关键阈限值、暴露时间、暴露方式、物理因素确定的危险值。

（3）计算综合危险性指数 *R*。

$$R = D + \left(1 + \frac{\sqrt{FUEA}}{10^3}\right) \tag{4-17}$$

式中　R——综合危险性指数；

F——火灾荷载系数；

u——单元毒性指数；

E——装置内部爆炸指数；

A——空气爆炸指数（易爆物从设备内泄漏到本车间内与空气混合引起爆炸）。

计算综合危险指数后按表 4-17 判断危险程度，根据火灾荷载判断火灾危险性类别，如表 4-18 所列。爆炸指数与危险性分类见表 4-19。

表 4-17　　D 值与危险程度判断表

道氏综合指数（D）范围	危险程度
0~20	缓和
20~40	轻微
40~60	中等
60~75	中等偏大
75~90	大
90~115	极端
115~150	非常严重
150~200	可能是灾难性的
200 以上	高度灾难性的

表 4-18　　火灾荷载与火灾危险性类别判别表

正常工作区的火灾荷载	危险性分类	预期火灾持续时间/h	备注
0~1 022	轻微	1/4~1/2	—
1 022~2 044	低		住宅
2 044~4 088	中等	1~2	工厂
4 088~8 176	高	2~4	工厂
8 176~20 440	很高	4~10	占建筑物量大
20 440~40 880	强烈	10~20	—
40 880~102 200	极端	20~50	—
102 200~204 400	极端严重	50~100	—

表 4-19 爆炸指数与危险性分类

设备内爆炸指数	空气爆炸指数	危险性分类
0~1	0~10	轻微
1~2.5	10~30	低
2.5~4	30~100	中等
4~6	100~500	高
6 以上	500 以上	很高

毒性指数分为单元毒性指数 U 和主毒性指数 C。U 表示对毒性的影响和有关设备控制监督需要考虑的问题。C 是由单元毒性指数 U 乘毒物的量 Q 得到的。毒性指数与危险性分类见表 4-20。

表 4-20 毒性指数与危险性分类

主毒性事故指数 C	单元危险性指数 U	危险性分类
0~20	0~1	轻微
20~50	1~3	低
50~200	3~6	中等
200~500	6~10	高
500 以上	10 以上	很高

综合危险性指数 R 与综合危险性分类见表 4-21。在 R 值的计算中，如果其中任一影响因素为零，计算时以 1 计。

表 4-21 综合危险性指数和综合危险性分类

综合危险性指数 R	综合危险性分类
0~20	缓和
20~100	低
100~500	中等
500~1 100	高（1类）
1 100~2 500	高（2类）
2 500~12 500	非常高
12 500~65 000	极端
65 000 以上	非常极端

（4）采取安全措施后对综合危险性重新进行评价。在设计中采取的安全措施分为降低事故率和降低严重度两种，后者是指一旦发生事故可以减轻造成的后果和损失，因此对应于各项安全措施分别给出了抵消系数，使综合危险值指数下降。

采取的措施主要有改进容器设计（K_1）、加强工艺过程的控制（K_2）、安全态度教育（K_3）、防火措施（K_4）、隔离危险的装置（K_5）、消防（K_6）等。每项都包括数项安全措施，根据其降低危险所起的作用给予小于1的补偿系数。各类安全措施补偿系数等于该类各项取值之积。具体的内容见表4-22。

表4-22　　安全措施补偿系数

①容器危险性	用的系数		用的系数
a. 压力容器		b. 安全训练	
b. 非压力立式储罐		c. 维修及安全程序	
c. 输送配管：a）设计应变		安全态度积的合计 K_3 =	
b）接头与垫圈		④防火	
d. 附加的容器及防护堤		a. 检测结构的防火	
e. 泄漏检测与响应		b. 防火墙、障壁等	
f. 排放物质的废弃		c. 装置火灾的预防	
容器系数相乘积的合计 K_1 =		防火系数积的合计 K_4 =	
②工艺管理		⑤物质隔离	
a. 警报系统		a. 阀门系统	
b. 紧急用力供给		b. 通风	
c. 工程冷却系统		物质隔离系数积的合计 K_5 =	
d. 惰性气体系统		⑥灭火活动	
e. 危险性研究活动		a. 火灾警报	
f. 安全停止系统		b. 手动灭火器	
g. 计算机管理		c. 防火用水	
h. 爆炸及不正常反应的预防		d. 洒水器及水枪系统	
i. 操作指南		e. 泡沫及惰性化设备	
j. 装置监督		f. 消防队	
工艺管理积的合计 K_2 =		g. 灭火启动的地域合作	
③安全态度		h. 排烟换气装置	
a. 管理者参加		灭火活动系数积的合计 K_6 =	

计算抵消后的危险性等级 R_2 的公式为

$$R_2 = R_1 \times K_1 \times K_2 \times K_3 \times K_4 \times K_5 \times K_6 \tag{4-18}$$

式中　R_2——抵消后的综合危险性指数；

K_1——容器抵消系数（改进压力容器和管道设计标准等）；

K_2——工艺控制抵消系数；

K_3——安全态度抵消系数（安全法规、安全操作规程的教育等）；

K_4——防火措施抵消系数；

K_5——隔离危险性抵消系数；

K_6——消防协作活动抵消系数；

R_1——通过工艺改进 D、F、U、E、A 之值发生变化后重新计算的综合危险性指数，其值为：$R_1 = D_1\left(1 + \frac{\sqrt{F_1 U_1 E_1 A_1}}{10^3}\right)$。

其中容器抵消系数包括设备设计、解决泄漏、检测系统、废料处理等因素造成的影响；工艺过程控制措施包括采用报警系统、备用施工电源、紧急冷却系统、情报系统、水蒸气灭火系统、抑爆装置、计算机控制等；安全态度包括企业领导人的态度、维修和安全规程、事故报告制度等；防火措施包括建筑防火、设备防火等；隔离措施包括隔离阀、安全水池、单向阀等；消防活动包括与友邻单位协作、消防器材、灭火系统、排烟装置等。

以上每项措施在 ICI Mond 工厂的火灾、爆炸、毒性指数技术手册中都列出了具体的抵消系数。

通过反复评价，确定经补偿后的危险性降到了可接受的水平，则可以建设或运转装置，否则必须更改设计或增加安全措施，然后重新进行评价，直至达到安全为止。

第四节　单元危险性快速排序法

单元危险性快速排序法是道化学公司的火灾、爆炸指数法的简化方法，使用起来简捷方便。该法主要用于评价生产装置火灾、爆炸潜在危险性大小，找出危险设备、危险部位。

1. 单元划分

首先将生产装置划分成单元，该法建议按工艺过程可划分成如下单元：

(1) 供料部分；(2) 反应部分；(3) 蒸馏部分；(4) 收集部分；(5) 破碎部

分；（6）泄料部分；（7）骤冷部分；（8）加热/制冷部分；（9）压缩部分；（10）洗涤部分；（11）过滤部分；（12）造粒塔；（13）火炬系统；（14）回收部分；（15）存储装置的每个罐、储罐、大容器；（16）存储用袋、瓶、桶盛装的危险物质的场所。

2. 确定物质系数和毒性系数

根据美国消防协会的物质系数表直接查出被评价单元内危险物质的物质系数，并由该表查出健康危害系数。按表 4-23 转换为毒性指数。

表 4-23　　健康危害系数与毒性系数

健康危害系数	毒性系数（T_n）	健康危害系数	毒性系数（T_n）
0	0	3	250
1	50	4	325
2	125	—	—

3. 计算一般工艺危险性系数（*GPH*）

由以下工艺过程对应的分数值之和求出一般工艺危险性系数。

（1）放热反应：表 4-24 列出了各种放热反应及其相应的危险系数值。

（2）吸热反应：燃烧（加热）、电解、裂解等吸热反应取 0. 20；利用燃烧为煅烧、裂解提供热源时取 0. 40。

表 4-24　　放热反应危险性系数

系数	0. 2	0. 3	0. 5	0. 75	1. 0	1. 25
放热反应	固体、液体、可燃性混合气体燃烧	加氢 水解 烷基化 异构化 磺化 中和	酯化 氧化 聚合 缩合 异物化（不稳定、强反应性物质）	酯化（较不稳定、较强反应性物质）	卤化 氧化 （强氧化剂）	硝化 酯化（不稳定、强反应性物质）

（3）存储和输送：

1）危险物质的装卸取 0. 50。

2）在仓库、庭院用桶、运输罐储存危险物质：储存温度在常压沸点之下取 0. 30；储存温度在常压沸点以上取 0. 60。

（4）封闭单元：

1）在闪点之上、常压沸点下的可燃液体取 0.30。

2）在常压沸点之上的可燃液体或液化石油气取 0.50。

（5）其他方面：用桶、袋、箱盛装危险物质，使用离心机，在敞口容器中批量混合，同一容器用于一种以上反应等取 0.50。

4. 计算特殊工艺危险性系数（*SPH*）

由下列各种工艺条件对应的分数值之和求出工艺危险性系数。

（1）工艺温度：

1）在物质闪点之上取 0.25。

2）在物质常压沸点以上取 0.60。

3）物质自燃温度低，且可被热供气管引燃取 0.75。

（2）负压：

1）向系统内泄漏空气无危险不考虑。

2）向系统内泄漏空气有危险取 0.50。

3）氢收集系统取 0.50。

4）绝对压力 0.67 kPa 以下的真空蒸馏，向系统内泄漏空气或污染物有危险取 0.75。

（3）在爆炸范围内或爆炸极限附近操作：

1）露天储存罐可燃物质，在蒸汽空间中混合气体浓度在爆炸范围内或爆炸极限附近取 0.50。

2）接近爆炸极限的工艺或需用设备和/或氮、空气清洗、冲淡以维持在爆炸范围以外的操作取 0.75。

3）在爆炸范围内操作的工艺取 1.00。

（4）操作压力：操作压力高于大气压力时需考虑压力系数。

可燃或易燃液体查图 4-15 或按下式计算相应系数：

$$y = 0.435\lg p \tag{4-19}$$

式中　p——减压阀确定的绝对压力，bar（1 bar = 100 kPa）。

高黏滞性物质　$0.7y$；

压缩气体　$1.2y$；

液化可燃气体　$1.3y$；

挤压或模压　不考虑。

（5）低温：

1）−30~0 ℃之间的工艺取 0.30。

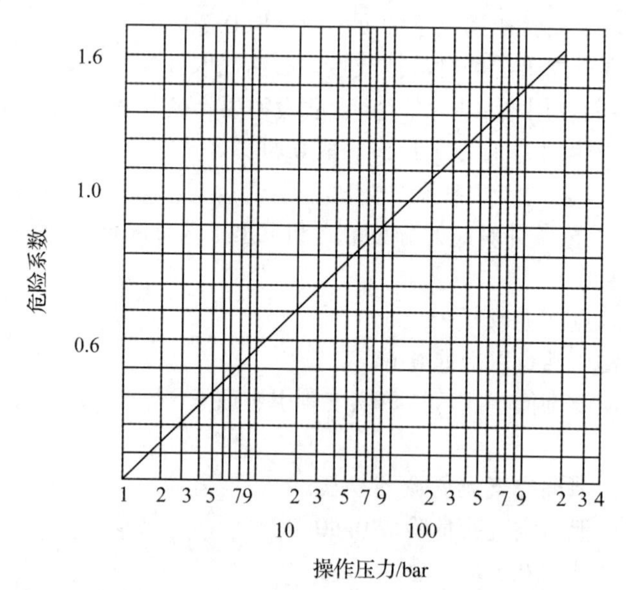

注：1 bar=100 kPa。

图 4-15　操作压力的影响系数

2）低于-30 ℃的工艺取 0. 50。

（6）危险物质的数量：

1）加工处理工艺中，由图 4-16 查出相应的系数。

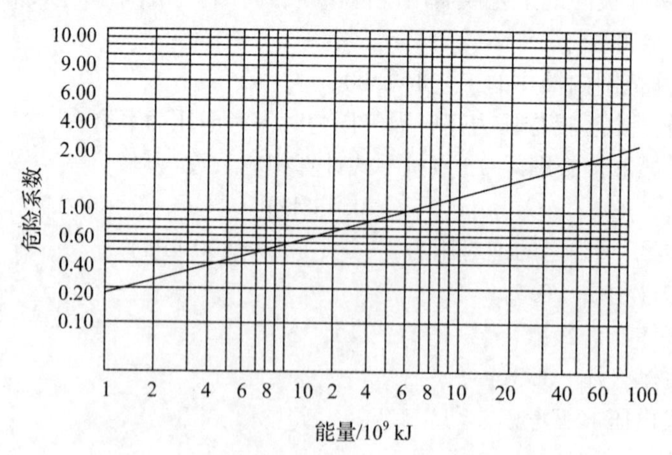

图 4-16　可燃物质在加工处理中的能量的影响系数

在计算时应考虑事故发生时容器或一组相互连结的容器的物质可能全部泄出。

2）储存中，由图4-17查出加压液化气体（A）和可燃液体（B）的相应系数。

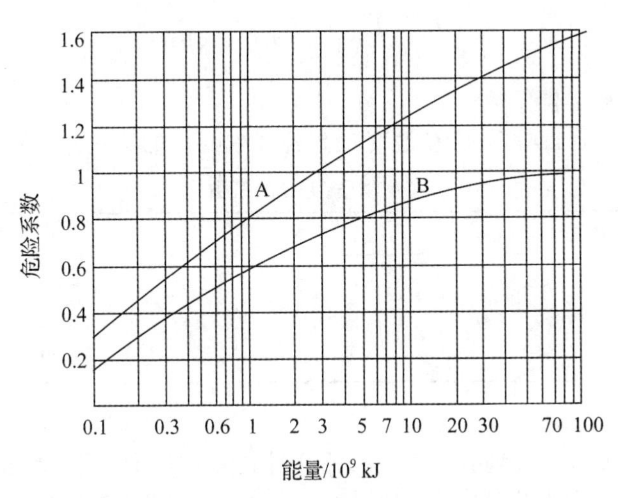

图4-17　可燃物质在储存中出现的能量的影响系数曲线

A—加压液化气　B—可燃液体

（7）腐蚀：腐蚀有装置内部腐蚀和外部腐蚀两类，如加工处理液体中含有少量杂质的腐蚀，油层和涂层破损而发生的外部腐蚀，衬的缝隙、接合或针洞处的腐蚀等。

1）局部剥蚀，腐蚀率为0.5 mm/a取0.10。

2）腐蚀率大于0.5 mm/a、小于1 mm/a取0.20。

3）腐蚀率大于1 mm/a取0.50。

（8）接头或密封处泄漏：

1）泵和密封盖自然泄漏取0.10。

2）泵和法兰定量泄漏取0.20。

3）液体透过密封泄漏取0.40。

4）观察玻璃、组合软管和伸缩接头取1.50。

5. 计算火灾、爆炸指数

（1）火灾、爆炸指数 F：

$$F = MF \times (1 + GPH) \times (1 + SPH) \tag{4-20}$$

式中 MF——物质系数；

GPH——一般工艺危险性系数；

SPH——特殊工艺危险性系数。

（2）毒性指标 T：

$$T = \frac{T_n + T_s}{100}(1 + GPH + SPH) \tag{4-21}$$

式中 T_n——物质毒性系数；

T_s——考虑有毒物质 MAC 值（最高容许浓度）的系数，见表 4-25。

表 4-25　有毒物质 *MAC* 的系数

MAC 值/（$mg \cdot m^{-3}$）	T_s
<5	125
5	75
>50	50

6. 评价危险等级

该方法把单元危险性划分为 3 级，评价时取火灾、爆炸指数和毒性指标相应的危险等级中最高的作为单元危险等级。表 4-26 为单元危险等级划分情况。

表 4-26　单元危险性等级

等级	火灾爆炸指数	毒性指标
Ⅰ	$F<65$	$T<6$
Ⅱ	$65 \leqslant F<95$	$6 \leqslant T<10$
Ⅲ	$F \geqslant 95$	$T \geqslant 10$

第五节　生产设备安全评价方法

以高压气体设施的安全评价为例。本评价方法适用于高压气体制造车间或工厂设施的安全评价。因为高压气体设施一般是隔离操作或自动化程度较高，涉及人机界面的问题有些特殊，所以特别列出作介绍。该评价方法从高压气体设施的设计、运行和安全管理各方面考虑防止高压气体设施发生事故。

一、设备安全评价要点

高压气体设施本身技术复杂，运行条件特殊。为此在这类设施中，操作人员应首先排除人机界面的危险性。虽然自动化程度提高，但最后还需要操作人员进行判断，所以还必须考虑安全措施。具体评价内容有：

（1）安全标志。

（2）仪表和操作显示判读方法。

（3）阀门及管线（包括安全阀等）。

（4）警报系统。

具体评价要点见表 4-27。

表 4-27　　高压气体设施的安全评价

（人机工程评价要点）

1. 安全标志
对安全标志的张贴有如下要求：
（1）有关场所应张贴安全标志
（2）标志的尺寸大小，在可见距离内应能看清
（3）标志应张贴在容易看到的位置
（4）标志应简单明了，即使外面来的人也容易看懂
（5）同一系列的标志应按同一原则制定，形状、尺寸和涂色应有一定规定
2. 仪表和操作
对仪表及其操作提出以下要求：
（1）仪表盘的操作要求
1）仪表盘上的仪表布置应按统一规定
2）视线和仪表盘面应垂直
3）照明不能在仪表盘的玻璃上形成反射，应该把光源安装在使仪表容易看清的位置
4）重要仪表或需要频繁观察的仪表应安装在容易看到的地方
（2）仪表的操作要求
1）仪表盘数值精度，应使操作者能很快读出
2）仪表的量程应合乎要求
3）从仪表读出的单位能直接应用，原则上不要再进行换算
4）压力、流量和温度仪表应有上、下限和正常值的标记
5）仪表刻度的增加方向，原则上是由左到右，由下到上
（3）操作机器的要求
1）重要的或频繁操作的机器应具备良好的操作位置和简单的操作方式
2）操作机器应易于辨别操纵哪些系统，可用分组方式或用涂色加以区别
3）紧急按钮、开车的停车按钮等应有明显区别，避免产生误操作
4）在操作机器上应装防止手部偶然触及按钮的装置
（4）仪表指示计的操作要求

续表

1）操作机器和有关仪表应相互对应，按操作程序布置 2）操纵器的动作方向原则上应和仪表指针的动作方向一致 3）如操纵器会对仪表发生影响，则应把仪表装在不受干扰的地方 4）如操纵器和仪表装得很近，要注意使操作人员的手部不易碰到开关按钮 5）为防止主要机器误操作应设置连锁回路 6）控制仪表应对调节计和开关方向及开度等输出情况有明确的表示方法 3. 阀门及管线 对阀门与管线的要求： （1）对阀门的要求 1）需要紧急操作的阀门应设在容易操作的位置 2）紧急或重要的阀门的手轮要用不同的色彩涂色，表示操作方向和开关状态，如紧急时开、紧急时关或正常操作等 3）阀门的开关方向要明确，主要阀门的号码牌、开关牌（运行时开或运行时关）要有明确的标志 4）检修工作中用的切断阀，要按规定装设盲板或加锁 5）搬动调节阀阀门手轮时，应使操作人员便于操作，一般要保持正面或向下的操作方式 （2）对管线的要求 1）重要管线要涂色加以区别，见《工业管道的基本识别色、识别符号和安全标识》（GB 7231—2003） 2）管线上要标明管内流体名称和流动方向 4. 警报系统 对警报设施的要求如下： （1）警报器要设置在操作人员值班地点，如仪表室 （2）警报的声音应保持适当的音量和音色，以便于分辨清楚 （3）警报应能辨清设备机械发生何种异常情况 （4）一种机器有多种警报方式时应有一定的区分标准，以便于弄清情况 （5）警报灯应设试验按钮，定期试按以确定它是否能正常动作

二、操作运转

操作人员的误操作和误判断是造成高压气体设施重大事故的原因之一。为了防止发生误操作情况。除应从仪表和机器的布置等硬件方面考虑外，还应同时从培养操作人员的判断能力和水平等软件方面考虑。其评价内容可归纳为以下几个方面：

（1）操作方法。

（2）操作规程。

（3）教育训练。

三、环境

人的能力是否能充分发挥和周围环境有很大关系。为不使操作人员的辨别、判断活动能力受到影响，必须对光、照明、色彩、噪声、通风、温湿度等状况加以考虑。此外还要注意通道、地面、操作间的行走畅通和文明整洁。对上述环境内容应区别以下几种场合，来分别确定评价内容的侧重点：

（1）对仪表室内的环境要求。

（2）对操作现场的环境要求。

（3）对设备布置与现场环境的要求。

四、维护检修

设备维护检修是保证设备安全运转的重要措施，可以掌握设备和机器的磨损、老化等劣化倾向，及时进行维修，就可达到预防和减少事故的目的。同时，从事故的发生阶段看，发生在维修阶段的各类事故也占有相当大的比例。所以，在评价内容中也应强调突出维修过程中的安全工作。

（1）维护部门的职责：维修工具、设备维修档案。维修时与运转部门的协调与联系，即维修部门与运转部门的分工、各自的职责等。

（2）安全检查的有关内容：设备运转日志、设备维修状况检查表、巡回检查路线、次数、重点危险部位日常自检记录、设备异常情况的处理和技术措施、紧急时所用的安全设备的保养、整理和定期检查制度等。

第六节　安全管理评价

一、概述

安全管理评价就是评价企业的安全管理体系及管理工作的有效性和可靠性，评价企业预防事故发生的组织措施的完善性，评价企业管理者和操作者素质的高低及对不安全行为的可控程度。

安全管理在影响企业安全的因素中占有重要的位置。曾用于工厂安全评价方法中各个影响因素所占的比重一般是这样划分的：

安全管理	24%
机物因素的危险性控制	60%

环境因素的危险性控制 16%

如上这种权重分配方案，体现了本质安全在系统安全中占主导地位的指导思想。对于不同企业、不同时期，其权重分配是不同的。当企业的本质安全技术措施不能满足安全要求时，可以提高安全管理的权重，也就是在实际的安全工作中，加强安全管理以弥补本质安全性的不足。在安全评价中提高安全管理的权重，以体现在本质安全性不好的情况下，加强安全管理工作的重要性。

二、安全管理评价内容

1. 现代安全管理方法的应用

现代安全管理方法的应用包括：

（1）安全检查表。

（2）事故树分析。

（3）事件树分析。

（4）预先危险分析。

（5）故障类型和影响分析。

（6）ABC 分析法（如危险性大、中、小，整改时间长、中、短等）。

（7）生物节律。

（8）行为科学与心理学。

（9）人机工程。

（10）信息管理。

（11）PDCA（调整分析→制定目标→实施整改→总结提高）。

（12）目标管理。

（13）三级危险点网络管理。

（14）计算机管理。

（15）电化教学。

（16）安全评价。

2. 八种安全教育形式

检查内容包括：

（1）新职工进厂三级教育。

（2）特种作业人员教育。

（3）变换工种教育。

（4）复工教育。

（5）中层以上干部教育。
（6）复训教育。
（7）班组长教育。
（8）全员教育。

3. 规划计划与安全工作目标

在下列规划或计划内有安全工作目标：
（1）长远工作规划。
（2）年度工作计划。
（3）安全技术措施计划。
（4）厂长任职目标。

4. 职能部门安全指标分解

下列部门应有安全分解指标：
（1）生产。
（2）技术。
（3）财务。
（4）计划。
（5）基建。
（6）动力。
（7）行政。
（8）保卫。
（9）设备。
（10）运输。
（11）分厂与车间。
（12）供应。
（13）人力资源。
（14）教育。

5. 各级人员安全生产责任制

下列各级人员应有安全生产责任制：
（1）厂长或经理。
（2）副厂长或副经理。
（3）总工程师。
（4）总经济师。

（5）总会计师。

（6）工会主席。

（7）职能科室负责人。

（8）车间主任。

（9）厂属集体企业负责人。

6. 安全生产规章制度

安全生产规章制度有：

（1）安全生产检查制。

（2）安全生产教育制。

（3）安全生产奖惩制。

（4）伤亡事故管理制。

（5）危险作业审批制。

（6）特种作业设备管理制（含厂内机动车辆、电气、起重、压力容器、锅炉、乙炔气、有毒有害等设备）。

（7）动力管线管理制。

（8）化工物品及毒品管理制。

（9）“三同时”评审制。

（10）职业病及职业中毒管理制。

（11）承包合同安全评审制。

（12）临时线审批制。

7. 各工种操作规程

各工种操作规程及执行情况，包括下列5项：

（1）操作规程文本。

（2）现场违章操作率。

（3）防护用品穿戴不合格率。

（4）特种作业人员持证率。

（5）安全知识抽试合格率。

8. 安全档案

安全档案应包括：

（1）工伤事故档案。

（2）安全教育档案。

（3）违章记录档案。

（4）安全奖惩档案。

（5）隐患及整改记录。

（6）安措项目档案。

（7）特种设备及危险设备记录。

（8）特种作业及危险作业人员健康档案。

（9）工业卫生档案。

（10）防尘防毒设备档案。

9. 安全管理图表

安全管理图表应包括：

（1）历年工伤事故频率图。

（2）危险点分布图。

（3）厂区通道管线布置图。

（4）配电系统与接地网布置图。

（5）安全管理信息反馈图。

（6）安全结构网络体系图。

（7）多发性伤害与重大伤亡事故的事故树图。

（8）有害作业点分布图。

（9）工伤事故控制图。

10. “三同时”审批项目

“三同时”审批项目应包括：

（1）新建、改建、扩建项目。

（2）技术改造项目。

（3）设备更新项目。

（4）新技术。

（5）新材料。

（6）新工艺。

（7）新设备。

11. 事故处理“四不放过”

技安部门的事故报告应包括下述“四不放过”内容：

（1）事故原因分析不清。

（2）未采取防范措施。

（3）事故责任者和群众未受教育。

（4）事故责任人没有受到处罚。

12. 安全工作“五同时”

企业下列计划或会议应包括安全工作内容：

（1）年度工作计划。

（2）季度月（份）计划。

（3）生产调度会议。

（4）车间（分厂）生产会议。

（5）安全会议。

（6）安全员例会。

（7）年度工作总结。

（8）年终安全评比。

13. 安全措施费用

检查内容包括：

（1）企业近三年固定资产原值。

（2）更新改造费总数。

（3）安措费用总数。

（4）实际提取数。

（5）上一年安排技措项目名称。

14. 安全机构与人员配备

检查内容包括：

（1）安全机构名称。

（2）安全工程技术人员总数。

三、评价方法

（1）首先结合评价对象（企业）的具体情况，确定上述各项评价内容中各条款所占的权重。

（2）对照有关标准、规范、安全法规、文件等进行检查表式的对照检查，然后打分，在此基础上对各个评审专家的打分结果进行汇总，然后给出最后评价结果。

第七节　系统安全综合评价法

一、概述

关于系统安全水平的综合评价，现在已提出多种方法。综合这些方法，内容和思路可以归纳为图 4-18 的原理图。

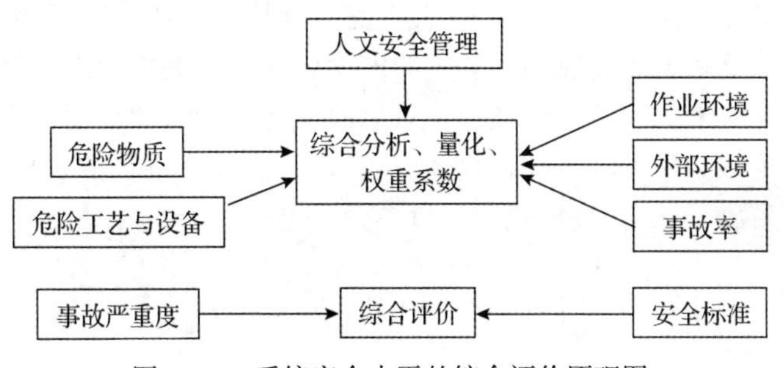

图 4-18　系统安全水平的综合评价原理图

由于是系统安全评价，所以评价工作的第一步是划定系统或确认系统，也就是对评价对象范围的界定。评价对象小到可以是一个工坊，也可以是一个生产车间或其中的一条生产线，大到可以是一个工厂、企业。应该注意的是，评价对象自然范围的界定与系统的确认是不同的，系统的目标、系统的组成及其相互关系、系统目标的求解都要依据系统科学原理来认定和进行。

二、评价模式

我们以具有燃烧与爆炸危险性的典型危险源为评价对象，讨论其评价模式。

（1）燃烧、爆炸危险源及其潜在的危险主要是意外能量释放，我们用能量危险系数 W_B 来表示。W_B 的大小主要决定于具有燃爆性质的物质的本质特性（敏感度、威力等）、数量和在生产条件下所处的工艺状态（温度、压力等），即 W_B 为物性系数 α、物量系数 β 和工艺条件系数 γ 的乘积：

$$W_B = \alpha \cdot \beta \cdot \gamma \tag{4-22}$$

（2）作业环境内的危险度 $H_内$：

$$H_内 = K \cdot B \tag{4-23}$$

其中，B 是由能量危险系数 W_B、生产工艺的自动化程度（作业环境内人员密度或出现频次）D 和历史上此类作业出现事故的概率（频数）P 所决定，即 $B=W_B\cdot D\cdot P$，K 是可控危险度的未受控系数，也可称为安全隐患系数。

（3）K 的大小主要取决于安全管理，内涵主要是指作业环境内设备、设施的安全状况、完好率、作业环境条件（气、尘、光、辐射等）和人文安全管理等综合因素，也就是作业环境内的危险度可通过人、机、环境的安全管理得到控制。

（4）对人、机、环境安全状态的控制分别用 $S_x/S_{人}$、$S_y/S_{机}$、$S_z/S_{环}$ 来表示，那么（$1-S_x/S_{人}$）、（$1-S_y/S_{机}$）、（$1-S_z/S_{环}$）就分别表示人、机、环境的安全未达标率，也就是3个子系统的失控率。事故的发生就是这些失控因素在时空域交叉作用的结果。当然，由于人、机、环境失控对事故的形成的重要程度是不同的，所以还要用不同的权重系数 x、y、z 加以区别。有文献通过分析事故资料并结合实际考虑，提出权重系数 $x=6.1$，$y=2.2$，$z=1.7$。于是

$$K=6.1\times\left(1-\frac{S_x}{S_{人}}\right)\left(1-\frac{S_y}{S_{机}}\right)+2.2\times\left(1-\frac{S_x}{S_{人}}\right)\left(1-\frac{S_z}{S_{环}}\right)+1.7\left(1-\frac{S_y}{S_{机}}\right)\left(1-\frac{S_z}{S_{环}}\right) \tag{4-24}$$

（5）燃烧、爆炸危险源系统危险性的评价，应把一定范围的“外部”环境作为系统组成成分来考虑，原因是作业区域内一旦发生燃烧事故，作业区域外的那些安全距离不足的建筑物［用$\left(1-\frac{R_1}{R_0}\right)$表示安全距离未达标率］、人员、财物都可能受到影响或伤害，其严重度用 C 表示。

综上所述，确定系统现实危险性（度）H 评估方程为

$$H=H_{内}+H_{外}=KB+\sum\left(1-\frac{R_{1i}}{R_{0i}}\right)C_i \tag{4-25}$$

三、评价标准

通过前面的计算，我们可以得到燃烧、爆炸危险源危险度的量化值，这是一个相对比较值。国内许多企业通过应用此方法，对各种安全状况的企业进行安全评价。总结这些评估数据，结合实际，有人提出与这些数值相对应的危险等级划分表，见表4-28。根据安全评价结果，对照此表可作为确定评价对象危险等级的参考。

表 4-28 危险源的危险等级表

危险等级	现实危险度 H	危险类别	可能后果	技术措施分级
Ⅰ	<500	轻度危险	较小伤亡和损失	车间或分厂级
Ⅱ	500~800	比较危险	一定伤亡和损失	工厂或总厂级
Ⅲ	800~1 200	中等危险	较大伤亡和损失	主管部门级
Ⅳ	1 200~1 500	严重危险	重大伤亡和损失	集团公司级
Ⅴ	>1 500	非常危险	灾难性伤亡和损失	国家级

本章小结

系统安全评价是利用系统工程方法对拟建成或已有工程、系统可能存在的危险及其可能产生的后果进行综合评价和预测，通过与评价标准的比较，得出系统的危险程度，提出改进措施，以达到工程、系统安全的目的。

系统安全评价方法有多种，可以是定性的，也可以是定量的，本章主要学习其中的 6 种方法，分别有概率评价法、指数评价法、单元危险性快速排序法、生产设备安全评价方法、安全管理评价法、系统安全综合评价法。化工企业的安全评价采用指数评价法作为衡量标准，火灾、爆炸危险指数评价法。

复习思考题

1. 安全评价的定义及分类。
2. 安全评价的程序和内容是什么？
3. 简述安全评价的原理？
4. 安全评价方法有哪几种？
5. 美国道化学公司第七版评价法的步骤有哪些？
6. 英国 ICI 评价法的评价程序与指数法相比较有什么改进？
7. 设备安全评价方法都有哪些要点？
8. 简述安全评价的分类标准和选用原则。
9. 概率危险性安全评价如何确定安全目标？

第五章　系统安全预测技术

本章学习目标

1. 了解系统安全预测的种类、预测程序和预测的基本原理。

2. 熟悉系统安全预测的基本方法。

3. 着重掌握回归分析预测法、马尔柯夫链预测法、灰色预测法，并能够熟练地在安全生产中加以应用。

传统的安全管理实质上是被动的事故管理，忽视了事故发生之前每一个工作环节潜在的危险，工作重点没有从事故的追查处理转变到事前的危险预测，这就使“安全第一、预防为主、综合治理”的方针成为空话。

安全预测就是要预测造成事故后果的许多前级事件，包括起因事件、过程事件和情况变化，随着生产的发展，新工艺、新技术的开展，预测会产生什么样的新危险、新的不安全因素；随着科学技术的发展，预测未来的安全生产面貌及应采取的安全对策。

第一节　预测的种类和基本原理

一、预测的种类

预测是运用各种知识和科学手段，分析、研究历史资料，对安全生产发展的趋势或可能的结果进行事先的推测和估计。也就是说，预测就是由过去和现在去推测未来，由已知去推测未知。

预测是由 4 部分组成，即预测信息、预测分析、预测技术和预测结果。

（1）预测信息。在调查研究的基础上所掌握的反映过去、揭示未来的有关情报、数据和资料为预测信息。

（2）预测分析。就是将各方面的信息资料，经过比较核对、筛选和综合，进行科学的分析、预测。

（3）预测技术。就是预测分析所用的科学方法和手段。

（4）预测结果。就是在预测分析的基础上，提出事物发展的趋势、程度、特点以及各种可能性结论。

预测实际上是这样一个过程：从过去和现在已知的情况出发，利用一定的方法或技术去探索，或模拟不可知的、未出现的、复杂的中间过程，推断出未来的结果。这一过程可用图 5–1 表示。

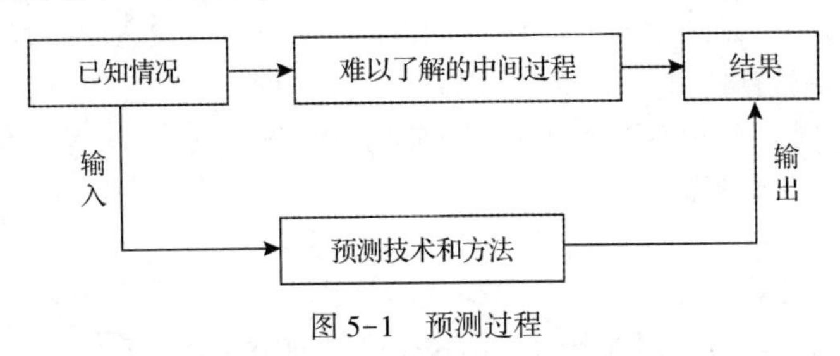

图 5–1　预测过程

预测是对未来的探索。人们所关心的是与人本身有密切关系的未来，而未来往往与人在目前的行为有关。正确地估计未来，根据未来决定现在的行为，可以使人能够在未来获得一定的好处，或避免不利的结果。

1. 预测的含义

就“预测”一词的含义，可作如下 3 种解释。

（1）预言。所谓预言，如果不涉及它所产生的根据，可以认为是明确地断言某个时期后将会出现的事物，它相当明确地声称将会发生什么，预言经常被认为是所期望的预测，甚至是唯一有用的预测，但其实并非如此。

（2）推测。就是在一定条件下描述未来形势的预测。预测者分析过去的情况，确定变化的规律和环境的特点，由此推测未来的状态。这种预测并不确切指明某种状态一定产生，仅仅主张如果给出模型和输入数据，就会获得未来的状态。如果模型和输入数据不同，未来的状态也就不同。预测者通常并不指出哪种情况会发生，而仅仅指出可能性的范围。

（3）规划。此时的预测者是有意识的行动者。企业的领导人、技术上的指导者先确定目标，然后努力实现这个目标。如果达到了目标，就称为成功的预测。规划与预测不能混同，规划是发展的主要布局，因而属于一种有效的预测方法。

2. 预测的分类

（1）按预测对象范围分类：

1）宏观预测。是指对整个生产行业、一个地区、一个集团公司的安全状况的预测。

2）微观预测。是指对一个生产单位的生产系统或对其子系统的安全状况的预测。

（2）按时间长短分类：

1）长（远）期预测。是指对 5 年以上的安全状况的预测。它为安全管理方面的重大决策提供科学依据。

2）中期预测。是指对 1 年以上 5 年以下的安全生产状态的预测。它是制定 5 年规划和任务的依据。

3）短期预测。是指对 1 年以内的安全状态的预测。它是年度计划、季度计划以及规定短期发展任务的依据。

二、预测的程序

预测是对客观事物发展前景的一种探索性的研究工作。它有一套科学的程序。预测对象不同，预测程序也不一样。一般来说，预测程序可分为 4 个阶段 10 个步骤，如图 5-2 所示。

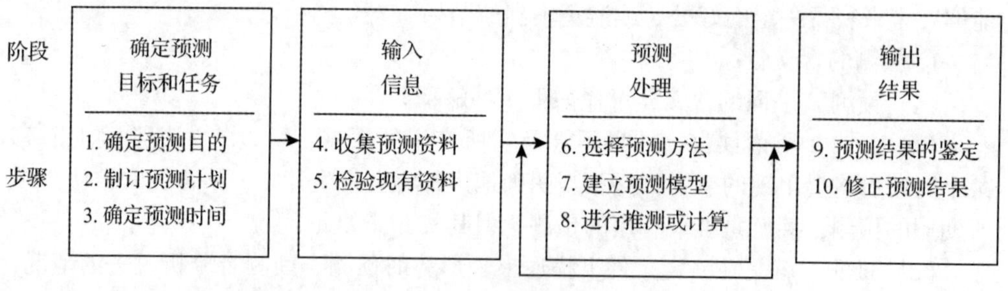

图 5-2　预测程序

1. 第 1 阶段：确定预测目标和任务

预测总是为一定的目标和任务服务，管理的目标和任务决定预测的目标和任务。目标清楚，任务明确，才能进行有效的预测。第 1 阶段分为以下 3 个步骤。

（1）确定预测目的。只有首先明确为解决什么问题而预测，才能确定收集什么资料，采取什么预测方法，应取得何种预测结果以及预测的重点在哪里等。

（2）制订预测计划。预测计划是预测目的的具体化，主要是规划预测的具体工作，包括选择和安排预测人员、预测期限、预测经费、预测方法、情报获取的途径等。

（3）确定预测时间。不仅要明确预测起讫时间，更重要的是根据预测目的和预测对象的不同特点，明确预测本身是近期预测、中期预测还是远期预测。只有这样，才能使收集的资料符合预测要求，及时地完成预测任务。

2. 第 2 阶段：输入信息

根据确定的预测目标和任务，收集必要的预测信息，是进行预测的前提。预测结果的准确性取决于输入信息的可靠程度和预测方法的正确性。如果输入信息不可靠或者没有依据，预测的结果必然是错误的。第 2 阶段分为以下 2 个步骤。

（1）收集预测资料。预测所需的资料，有纵向的资料，也有横向的资料。纵向的资料是指反映事物发展的历史资料，如历史活动的统计资料。横向的资料是指某特定时间对同一预测对象所需的各种有关的统计资料。资料的来源，一是管理系统的内部资料；二是管理系统的外部资料，如国家机关和部门提供的资料，报刊发表的和各单位之间互相交换的资料，现场调查的资料以及国外的情报资料等。

（2）检验现有资料。对已占有的资料要进行周密的分析检查，这是做好预测工作的关键之一。要检查资料的可靠性，去粗取精，去伪存真。一条假信息或失真的信息比没有信息更坏，它会对预测结果和决策的正确性造成严重的危害。因此，要检查统计的正确性和完整性，不够正确的要适当地修改调整，不完整的要通过调查研究，填缺补漏。

3. 第 3 阶段：预测处理

预测程序的核心在这一阶段。这一阶段中，根据收集的资料，应用一定的科学方法和逻辑推理，对事物未来的发展趋势进行预料、推测和判断。第 3 阶段分为以下 3 个步骤。

（1）选择预测方法。选择预测方法应根据预测目的、预测对象的特点、占有资料的情况、预测费用以及预测方法的应用范围等条件来决定。有时还可以把几种预测方法结合起来，互相验证预测结果，借以提高预测的质量。

（2）建立预测模型。通过分析资料和推理判断，揭示所预测对象的结构和变化规律，做出各种假设，最后制定并识别所预测对象的结构和变化模型，这是预测的关键。

（3）进行推测或计算。根据预测模型进行推理或具体计算，求出初步结果，并考虑到模型中所没有包括的因素，对初步结果进行必要的调整。

4. 第 4 阶段：输出结果

这个阶段既是修正预测结果，使之更符合客观实际情况的过程，又是检查预测系统工作情况的过程，是预测程序中必不可少的一个阶段。第 4 阶段分为以下 2 个步骤。

（1）预测结果的鉴定。预测毕竟是对未来事件的设想和推测，人的认识的局限性、预测方法的不成熟、预测资料的不全面、预测人员的水平等，都会降低预测结果的准确性，使预测结果往往与实际有出入，从而产生预测误差。这种预测误差越大，预测结果的可靠性就越低，甚至失去预测的实际意义。因此，必须对预测结果进行鉴定，找出预测与实际之间误差的大小。

（2）修正预测结果。分析预测误差的目的在于观察预测结果与实际情况的偏离程度，并分析研究产生偏差的原因。如果是由于预测方法和预测模型的不完善造成偏差，就需要修改方法，改进模型，重新计算。如果是由于不确定因素的影响，则应在修正预测结果的同时，估计不确定因素的影响程度。

三、预测的基本原则

预测应遵循如下 4 项基本原则：

1. 连贯的原则

连贯的原则，就是指事物发展的各个阶段具有连贯性和稳定性。将来的发展趋势是由现在发展的结果，现在的情况又是由过去演变而来的。采取这种连贯原则进行分析和研究，就可以由过去和现在推测未来，作出准确的预测。

2. 系统的原则

系统的原则，就是指把预测对象及所涉及的各种事件和因素视为一个系统，进行综合考察和研究。采取系统的原则可以全面地分析问题，从而克服片面性，提高预测的科学性。

3. 实事求是的原则

实事求是的原则，就是在预测过程中，从客观实际出发，尊重历史资料，认真分析研究现状，如实反映可能出现的问题和结果。只有从客观事物的实际情况出发，参照以往安全状况变化的规律性，分析未来的变化趋势，才能获得比较准确的预测结果。

4. 大量观察的原则

大量观察的原则，就是预测要从大量调查研究中求得一般规律，避免以偏概全。

第二节　预测分析方法与预测方法

一、预测分析方法

预测分析是预测的重要组成部分，是建立在调查研究或科学实验基础上的科学分析。对于任何事物，如果只有情况和数据，没有科学的分析，就不能揭示事物演变的规律及其发展的趋势，也就不能有预测。

预测分析包括定性分析、定量分析、定时分析、定比分析以及对预测结果的评价分析等。

预测分析方法现代化、科学化的要求包括：定性分析数量化、定量分析模型化、模型分析计算机化等。

1. 定性分析

定性分析是确定预测事物未来的性质。凡对缺乏定量数据或难以用数字表示的事物或状态，多数采取定性分析方法。定性分析是依据个人经验、判断能力和直观材料，确定事物发展性质和趋势的一种方法。它也可以与定量分析结合起来应用，借以提高预测结果的可信程度。

2. 定量分析

定量分析就是根据已掌握的大量信息资料，运用统计和数学的方法，进行数量计算或图解来推断事物发展的趋势及其程度的一种方法。定量，定的是影响因素量。影响因素量是指对预测目标（Y）的影响因素（X）的量。研究影响因素（X）与预测目标（Y）之间的因果关系及影响程度，可用函数形式 $Y=f(X)$ 来表示。

3. 定时分析

定时分析是对预测对象随时间变化情况的分析。定时，定的是时间影响量，即时间（t）对预测目标（Y）的影响量。研究预测目标（Y）与时间（t）之间的关系，包括 Y 随时间的发展趋势、季节变化、周期变化和规则变化等。通过对预测对象随时间变化情况的分析，预测未来事物发展过程，也可用函数 $Y=f(t)$ 来表示。

4. 定比分析

定比，定的是结构比例量。比例量是指不同经济事物之间相互影响的比例（或结构量）。定比分析是用定比方法来研究和选择事物未来发展的结构关系。

5. 评价分析

在对预测目标进行定性、定量、定时、定比等项分析预测后，还必须对预测结果进行评价，即对预测结果可能产生的误差运用一定的科学方法进行计算，对预测结果实现的可能性做出估计，借以判断预测结果的准确程度。

二、预测方法

预测方法有 150 种以上，常用的有 20~30 种，主要预测方法及分类如图 5-3 所示。

经验推断预测法：头脑风暴法、特尔斐法、主观概率法、实验预测法、相关树法、形态分析法、未来脚本法

时间序列预测法：滑动平均法、指数滑动平均法、周期变动分析法、线性趋势分析法、非线性趋势分析法

计量模型预测法：回归分析法、投入产出分析法、宏观经济模型

图 5-3　主要预测方法及分类

1. 经验推断预测法

这是利用直观材料，靠人的经验知识和综合分析能力，对客观事物的未来状态做出估计和设想。这类预测方法对预测生产系统中安全状态与变化趋势有一定意义，这里只对特尔斐预测法进行介绍。

特尔斐预测法是第二次世界大战后发展起来的一种直观预测法，是美国兰德公司于 20 世纪 40 年代发明并首先用于技术预测的。它既可用于科技预测，也可用于社会、经济预测；既可用于短期预测，也可用于长期预测。有的学者认为，特尔斐法是最可靠的技术预测方法。

特尔斐预测法之所以可使用在系统安全分析中，关键在于它能对大量非技术性的、无法定量分析的因素做出概率估算，并将概率估算结果告诉专家，充分发挥信息反馈和信息控制的作用，使分散的评估意见逐次收敛，最后集中在协调一致的评估结果上。因此，它的预测可信度较高，在国外得到广泛应用。

特尔斐预测法的实质是利用专家的知识、经验、智慧等因无法数量化而带来很

大模糊性的信息，通过通信的方式进行信息交换，逐步地取得较一致的意见，达到预测的目的。

特尔斐预测程序如图 5-4 所示，左列各框是管理小组工作，右列各框是应答专家的工作。其步骤如下：

（1）确定预测目标。目标选择应是本系统或专业中对发展规划有重大影响而且意见分歧较大的课题，预测期限以中、远期为宜。如工矿企业伤亡事故发展趋势预测。

（2）成立管理小组。管理小组人数从二人至十几人不等，随工作量大小而定。其任务是：负责对利用特尔斐预测法进行预测的工作过程进行设计，提出可供选择的专家名单，做好专家征询和轮间信息反馈工作，整理预测结果，写出预测报告书。

管理小组人员应该对特尔斐预测法的实质和过程有正确的理解，了解专家们的情况，具备必要的专业知识和统计学、数据处理等方面知识。

（3）选择专家。特尔斐预测法的主要工作之一是通过专家对未来事件作出概率估计，因此，专家选择是预测成败的关键。其主要要求有：

1）要求专家总体的权威程度较高。

2）专家的代表面应广泛。通常应包括技术专家、管理专家、情报专家和高层决策人员。

3）严格专家的推荐和审定程序。审定的主要内容是了解专家对预测目标的熟悉程度和是否有时间参加预测等。

4）专家人数要适当。人数过多，数据收集和处理工作量大，预测周期长，对结果准确度提高并不多，一般以 20~50 人为宜，大型预测可达 100 人左右。

（4）设计评估意见征询表。特尔斐预测法的征询表没有统一的规定，但要求符合如下原则：

1）表格的每一栏目要紧扣预测目标，力求达到预测事件和专家所关心的问题的一致性。

2）表格简明扼要。设计得很好的表格通常是使专家思考决断的时间长、应答填表时间短。填表时间一般以 2~4 h 为宜。

3）填表方式简单。对不同类型事件（如方针政策，技术途径，费用分析，关键技术的重要性、迫切性和可能性等）进行评估时，尽可能用数字和英文字母表示专家的评估结果。

（5）专家征询和轮间信息反馈。经典特尔斐预测法一般分 3~4 轮征询。在第

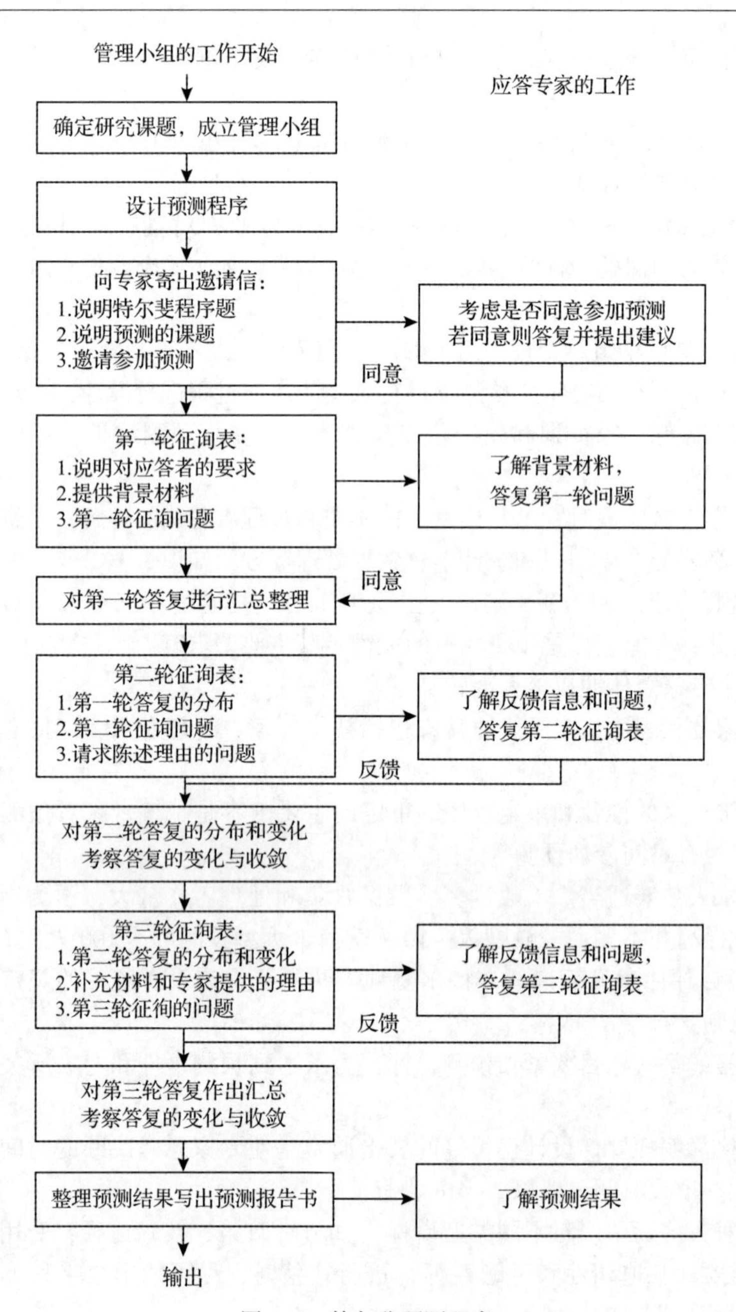
管理小组的工作开始
应答专家的工作
确定研究课题，成立管理小组
设计预测程序
向专家寄出邀请信：
1.说明特尔斐程序题
2.说明预测的课题
3.邀请参加预测
考虑是否同意参加预测
若同意则答复并提出建议
同意
第一轮征询表：
1.说明对应答者的要求
2.提供背景材料
3.第一轮征询问题
了解背景材料，
答复第一轮问题
同意
对第一轮答复进行汇总整理
第二轮征询表：
1.第一轮答复的分布
2.第二轮征询问题
3.请求陈述理由的问题
了解反馈信息和问题，
答复第二轮征询表
反馈
对第二轮答复的分布和变化
考察答复的变化与收敛
第三轮征询表：
1.第二轮答复的分布和变化
2.补充材料和专家提供的理由
3.第三轮征徇的问题
了解反馈信息和问题，
答复第三轮征询表
反馈
对第三轮答复作出汇总
考察答复的变化与收敛
整理预测结果写出预测报告书
了解预测结果
输出

图 5-4　特尔斐预测程序

一轮征询表中，给出一张空白的预测问题表，让专家填写应该预测的一些技术问题，应答者自由发挥。但是这种方法常常过于分散，难于归纳。所以经常由管理小组预先拟订一个预测事件一览表，直接让专家评价，同时允许他们对此表进行补充和修改。

与预测的课题有关的大量技术政策和经济条件，不可能被所有应答者掌握，管理小组应尽可能把这方面的背景材料提供给专家们，尤其在第一轮中，这方面信息力求详尽，同时也可以要求专家对不够完善、准确的以往数据提出补充和评价。

在征询表上，最常见的问题是要求专家对某项技术实现的日期作出预言。在某些情况下，常要求专家提供3个不同概率，即：不大可能实现——成功概率10%；实现与否可能性相等——成功概率50%；基本上可能实现——成功概率90%。当然也可选择其他类似概率。然后就可以整理专家应答结果的统计特性，各类日期的均值即可作为预测结果。

特尔斐预测法是一个可控制的组织集体思想交流的过程，使得由各个方面的专家组成的集体能作为一个整体来解答某个复杂问题。它有如下特点：

1）匿名性。特尔斐预测法采用匿名函询的方式征求意见。应邀参加预测的专家互不相见，消除了心理因素的影响。专家可以参考前一轮的预测结果以修改自己的意见。

2）反馈性。特尔斐预测法在预测过程中，要进行3~4轮征询专家意见。预测机构对每一轮的预测结果作出统计、汇总，提供有关专家的论证依据和资料，作为反馈材料发给每一位专家，供下一轮预测时参考。由于每一轮之间的反馈和信息沟通可进行比较分析，因而能达到相互启发，提高预测准确度的目的。

3）预测结果的统计特性。为了科学地综合专家们的预测意见和定量表示预测的结果，特尔斐预测法采用了统计方法对专家意见进行处理。

2. 时间序列预测法

时间系列预测法是指利用观察或记录到的一组按时间顺序排列起来的数字序列，分析它们的变化方向和程度，从而对下一时期或以后若干时期可能达到的水平进行推测。时间序列预测法的基本思想是把时间序列作为一个随机应变量序列的一个样本，用概率统计方法尽可能减少偶然因素的影响，或消除季节性、周期性变动的影响，通过分析时间序列的趋势进行预测。

（1）滑动平均法。一般情况下，可以认为未来的状况与较近时期的状况有关。根据这一假设，可采用与预测期相邻的几个数据的平均值，随着预测期向前滑动，相邻的几个数据的平均值也向前滑动作为滑动预测值。

假定未来的状况与过去3个月的状况关系较大，而与更早的情况联系较少，因此可用过去3个月的平均值作为下个月的预测值，经过平均后，可以减少偶然因素的影响。平均值可用式（5-1）计算

$$\bar{x}_{t+1}=\frac{x_t+x_{t-1}+x_{t-2}}{3} \tag{5-1}$$

作为 x_{t+1} 的预测值，不仅只用3个月的滑动平均值来预测，也可用更多月份的滑动平均值来预测，计算公式如下

$$\bar{x}_{t+1}=\frac{x_t+x_{t-1}+\cdots+x_{t-(t-1)}}{t} \tag{5-2}$$

式中 $\bar{x}_{t+1}$——预测值；

t——时间单位数；

x——实际数据。

也可以用连加符号把上面的公式归纳为

$$\bar{x}_{t+1}=\frac{1}{t}\sum_{i=0}^{t-1}x_{t-i} \tag{5-3}$$

在这一方法中，对各项不同时期的实际数据是同等看待的。但实际上距离预测期较近的数据与较远的数据，它们的作用是不等的，尤其在数据变化较快的情况下更应该考虑到这一点。

为了克服上述缺点，可采用加权滑动平均法来缩小预测偏差。加权滑动平均法根据距离预测期的远近，预测对象的不同情况，给各期的数据以不同的权数，把求得的加权平均数作为预测值。例如，在计算3个月的加权滑动平均值时，分别以权数3、2、1，那么预测值为

$$\bar{x}_{t+1}=\frac{3x_t+2x_{t-1}+x_{t-2}}{6} \tag{5-4}$$

用任意几个月，给予其他权数来计算加权滑动平均值，其公式为

$$\bar{x}_{t+1}=\frac{c_t\cdot x_t+c_{t-1}\cdot x_{t-1}+\cdots+c_{t-(t-1)}\cdot x_{t-(t-1)}}{c_t+c_{t-1}+\cdots+c_{t-(t-1)}} \tag{5-5}$$

式中 c_t——各期的权数；

x_t——各期的实际数据。

由式（5-3）和式（5-5）可得

$$\bar{x}_{t+1} = \frac{\sum_{t=0}^{t-1} c_{t-i} \cdot x_{t-i}}{\sum_{i=0}^{t-1} c_{t-i}} \tag{5-6}$$

表 5-1 列出了某矿务局 1980—1987 年实际采煤机械化程度（%），并利用滑动平均法和加权滑动平均法来预测 1988 年的采煤机械化程度。

表 5-1　　滑动平均法预测机械化程度示例

年份	实际机械化程度%	三年的滑动平均值 $\bar{x}_{t+1}=\frac{x_t+x_{t-1}+x_{t-2}}{3}$	五年滑动平均值 $\bar{x}_{t+1}=\frac{x_t+x_{t-1}+\cdots+x_{t-4}}{5}$	三年的加权滑动平均值 $\bar{x}_{t+1}=\frac{3x_t+2x_{t-1}+x_{t-2}}{6}$
1980	61. 35			
1981	69. 45			
1982	70. 44	67. 08		57. 02
1983	73. 88	71. 26	70. 82	72. 00
1984	79. 00	74. 44	74. 75	75. 87
1985	81. 00	77. 96	78. 48	79. 15
1986	88. 06	82. 69	82. 59	84. 20
1987	91. 00	86. 69		88. 35
1988				

从表中可以看出，应用 3 种滑动平均对实际采煤机械化程度变化的反映是各不相同的。由于三年的加权滑动平均更强调近期的作用，它对机械化程度的变化反映较快，预测值符合实际。五年的滑动平均值对机械化程度的变化反映较为迟缓，但它反映的数值较为平滑、波动少，可以看出机械化程度的变化趋势。

（2）指数滑动平均法。指数滑动平均法是滑动平均法的改进，既有滑动平均法的优点，又减少了数据的存储量，应用方便。

指数滑动平均法的基本思想是把时间序列看作是一个无穷的序列，即 x_t，x_{t-1}，…，x_{t-i}。

把 $\bar{x}_{t+1}$ 看作是这个无穷序列的一个函数，即

$$\bar{x}_{t+1} = a_0 x_t + a_1 \cdot x_{t-1} + \cdots a_i x_{t-i}$$

为了在计算中使用单一的权数，并且使权数之和等于 1，

即：$\sum_{i=0}^{\infty} a_i = 1$

令 $a_0=a$，$a_k=a\ (1-a)^k$，$k=1$，2…当 $0<a<1$ 时，则

$$\sum_{i=0}^{\infty} a_i = a + a(1-a) + a(1-a)^2 + a(1-a)^i \cdots = a \cdot \frac{1}{a} = 1$$

这样，应用指数滑动平均法得到的预测值 $\hat{x}_{t+1}$ 为

$$\begin{aligned}\bar{x}_{t+1} &= a \cdot x_t + a(1-a) \cdot x_{t-1} + a(1-a)^2 \cdot x_{t-2} + \cdots + a(1-a)^i x_{t-i} \\ &= a \cdot x_t + (1-a)[a \cdot x_{t-1} + a(1-a) \cdot x_{t-2} + \cdots + a(1-a)^{i-1} x_{t-i}] \\ &= a \cdot x_t + (1-a) \cdot \bar{x}_t \end{aligned} \tag{5-7}$$

即：预测值=平滑系数×前期实际值+（1-平滑系数）×前期预测值

式（5-7）并项后可得

$$\bar{x}_{t+1} = \bar{x}_t + a(x_t - \bar{x}_t) \tag{5-8}$$

即：预测值=前期预测值+平滑系数×（前期实际值-前期预测值）

由此可见，指数滑动平均法得到的预测值 $\bar{x}_{t+1}$ 是上一时期的实际值 x_t 和预测值 $\bar{x}_t$ 的加权平均而得的。或者是上一时期的预测值 $\bar{x}_t$ 加上实际与预测值的偏差的修正值而得。

平滑系数 a 取值大小对时间序列均匀程度影响很大，a 值的选定取决于实际情况。一般来说，近期数据作用越大，则值就取得越大。根据经验，在实际应用中取 a 为 0.8 或 0.7 为宜。

3. 计量模型预测法

计量模型是由描述预测对象与其主要影响因素有关的一个方程式或是方程组构成。计量模型预测法就是利用这一系列方程式的计算，根据主要影响因素的变化趋势，对预测对象的未来状况进行推测。其中有回归分析法（包括线性回归分析法和非线性回归法）、马尔柯夫链预测法、灰色预测法等。

（1）回归分析法。要准确地预测，就必须研究事物的因果关系。回归分析法就是一种从事物变化的因素关系出发的预测方法。它利用数理统计原理，在大量统计数据的基础上，通过寻求数据变化规律来推测、判断和描述事物未来的发展趋势。

事物变化的因果关系可用一组变量来描述，即自变量与因变量之间的关系。一般可以分为两大类：一类是确定关系，其特点是，自变量为已知时就可以准确地求出因变量，变量之间的关系可用函数关系确切地表示出来；另一类是相关关系，或称为非确定关系，其特点是，虽然自变量与因变量之间存在密切的关系，却不能由

一个或几个自变量的数值准确地求出因变量。在变量之间往往没有准确的数学表达式，但我们可以通过观察或应用统计方法，大致地或平均地说明自变量与因变量之间的统计关系。回归分析法正是根据这种相互关系建立回归方程。

1）一元线性回归法。比较典型的回归法是一元线性回归法，是根据自变量（X）与因变量（Y）的相互关系，用自变量的变动来推测因变量变动的方向和程度，其基本方程式是：

$$y = a + bx \tag{5-9}$$

式中　y——因变量；

x——自变量；

a、b——回归系数。

进行一元线性回归应首先收集事故数据，并在以时间为横坐标的坐标系中，画出各个相对应的点。根据图中各点的变化情况，就可以大致看出事故变化的某种趋势，然后进行计算，求出回归直线。

回归系数 a、b 是根据统计的事故数据，通过以下方程组来决定的。

$$\begin{cases} \sum y = n \cdot a + b \cdot \sum x \\ \sum xy = a \cdot \sum x + b \cdot \sum x^2 \end{cases} \tag{5-10}$$

式中　x——自变量，为时间序号；

y——因变量，为事故数据；

n——事故数据总数。

解上述方程组得

$$\begin{cases} a = \dfrac{\sum x \cdot \sum xy - \sum x^2 \cdot \sum y}{(\sum x)^2 - n \cdot \sum x^2} \\ b = \dfrac{\sum x \cdot \sum y - n \cdot \sum xy}{(\sum x)^2 - n \sum x^2} \end{cases} \tag{5-11}$$

a 和 b 确定之后就可以在坐标系中画出回归直线。

表 5-2 是某矿务局近 10 年顶板事故死亡人数的统计数据。将表中数据代入方程组（5-11）便可求出 a 和 b 的值，即

$$a = \frac{\sum x \cdot \sum x \cdot y - \sum x^2 \cdot \sum y}{(\sum x)^2 - n \cdot \sum x^2}$$

$$= \frac{55 \times 657 - 385 \times 146}{55^2 - 10 \times 385} \approx 24.33$$

$$b = \frac{\sum x \cdot \sum y - n \cdot \sum x \cdot y}{(\sum x)^2 - n\sum x^2}$$

$$= \frac{55 \times 146 - 10 \times 657}{55^2 - 10 \times 385} \approx -1.77$$

表 5-2　　某矿务局近 10 年顶板事故死亡人数统计数据

时间顺序 x	死亡人数 y	x^2	$x \cdot y$	y^2
1	30	1	30	900
2	24	4	48	576
3	18	9	57	324
4	4	16	16	16
5	12	25	60	144
6	8	36	48	64
7	22	49	154	484
8	10	64	80	100
9	13	81	117	169
10	5	100	50	25
$\sum x = 55$	$\sum y = 146$	$\sum x^2 = 385$	$\sum x \cdot y = 657$	$\sum y^2 = 2802$

回归直线的方程为：$y=24.33-1.77x$

在坐标中画出回归直线，如图 5-5 所示。

在回归分析中，为了了解回归直线对实际数据变化趋势的符合程度，还应求出相关系数 r。其计算公式如下

$$r = \frac{L_{xy}}{\sqrt{L_{xx} \cdot L_{yy}}} \tag{5-12}$$

式中　$L_{yx} = \sum xy - \frac{1}{n}\sum x \sum y$；

$L_{xx} = \sum x^2 - \frac{1}{n}(\sum x)^2$；

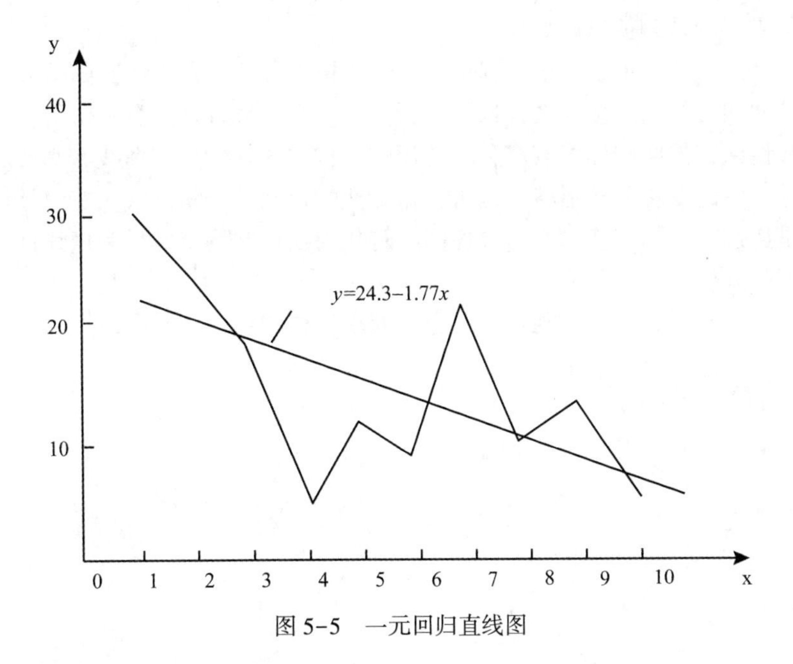

图 5-5　一元回归直线图

$L_{yy}=\sum y^2-\frac{1}{n}(\sum y)^2$。

将表 5-2 中的有关数据代入，即

$$L_{xy}=657-\frac{1}{10}\times 55\times 146=-146$$

$$L_{xx}=385-\frac{1}{10}\times 55^2=82.5$$

$$L_{yy}=2\,802-\frac{1}{10}\times 146^2=670.4$$

所以
$$r=\frac{-146}{\sqrt{82.5\times 670.4}}=-0.62$$

$|r|=0.62>0.6$，说明回归直线与实际数据的变化趋势相符合。

相关系数 $r=1$ 时，说明了回归直线与实际数据的变化趋势完全相符；$r=0$ 时，说明 x 与 y 之间完全没有线性关系。在大部分情况下，$0<|r|<1$。这时，就需要判别变量 x 与 y 之间有无密切的线性相关关系。一般来说，r 越接近 1，说明 x 与 y 之间存在着的线性关系越强，用线性回归方程来描述这两者的关系就越合适，利用

回归方程求得的预测值就越可靠。

2）一元非线性回归方法。在回归分析法中，除了一元线性回归法外，还有一元非线性回归分析法、多元线性回归分析法、多元非线性回归分析法等。

非线性回归的回归曲线有多种，选用哪一种曲线作为回归曲线，则要看实际数据在坐标系中的变化分布形状，也可根据专业知识确定分析曲线。非线性回归的分析方法是通过一定的变换，将非线性问题转化为线性问题，然后利用线性回归的方法进行回归分析。

根据专业知识和实用的观点，这里仅列举一种非线性回归曲线——指数函数。

① $y=a\cdot e^{bx}$

令 $y'=\ln y$，$a'=\ln a$

则有 $y'=a'+bx$，如图 5-6 所示。

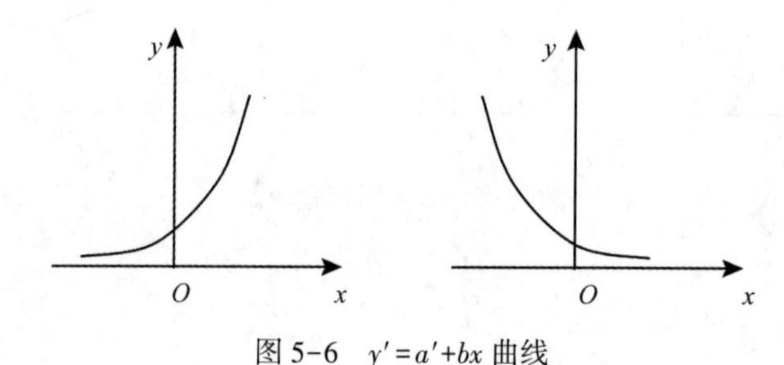

图 5-6　$y'=a'+bx$ 曲线

② $y=a\cdot e^{\frac{b}{x}}$

令 $y'=\ln y$，$x'=\frac{1}{x}$，$a'=\ln a$

则有 $y'=a'+bx'$，如图 5-7 所示。

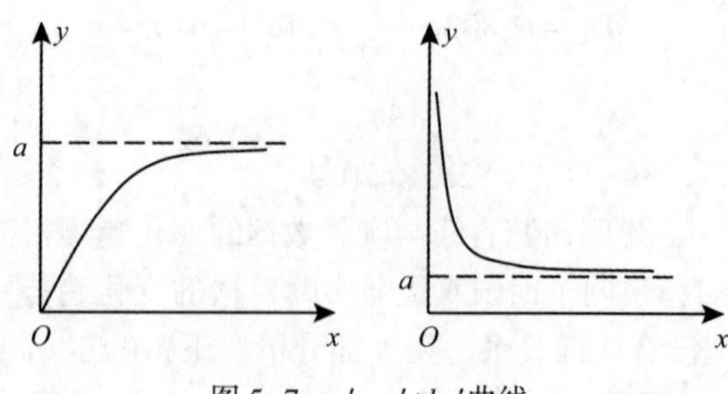

图 5-7　$y'=a'+bx'$曲线

例：某矿某年的工伤人数的统计数据见表 5-3，用指数函数 $y=a\cdot e^{bx}$ 进行回归分析。

表 5-3　　　某矿某年工伤人数统计数据

月份	时间序号 x	工伤人数 y	$y'=\ln y$	x^2	xy'	y'^2
1	1	15	2. 708	1	2. 708	7. 333
2	2	12	2. 485	4	4. 970	6. 175
3	3	7	1. 946	9	5. 838	3. 787
4	4	6	1. 792	16	7. 168	3. 211
5	5	4	1. 386	25	6. 930	1. 931
6	6	5	1. 609	36	9. 654	2. 589
7	7	6	1. 792	49	12. 544	3. 211
8	8	7	1. 946	64	15. 568	3. 780
9	9	4	1. 386	81	12. 474	7. 000
10	10	4	1. 386	100	13. 860	1. 921
11	11	2	0. 696	121	7. 623	0. 480
12	12	1	0. 0	144	0. 0	0. 0
合计	$\sum x=78$	$\sum y=78$	$\sum y'=19.129$	$\sum x^2=650$	$\sum xy'=99.337$	$\sum y'^2=36.336$

对 $y=ae^{bx}$ 两边取自然对数得

$$\ln y=\ln a+bx$$

令 $y'=\ln y$，$a'=\ln a$

则 $y=a'+bx$

由式（5-11）得

$$a'=\frac{\sum x\cdot\sum xy'-\sum x^2\cdot\sum y'}{(\sum x)^2-n\cdot\sum x^2}$$

$$=\frac{78\times 99.337-650\times 19.129}{78^2-12\times 650}\approx 2.73$$

$$b=\frac{\sum x\cdot\sum y'-n\cdot\sum x\cdot y'}{(\sum x)^2-n\cdot\sum x^2}$$

$$= \frac{78 \times 19.129 - 12 \times 99.337}{78^2 - 12 \times 650} \approx -0.17$$

因 $a' = \ln a$，所以 $a = e^{a'} = e^{2.73} \approx 15.33$

故指数回归方程为：$y = 15.33e^{-0.17x}$

回归曲线如图 5-8 所示。

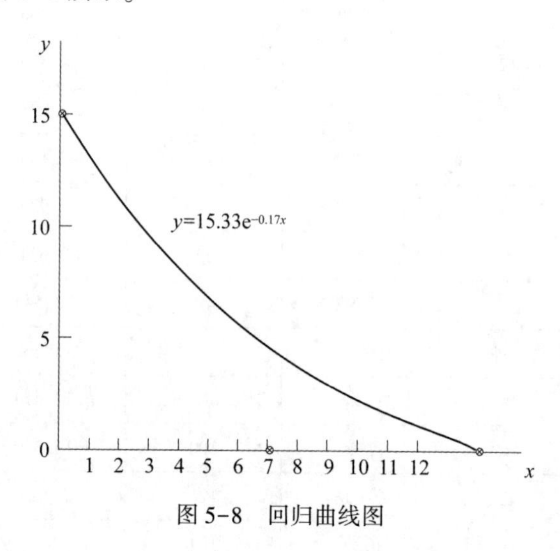

图 5-8　回归曲线图

求相关系数 r：$L_{xy'} = \sum xy' - \frac{1}{n}\sum x \cdot \sum y' \approx -25.00$

$$L_{xx} = \sum x^2 - \frac{1}{n}\left(\sum x\right)^2 = 143$$

$$Ly'y' = \sum y'^2 - \frac{1}{n}\left(\sum y'\right)^2 \approx 5.84$$

$$r = \frac{L_{xy'}}{\sqrt{L_{xx} \cdot L_{y'y'}}} \approx -0.87$$

$r \approx -0.87$，说明用指数曲线进行分析，在一定程度上反映了该矿工伤人数的趋势。

回归分析法可用于事故预测。根据过去的事故变化情况和事故统计数据进行回归分析，应用得到的回归曲线方程，预测判断下一阶段的事故变化趋势，以指导下一步的安全工作。

计量模型预测法，还有一种投入产出法，由于这些方法与安全状况预测的关系不大，所以在这里不作介绍。

（2）马尔柯夫链预测法。

1）原理与方法。若事物未来的发展及演变仅受当时状况的影响，即具有马尔柯夫性质，且一种状态转变为另一种状态的规律又是在可知的情况下，就可以利用马尔柯夫链的概念进行计算和分析，预测未来特定时刻的状态。

马尔柯夫链是表征一个系统在变化过程中的特性状态，可用一组随时间进程而变化的变量来描述。如果系统在任何时刻上的状态是随机性的，则变化过程是一个随机过程，当时刻 t 变到 $t+1$，状态变量从某个取值变到另一个取值，系统就实现了状态转移。而系统从某种状态转移到各种状态的可能性大小，可用转移概率来描述。

马尔柯夫链计算所使用的基本公式如下：

已知，起始状态向量为

$$s^{(0)}=\left[\begin{matrix} s_1^{(0)} & s_2^{(2)} & s_3^{(0)} & \cdots\cdots & s_n^{(0)} \end{matrix}\right] \tag{5-13}$$

状态转移概率矩阵为

$$\boldsymbol{p}=\begin{bmatrix} p_{11} & p_{12} & \cdots & p_{1n} \\ p_{21} & p_{22} & \cdots & p_{2n} \\ \vdots & \vdots & \vdots & \vdots \\ p_{n1} & p_{n2} & \cdots & p_{nn} \end{bmatrix} \tag{5-14}$$

状态转移概率矩阵是一个 n 阶方阵，它满足概率矩阵的一般性质，即有：

①$0 \leqslant p_{ij} \leqslant 1$；

②$\sum\limits_{j=1}^{n} p_{ij}=1$。

满足这两个性质的行向量称为概率向量。

状态转移概率矩阵的所有行向量都是概率向量；反之，所有行向量都是概率向量组成的矩阵，即为概率矩阵。

一次转移向量 $\boldsymbol{s}^{(1)}$ 为

$$\boldsymbol{s}^{(1)}=\boldsymbol{s}^{(0)}\boldsymbol{p} \tag{5-15}$$

二次转移向量 $\boldsymbol{s}^{(2)}$ 为

$$\boldsymbol{s}^{(2)}=\boldsymbol{s}^{(1)}p=\boldsymbol{s}^{(0)}\boldsymbol{p}^{2} \tag{5-16}$$

类似地

$$\boldsymbol{s}^{(k+1)}=\boldsymbol{s}^{(0)}\boldsymbol{p}^{(k+1)} \tag{5-17}$$

2）举例。某单位对 1 250 名接尘人员进行健康检查时，发现职工的健康状况分布见表 5-4。

表 5-4　　本年度接尘职工健康状况

健康状况	健康	疑似尘肺	尘肺
代表符号	$s_1^{(0)}$	$s_2^{(0)}$	$s_3^{(0)}$
人数	1 000	200	50

根据统计资料，前年到去年各种健康人员的变化情况如下：

健康人员继续保持健康者为 70%，有 20%变为疑似尘肺，10%的人被认定为尘肺，即

$$\boldsymbol{p}_{11}=0.70,\ \boldsymbol{p}_{12}=0.20,\ \boldsymbol{p}_{13}=0.10$$

原有疑似尘肺者一般不可能恢复为健康者，保持原状者为 80%，有 20%被正式认定为尘肺，即

$$\boldsymbol{p}_{21}=0,\ \boldsymbol{p}_{22}=0.8,\ \boldsymbol{p}_{23}=0.2$$

尘肺患者一般不可能恢复为健康或返回疑似尘肺，即

$$\boldsymbol{p}_{31}=0,\ \boldsymbol{p}_{32}=0,\ \boldsymbol{p}_{33}=1$$

状态转移概率矩阵为

$$\boldsymbol{p}=\begin{bmatrix}0.7 & 0.2 & 0.1\\ 0 & 0.8 & 0.2\\ 0 & 0 & 1\end{bmatrix}$$

试预测来年接尘人员的健康状况。

解　一次转移向量

$$\boldsymbol{s}^{(1)}=\boldsymbol{s}^{(0)}\boldsymbol{p}=[s_1^{(0)}\quad s_2^{(0)}\quad s_2^{(0)}]\begin{bmatrix}p_{11} & p_{12} & p_{13}\\ p_{21} & p_{22} & p_{23}\\ p_{31} & p_{32} & p_{33}\end{bmatrix}$$

$$=[1\,000\quad 200\quad 50]\begin{bmatrix}0.7 & 0.2 & 0.1\\ 0 & 0.8 & 0.2\\ 0 & 0 & 1\end{bmatrix}$$

一年后健康者人数 $s_1^{(1)}$ 为

$$s_1^{(1)}=[s_1^{(0)},\ s_2^{(0)},\ s_3^{(0)}]\begin{bmatrix}p_{11}\\ p_{21}\\ p_{31}\end{bmatrix}=[1\,000\quad 200\quad 50]\begin{bmatrix}0.7\\ 0\\ 0\end{bmatrix}$$

$$=1\,000\times0.7+200\times0+50\times0=700$$

一年后疑似尘肺人数 $s_2^{(1)}$ 为

$$s_2^{(1)} = [s_1^{(0)}, s_2^{(0)}, s_3^{(0)}]\begin{bmatrix} p_{12} \\ p_{22} \\ p_{32} \end{bmatrix} = [1\,000 \quad 200 \quad 50]\begin{bmatrix} 0.2 \\ 0.8 \\ 0 \end{bmatrix}$$

$$= 1\,000 \times 0.2 + 200 \times 0.8 + 50 \times 0 = 360$$

一年后尘肺患者人数 $s_3^{(1)}$ 为

$$s_3^{(1)} = [s_1^{(0)}, s_2^{(0)}, s_3^{(0)}]\begin{bmatrix} p_{13} \\ p_{23} \\ p_{33} \end{bmatrix} = [1\,000 \quad 200 \quad 50]\begin{bmatrix} 0.1 \\ 0.2 \\ 1 \end{bmatrix}$$

$$= 1\,000 \times 0.1 + 200 \times 0.2 + 50 \times 1 = 190$$

预测结果表明，该单位尘肺发展速度快，必须立即加强防尘工作和医疗卫生工作。

（3）灰色预测法。灰色系统是邓聚龙教授提出的一种新的系统理论。利用灰色系统理论预测的主要优点：它可以通过一系列数据生成方法（直接累加法、移动平均法、加权累加法、遗传因子累加法、自适性累加法等），将根本没规律的、杂乱无章的或规律性不强的一组原始数据序列变得具有明显的规律性，解决了数学界一直认为不能解决的微积分方程建模问题。

灰色系统预测是从灰色系统的建模、关联度及残差辨识的思想出发，获得关于预测的新概念、观点和方法。

将灰色系统理论用于厂矿企业预测事故，一般选用 GM（1，1）模型，是一阶的一个变量的微分方程模型。

1）灰色预测建模方法。设原始离散数据序列 $x^{(0)} = \{x_1^{(0)}, x_2^{(0)}, \cdots, x_N^{(0)}\}$，其中 N 为序列长度，对其进行一次累加生成处理

$$x_k^{(1)} = \sum_{j=1}^{k} x_j^{(0)},\ k = 1, 2, \cdots, N \tag{5-18}$$

则以生成序列 $x^{(1)} = \{x_1^{(1)}, x_2^{(1)}, \cdots, x_N^{(1)}\}$ 为基础建立灰色的生成模型

$$\frac{\mathrm{d}x^{(1)}}{\mathrm{d}t} + ax^{(1)} = u \tag{5-19}$$

称为一阶灰色微分方程，记为 GM（1，1），式（5-19）中 a、u 为待辨识参数。

设参数向量 $\hat{\boldsymbol{a}} = [au]^T$，$\boldsymbol{y}_N = [x_2^{(0)} \quad x_3^{(0)} \quad \cdots \quad x_N^{(0)}]^{\mathrm{T}}$ 和

$$B = \begin{bmatrix} -(x_2^{(1)} + x_1^{(1)})/2 & 1 \\ \vdots & \vdots \\ -(x_N^{(1)} + x_{N-1}^{(1)})/2 & 1 \end{bmatrix}$$

则由下式求得的最小二乘解

$$\hat{\boldsymbol{a}} = (\boldsymbol{B}^T\boldsymbol{B})^{-1}\boldsymbol{B}^T y_N \tag{5-20}$$

时间响应方程［即式（5-19）的解］

$$\hat{x}_1^{(1)} = \left(x_1^{(1)} - \frac{u}{a}\right)\mathrm{e}^{-ak} + \frac{u}{a} \tag{5-21}$$

离散响应方程

$$\hat{x}_{k+1}^{(1)} = (x_1^{(1)} - u/a)\mathrm{e}^{-ak} + u/a \tag{5-22}$$

式中：$x_1^{(1)} = x_1^{(0)}$。

将 $\hat{x}_{k+1}^{(1)}$ 计算值作累减还原，即得到原始数据的估计值

$$\hat{x}_{k+1}^{(0)} = \hat{x}_{k+1}^{(1)} - \hat{x}_k^{(1)} \tag{5-23}$$

GM（1，1）模型的拟合残差中往往还有一部分动态有效信息，可以通过建立残差 GM（1，1）模型对原模型进行修正。

2）预测模型的后验差检验。可以用关联度及后验差对预测模型进行检验，下面介绍后验差检验。记 0 阶残差为

$$\varepsilon_1^{(0)} = x_i^{(0)} - \hat{x}_i^{(0)},\ i = 1,\ 2,\ \cdots,\ n \tag{5-24}$$

式中：$\hat{x}_i^{(0)}$ 是通过预测模型得到的预测值。

残差均值

$$\bar{\varepsilon}^{(0)} = \frac{1}{n}\sum_{i=1}^{n}\varepsilon_i^{(0)} \tag{5-25}$$

残差方差

$$s_1^2 = \frac{1}{n}\sum_{i=1}^{n}(\varepsilon_i^{(0)} - \bar{\varepsilon})^2 \tag{5-26}$$

原始数据均值

$$\bar{x} = \frac{1}{N}\sum_{i=1}^{n}x_i^{(0)} \tag{5-27}$$

原始数据方差

$$s_2^2 = \frac{1}{N}\sum_{i=1}^{n}(x_i^{(0)} - \bar{x})^2 \tag{5-28}$$

为此可计算后验差检验指标：

后验差比值 c

$$c = s_1/s_2 \tag{5-29}$$

小误差概率 p

$$p = p\{|\ \varepsilon_i^{(0)} - \bar{\varepsilon}^{(0)}\ | < 0.6745s_2\} \tag{5-30}$$

按照上述两指标，可从表 5-5 查出精度检验等级。

表 5-5　　精度检验等级

预测精度等级	P	c
好	>0.95	<0.35
合格	>0.80	<0.5
勉强	>0.70	<0.45
不合格	≤0.70	≥0.65

3）灰色预测举例。已知某矿近 9 年来千人负伤率见表 5-6，试用 GM（1，1）模型对该矿未来两年的千人负伤率进行灰色预测，并对拟合精度进行后验差检验。

表 5-6　　某矿近 9 年来千人负伤率

年份	1980	1981	1982	1983	1984	1985	1986	1987	1988
千人负伤率	56.165	55.65	49.535	34.595	14.415	9.525	8.970	6.478	4.110

解　由表 5-6 可以得到

$$\boldsymbol{x}^{(0)} = [56.165 \quad 55.65 \quad 49.525 \quad 34.585 \quad 14.405 \quad \cdots \quad 4.110]$$

$$\boldsymbol{x}^{(1)} = [56.165 \quad 111.815 \quad 161.34 \quad 195.925 \quad 210.33 \quad \cdots \quad 239.41]$$

故可建立数据矩阵 B，y_N：

$$\boldsymbol{B} = \begin{bmatrix} -83.99 & 1 \\ -136.5775 & 1 \\ \vdots & \vdots \\ -237.355 & 1 \end{bmatrix}$$

$$\boldsymbol{y}_N = [55.65 \quad 49.525 \quad 34.585 \quad 14.405 \quad 9.525 \quad \cdots \quad 4.110]^T$$

由式（5-20）得

$$\hat{\boldsymbol{a}} = \begin{bmatrix} a \\ u \end{bmatrix} = \begin{bmatrix} 0.37285 \\ 93.3336 \end{bmatrix}$$

则 a、u 代入式（5-22）可得到

$$\hat{x}_{k+1}^{(1)} = 250.331 - 194.16^{-0.37285k}, \quad \hat{x}_{k+1}^{(1)} = \hat{x}_{k+1}^{(1)} - \hat{x}_k^{(0)}$$

计算结果见表 5-7。

表 5-7　　　　计算结果

年份	序号	$x^{(0)}$	$x^{(1)}$	灰色预 $\hat{x}^{(1)}$	$\hat{x}^{(0)}$	$\hat{\varepsilon}^{(0)}$
1980	1	56.165	56.165	56.165	56.165	0
1981	2	55.65	111.815	116.594	60.429	-4.779
1982	3	49.525	161.34	158.215	41.621	7.904
1983	4	34.585	195.925	186.883	28.668	5.917
1984	5	14.405	210.33	206.628	19.745	-5.34
1985	6	9.525	219.855	220.228	13.60	-4.075
1986	7	8.970	228.825	229.595	9.367	-0.397
1987	8	6.475	235.30	260.047	6.452	0.023
1988	9	4.110	239.41	240.491	4.444	-0.334
1989	10	—	—	243.551	3.06	—
1990	11	—	—	245.660	2.109	—

进行后验差检验

$$\varepsilon_i^{(0)} = x_i^{(0)} - \hat{x}_i^{(0)}, \quad i = 1, 2, \cdots, n$$

$$\bar{\varepsilon}^{(0)} = 0.4408, \quad s_1 = 4.1589$$

$$\bar{x}^{(0)} = 26.60, \quad s_2 = 21.00$$

则 $c = s_1/s_2 = 0.198 < 0.35$

$$p = p\{|\varepsilon_i^{(0)} - \bar{\varepsilon}^{(0)}| < 0.6745 s_2\} = 1 > 0.95$$

对照表 5-5 知，灰色系统预测拟合精度为好，预测结果正确可靠。

本章小结

本章介绍了预测的种类和基本原理，阐明了预测的可行性和适用性，并介绍了 3 类可用于安全预测的方法，即经验推断预测法、时间序列预测法和计量模型预测法。

在计量模型预测法中，本章主要介绍了回归分析法、马尔柯夫链预测法和灰色

预测法。灰色预测法是建立在灰色理论基础上的一种预测方法，近年来在安全工程领域的应用受到了广泛的关注。为此，本章选编了灰色系统理论中适合事故预测的GM（1，1）模型，并通过举例演示了该模型在事故预测中的应用。

复习思考题

1. 什么是安全预测？安全预测需要哪些步骤？
2. 事故预测所要做的工作有哪些？
3. 简述预测的基本原理。
4. 如何使用线性回归分析法进行事故预测？
5. 简述灰色系统理论中 GM（1，1）模型计算的主要步骤？

第六章 系统危险控制技术

本章学习目标

1. 了解危险控制的基本方法和基本原则。
2. 掌握安全决策、固有危险控制技术和安全措施。
3. 熟悉灾难性事故的应急措施。

系统危险控制技术是通过对系统进行全面评价和事故预测，根据评价和预测的结果，对事故隐患采取针对性的限制措施和控制事故发生的对策。应用系统危险控制技术，预防事故发生，确保安全生产。因此，可以认为系统危险控制技术是安全系统工程的最终目的。

第一节 危险控制的基本原则

一、危险控制的目的

安全系统工程的最终目的是控制事故危险，即在现有的技术水平上，以最低的消耗，达到最优的安全水平，具体有以下两个方面：

1. 降低事故发生频率

降低事故发生频率是指降低千人负伤率和死亡率以及按产品产量（或利税）计算的死亡（或重伤）率。

2. 减少事故的严重程度和每次事故的经济损失

必须注意的是，安全系统工程是以优化作为重要出发点的。

上述两方面的目标，对于每家企业都有一个合理的目标值。一般来说，并不是以事故为零作为目标值的。这正是安全系统工程与传统安全管理的一个重要不同之处。

二、危险控制技术

危险控制技术包括宏观控制技术和微观控制技术。

宏观控制技术是以整个系统作为控制对象，运用系统工程的原理，对危险进行控制，采用的手段主要有：法制手段（法律、规章、制度）、经济手段（奖、罚、征、补）和教育手段（长期的、短期的、学校的、社会的）。

微观控制技术是以具体危险源为对象，以系统工程的原理为指导，对危险进行控制，所采用的手段主要是工程技术措施和管理措施，随着对象的不同，措施也不同。但是，只有遵循或符合共同的系统工程的方法论，才能更好地发挥各种工程技术和管理措施在控制事故方面的作用。

宏观与微观控制技术互相依存，互为补充，互相制约，缺一不可。

三、危险控制的原则

1. 闭环控制原则

系统包括输入、输出，通过信息反馈进行决策，并控制输入。这样一个完整的控制过程称为闭环控制。很显然，只有闭环控制才能达到优化的目的，如图 6-1 所示。

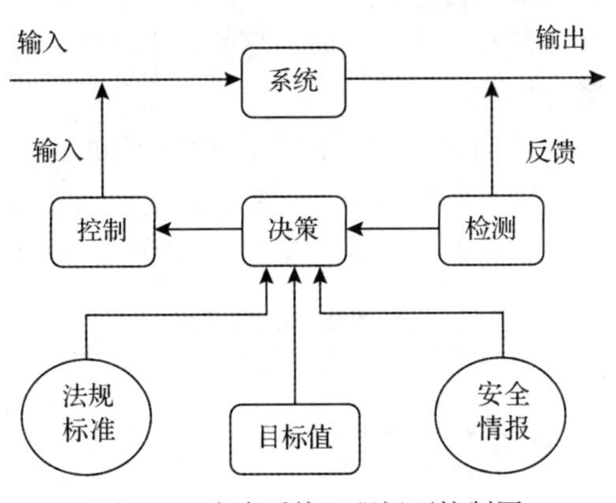

图 6-1　安全系统工程闭环控制图

2. 动态控制原则

系统是运动、变化的，而非静止不变的，只有正确、适时地进行控制，才能收到预期的效果。

3. 分级控制原则

系统的组成包括各子系统、分系统，其规模、范围互不相同，危险的性质、特点也不相同。因此，必须采用分级控制。各子系统可以自己调整和实现控制，如图 6-2 所示。

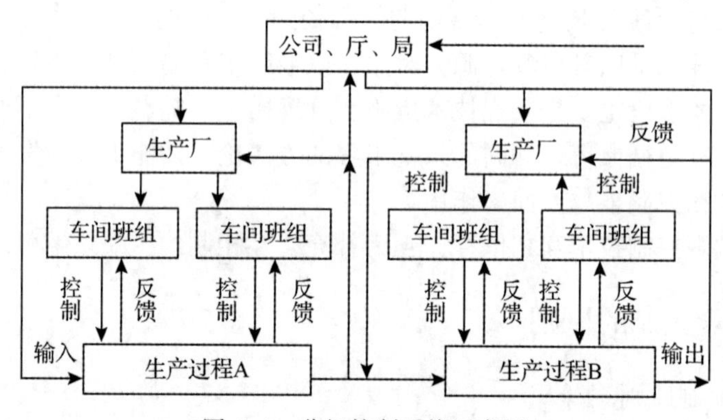

图 6-2　分级控制系统示意图

4. 多层次控制原则

对于事故危险，必须采取多层次控制，以增加其可靠程度，一般包括 6 个层次：根本的预防性控制、补充性控制、防止事故扩大的预防性控制、维护性能的控制、经常性控制以及紧急性控制。

各层次控制采取的具体内容，随事故危险性质不同而不同。是否采取 6 个层次，则视事故的危险程度和严重性而定。这些就需要通过安全决策来决定。

下面以爆破危险的控制为例，对 6 个层次予以说明，见表 6-1。

表 6-1　控制爆炸危险的方案

顺序	1	2	3	4	5	6
目的	预防性	补充性	防止事故扩大	维护性能	经常性	紧急性
分类	根本性	耐负荷	缓冲、吸收	强度与性能	防误操作	紧急撤退人身防护

续表

顺序	1	2	3	4	5	6
内容提要	不使产生爆炸事故	保持防爆强度、性能、抑制爆炸	使用安全防护装置	对性能作预测监视及测定	维持正常运转	撤离人员
具体内容	（1）物质性质、A 燃烧、B 有毒	（1）材料性能	（1）距离	（1）性能降低否	（1）运行参数	（1）危险报警
	（2）反应危险	（2）缓冲材料	（2）隔离	（2）强度蜕化否	（2）工人技术教育	（2）紧急停车
	（3）起火、爆炸条件	（3）结构构造	（3）安全阀	（3）耐压	（3）其他条件	（3）个体防护用具
	（4）固有危险及人为危险	（4）整体强度	（4）检测、报警与控制	（4）全装置的性能检查	—	—
	（5）危险状态改变	（5）其他	（5）使事故局部化	（5）材质蜕化否	—	—
	（6）消除危险源	—	—	（6）防腐蚀管理	—	—
	（7）抑制失控	—	—	—	—	—
	（8）数据监测及其他	—	—	—	—	—

第二节 安全决策

决策是指人们在生存与发展过程中，以对事物发展规律及主客观条件的认识为依据，寻求并实现某种最佳准则和行动方案而进行的活动。决策通常有广义和狭义之分。广义的决策包括决策准备、方案优选和方案实施等全过程。狭义的决策是人们按照某个（些）准则在若干备选方案中的选择，只包括准备和选择两个阶段的活动。

决策是人们行动的先导。决策学是为决策提供科学的理论和方法，以支持和方便人们作决策的科学，是自然科学与社会科学涉及人类思维的新兴交叉学科。一个合理的准则（标准）体系，足够可靠的信息数据，可供选择的决策方法，落实的决策组织和实施办法，是科学决策的基本要素。

决策的分类方法很多。根据决策系统的约束性与随机性原理，可分为确定型决策和非确定型决策。

确定型决策：即是在一种已知的完全确定的自然状态下，选择满足目标要求的最优方案。确定型决策问题，一般应具备以下 4 个条件：

①存在着决策者希望达到的一个明确目标（收益大或损失小）。

②只存在一个确定的自然状态。

③存在着决策者可选择的两个或两个以上的抉择方案。

④不同的决策方案在确定的状态下的益损值可以计算。

非确定型决策：当决策问题有两种以上自然状态，哪种可能发生是不确定的，在此情况下的决策称为非确定型决策。

非确定型决策又可分为两类：当决策问题自然状态的概率能确定，即是在概率基础上做决策，但要冒一定的风险，这种决策称为风险型决策；如果自然状态的概率不能确定，即没有任何有关每一自然状态可能发生的信息，在此情况下的决策就称为完全不确定型决策。

风险型决策问题通常要具备以下 5 个条件：

①存在着决策者希望达到的一个明确目标。

②存在着决策者无法控制的两种或两种以上的自然状态。

③存在着可供决策者选择的两个或两个以上的抉择方案。

④不同的抉择方案在不同的自然状态下的益损值可以计算出来。

⑤每种自然状态出现的概率可以估算出来。

一、安全决策过程与决策要素

1. 决策过程

决策是人们为实现某个（些）准则而制定、分析、评价、选择行动方案，并组织实施的全部活动，也是提出、分析和解决问题的全部过程，主要包括 5 个阶段，如图 6-3 所示。

在这种典型的决策过程中，系统分析、综合、评价是系统工程的基本方法，也是决策（评价）的主要阶段。

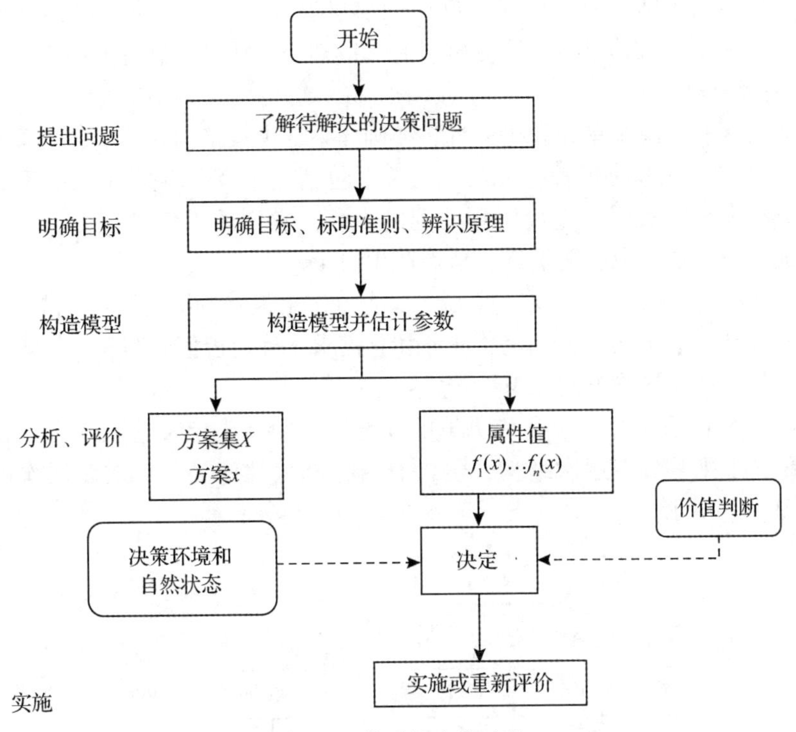

图 6-3　典型的决策过程

分析，一般是指把一件事物、一种现象或一个概念分成较简单的组成部分，找出这些部分的本质属性和相互关系。系统分析是为了给决策者提供判断、评价和抉择满意方案所需的信息资料，系统分析人员使用科学的分析方法对系统的准则、功能、环境、费用、效益等进行充分的调查研究，并收集、分析和处理有关资料和数据，对方案的效用进行计算、处理或仿真试验，把结果与既定准则体系进行比较和评价，作为抉择的主要依据。

综合，一般是指把分析过的对象的各个部分、各种关系联合成一个整体。系统综合就是根据分析结果确定系统的组成部分及构成方式和运作方式，进行系统设计，形成满足约束条件的可供优选的备选方案。

评价是对分析、综合结果的鉴定。评价的主要目的是判别设计的系统（备选方案）是否达到了预定的各项准则要求，能否投入使用，这是决策过程中的评价。

最后，根据分析、综合、评价的结果，再引入决策者的倾向性信息和酌情选定的决策规划，排列各备选方案的顺序，由决策者选择满意方案付诸实施。如果实施的结果不满意或不够满意，可根据反馈的信息返回到上述 4 个阶段的任何一个阶段，重复地、更深入地进行决策分析研究，以期获得尽可能满意的结果。

2. 决策要素

决策要素有：决策单元和决策者、准则体系、决策结构和环境、决策规则等。

（1）决策单元和决策者。决策单元常常包括决策者及共同完成决策分析研究的决策分析者，以及用以进行信息处理的设备。它们的工作是接受任务、输入信息、生成信息和加工成智能信息，从而产生决策。

决策者是指对所研究问题有权力、有能力作出最终判断与选择的个人或集体。其主要责任在于提出问题，规定总任务和总需求，确定价值判断和决策规划，提供倾向性意见，抉择最终方案并组织实施。

（2）准则体系。对一个有待决策的问题，必须首先定义它的准则。在现实决策问题中，准则常具有层次结构，包含有目标和属性两类，形成多层次的准则体系，如图 6-4 所示。

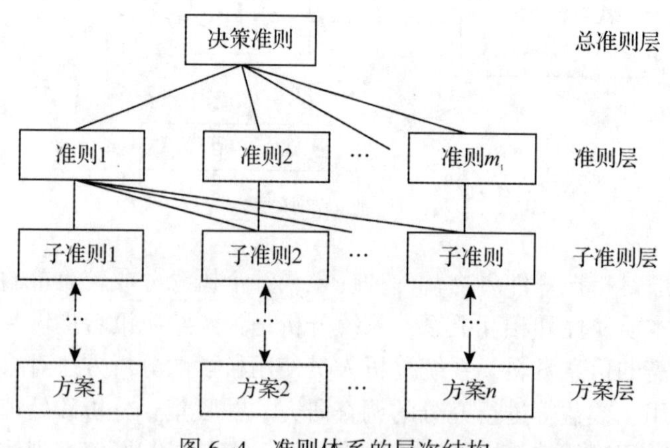

图 6-4　准则体系的层次结构

准则体系最上层的总准则只有一个，一般比较宏观、笼统、抽象。为此要将总准则分解为各级子准则，直到相当具体、直观，并可以直接或间接地用备选方案本身的属性（性能、参数）来表征的层次为止。在层次结构中，下层的准则比上层的准则更加明确具体并便于比较、判断和测算，它们可作为达到上层准则的某种手段。下层子准则集合一定要保证上层准则的实现，子准则之间可能一致，也可能相互矛盾，但要与总准则相协调，并尽量减少冗余。

设定准则体系是为了评价、选择备选方案，所以准则体系最低层是直接或间接表征方案性能、参数的属性层。应当尽量选择属性值，能够直接表征与之联系，达到所要求程度的属性。否则，只好选用间接表征与之联系的达到所要求程度的代用属性。代用属性与相应目标之间的关系表现为间接关系，其中隐含有决策人的价值判断。例如，用武器系统操作人员的文化程度，与是否需要专门培训来表征武器系统的使用方便性（目标要求），就是一种代用属性。它隐含着下述价值判断：操作人员文化程度愈低，武器系统使用方便性愈好。

当将一个或一组属性与一个准则联系时，应该具备综合性和可度量性。如果属性的值可充分地表明满足与之联系准则的程度，则称该属性是综合的；如果对于备选方案可以用某一种标度赋予这属性一定值，则称该属性是可度量的。常用来度量属性的标度有比例标度、区间标度和序标度。

（3）决策结构和环境。决策结构和环境属于决策的客观态势（情况）。为阐明决策态势，必须尽量清楚地识别决策问题（系统）的组成、结构和边界，以及所处的环境条件。它需要标明决策问题的输入类型和数量，决策变量（备选方案）集和属性集，测量标度类型，决策变量（方案）和属性间以及属性与准则间的关系。

决策变量也称可控（受控）变量，是决策（评价）的客观对象。在自然系统中，决策变量集常以表征系统主要特征的一组性能、参数形式出现，由它们可以组合出无限多个备选方案，其范围由一组约束条件所限制。而在实际（社会）系统中，例如安全系统，因变量之间、变量与属性之间的结构过于复杂，有许多是半结构化甚至非结构化形式，尚难以给予形式化的表述，所以决策变量常以有限个离散的备选方案的形式出现。

决策的环境条件可区分为确定性和非确定性两大类。由于决策是面向未来发生事件所作的抉择，所以决策的环境条件都带有不确定性，只是在很多情况下，正常环境出现的概率很大，非正常条件出现的可能性很小（即近似认为是小概率事件），而认为环境条件是确定的。在非确定性中，又分因果关系不确定的随机型和排中律不确定的模糊型。发展初期的经典决策，就是在随机环境下进行的单准则优选，称之为统计决策。

（4）决策规则。决策就是要从众多的备选方案中选择一个用以付诸实施的方案，作为最终的抉择。在作出最终抉择的过程中，要按照多准则问题方案的全部属性值的大小进行排序，从而依序择优。这种促使方案完全序列化的规则，便称为决策规则。决策规则一般可分为两大类：最优规则和满意规则。最优规则是使方案完全序列化的规则，只有在单准则决策问题中，方案集才是完全有序的，因此，总能够从中选中最优方案。

然而在多准则决策问题中，方案集是不完全有序的，准则之间往往存在矛盾性、不可公度性（各准则的量纲不同）。所以，各个准则均最优的方案一般是不存在的。因而，只能在满意规则下寻求决策者满意的方案。在系统优化中，用“满意解”代替“最优解”，就会使复杂问题大大简化。决策者的满意性，一般通过“倾向性结构（信息）”来表述，是多准则决策不可缺少的重要组成部分。

3. 安全决策

安全决策与通常的决策过程一样，应按照一定的程序和步骤进行。不同的是，在进行安全决策时，应注意安全问题的特点，确定各个步骤的具体内容。

（1）确定目标。决策过程首先需要明确目标，也就是要明确需要解决的问题。对安全而言，从大安全观出发，安全决策所涉及的主要问题就是保证人们的生产安全、生活安全和生存安全。但是这样的目标所涉及的范围和内容太大了，以至于无法操作，应进一步界定、分解和量化。

例如：生产安全是一个总目标，可以分解为预防事故发生、消除职业病和改善劳动条件。而且，对已分解的目标还应根据行业不同、现实条件不同（例如，经济保证、技术水平）、边界约束条件不同，区分目标的实现层次和内涵。

又如：生活安全可以分解为个人生活安全、家庭生活安全和社会生活安全，也可以分解为生命安全、财产安全和生活舒适与健康；生存安全可以分解为自然灾害、人为灾害，也可分解为生态环境安全、灾害、交通安全以及突发事件（战争、冲突等）。

另外对于决策目标应有明确的指标要求：对于技术问题应有风险率、严重度、一定可靠度下的安全系数，以及事故率、时间域和空间域等具体量化指标；对于难以量化的定性目标，则应尽可能加以具体说明。

（2）确定决策方案。在目标确定之后，决策人员应依据科学的决策理论，对要求达到的目标进行调查研究，进行详细的技术设计、预测分析，拟出几个可供选择的方案。

首先，应根据总目标和指标的要求将那些达不到目标基本要求的方案舍弃掉，然后再用加权法或其他数学方法对各个方案进行排序。排在第一位的方案也称为备选决策提案。备选决策提案不一定是最后决策方案，还需要经过技术评价和潜在问题分析，做进一步的慎重研究。

（3）潜在问题或后果分析。对备选决策方案，决策者要向自己提出“假如采用这个方案，将产生什么样的结果；假如采用这个方案，可能导致哪些不良后果和错误”等问题，从这些可能产生的后果中进行比较，以决定方案的取舍。

对安全问题，考虑其决策方案后果，应特别注意如下潜在问题：

1）人身安全方面。应特别注意有无生命危险、有无造成工伤的危险、有无职业病和后遗症的危险。

2）人的精神和思想方面。是否会造成人的道德、思想观念的变化，是否会造成人的兴趣爱好和娱乐方式的变化，是否会造成人的情绪和感情方面的变化，是否会加重人的疲劳，带来精神紧张，影响个人导致不安全感或束缚感的产生等。

3）人的行为方面。能否造成人的生活规律、生活方式变化，以及生活时间的变化等。

（4）实施与反馈。决策方案在实施过程中应注意制定实施规划、落实实施机构、人员职责，并及时检查与反馈实施情况，使决策方案在实施过程中趋于完善并达到预期效果。

二、安全决策方法

安全决策学是一门交叉学科，既含有从运筹学、概率论、控制论、模糊数学等引入的数学方法，也有从安全心理学、行为科学、计算机科学、信息科学引入的各种社会、技术科学。

根据决策环境，考虑属性量化程度，可以把多属性决策（MADM）问题区分为确定性和非确定性两类，相应的决策方法就有确定性多属性决策方法、定性与定量相结合的决策方法和模糊多属性决策方法。目前采用的决策方法有：评分法、决策树法、确定性多属性决策方法、经济技术评价法等，本节重点介绍前 2 种决策方法，即评分法和决策树法。

1. 评分法

评分法就是根据预先规定的评分标准对各方案所能达到的指标进行定量计算比较，从而达到对各个方案排序的目的。

（1）评分标准。一般按 5 分制评分：优、良、中、差、最差。当然也可按 7 个等级评分，这要视决策方案多少及其之间的差别大小和决策者要求而定。

（2）评分方法。多数是采用专家打分的办法，即以专家根据评价目标对各个抉择方案评分，然后取其平均值或除去最大、最小值后的平均值作为分值。

（3）评价指标体系。评价指标体系一般应包括 3 个方面的内容：技术指标、经济指标和社会指标。对于安全问题决策，若有几个不同的技术抉择方案，则其评价指标体系大致有如下内容：技术先进性、可靠性、安全性、维修性、可操作性等；经济方面有成本、质量可靠性、原材料、周期、风险率等；社会方面有劳动条件、环境、精神习惯、道德伦理等。当然要注意指标因素不宜过多，否则不但难以突出主要因素，而且会造成评价结果不符合实际。

（4）加权系数。由于各评价指标的重要性程度不一样，必须给每个评价指标一个加权系数。为了便于计算，一般取各个评价指标的加权系数 g_i 之和为 1。加权系数值可由经验确定或用判断表法计算。

重要性判断表见表 6-2，将评价目标的重要性两两比较，同等重要各给 2 分；某一项重要者则分别给 3 分和 1 分；某一项比另一项重要得多，则分别给 4 分和 0 分。将上述对比的给分填入表中。

表 6-2　　评价项目的重要性判断表

被比者 比较者	A	B	C	D	K_i	$g_i = k_i / \sum_{i=1}^{n} k_i$
A		1	0	1	2	0.083
B	3		1	2	6	0.250
C	4	3		3	10	0.417
D	3	2	1		6	0.250
重要程度排序 C>B，D>A					$\sum_{i=1}^{4} k_i = 24$	$\sum_{i=1}^{4} g_i = 1.0$

计算各评价指标的加权系数公式为

$$g_i = k_i / \sum_{i=1}^{n} k_i \tag{6-1}$$

式中　k_i——各评价指标的总分；

　　n——评价指标数。

（5）计算总分。计算总分也有多种方法，见表 6-3，可根据其适用范围选用，总分或有效值高者为首选方案。

表 6-3　　总分计算方法

序号	方法名称	公式	适用范围
1	分值相加法	$Q_1 = \sum_{i=1}^{n} k_i$	计算简单直观
2	分值相乘法	$Q_2 = \prod_{i=1}^{n} k_i$	各方案总分相差大，便于比较

续表

序号	方法名称	公式	适用范围
3	均值法	$Q_3 = \frac{1}{n}\sum_{i=1}^{n} k_i$	计算简单直观
4	相对值法	$Q_4 = \sum_{i=1}^{n} k_i / nQ_0$	能看出与理想方案的差距
5	有效值法	$N = \sum_{i=1}^{n} k_i g_i$	总分中考虑了各评价指标的重要程度

表中　Q——方案总分值；

N——有效值；

n——方案指标数；

k_i——各评价指标的评分值；

g_i——各评价指标的加权系数；

Q_0——理想方案总分值。

2. 决策树法

决策树法是风险决策的基本方法之一。决策树法又称概率分析决策方法。

（1）决策树形。决策树的结构如图 6-5 所示，图中符号说明如下：

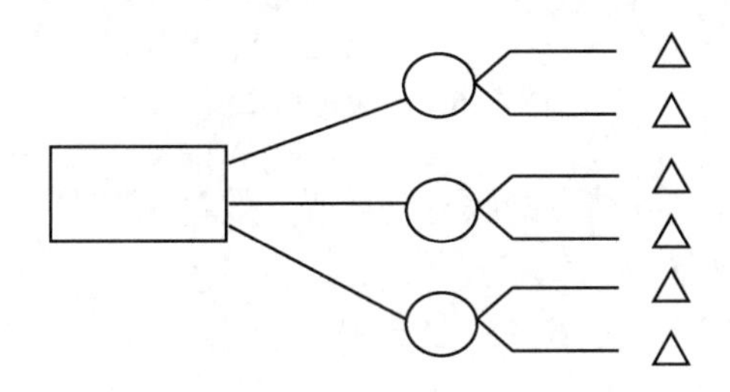

图 6-5　决策树示意图

方块□——表示决策点，从它引出的分支叫方案分支，分支数即为提出的方案数。

圈○——表示方案结点（也称自然状态点），从它引出的分支称为概率分支，每条分支上面应注明自然状态（客观条件）及其概率值，分支数即为可能出现的自然状态数。

三角△——表示结果节点（也称末梢），它旁边的数值是每一方案在相应状态下的收益值。

（2）决策步骤。首先根据决策问题绘制决策树，然后计算概率分支的概率值和相应的结果节点的收益值，再计算各概率点的收益期望值，最后确定最优方案。

（3）应用举例。某厂因生产需要，考虑是否自行研制一个新的安全装置。首先，这个研制项目是否需要评审，如果评审，则需要评审费 5 000 元，如果不评审，则可省去这项评审费用。如果决定评审，评审通过的概率为 0.8，不通过的概率为0.2。每种研制形式都有失败可能，如果研制成功（无论哪一种形式），能有 6 万元收益；若采用“本厂独立完成”形式，则研制费用为 2.5 万元，成功概率为 0.7，失败概率为 0.3；若采用“外厂协作”形式（包括先评审），则支付研制费用为 4 万元，成功概率为 0.99，失败概率为 0.01。针对上述问题进行决策。

解：①首先画出决策树，如图 6-6 所示。

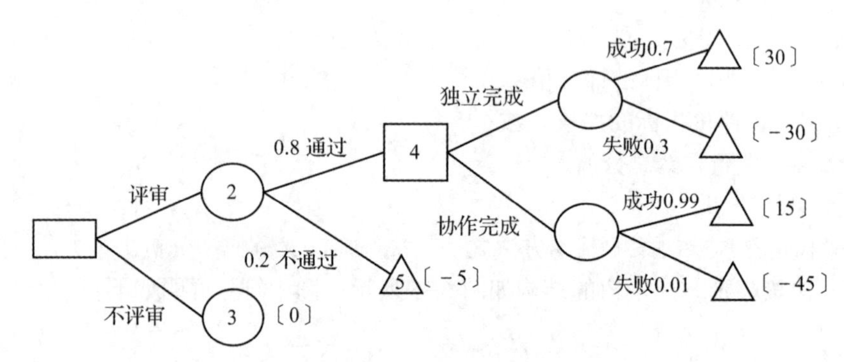

图 6-6　决策树示意图

②根据上述数据计算各结点的收益（收益=效益-费用）

独立研制成功的收益

$$60-5-25=30\text{（千元）}$$

独立研制失败的收益

$$0-5-25=-30\text{（千元）}$$

协作研制成功的收益

$$60-5-40=15\text{（千元）}$$

协作研制失败的收益

$$0-5-40=-45\text{（千元）}$$

按照期望值公式计算期望值，期望值公式

$$E(V)=\sum_{i=1}^{n}P_iV_i \tag{6-2}$$

式中　V_i——事件 i 的条件值；

P_i——特定事件 i 发生的概率；

N——事件总数。

独立研制成功的期望值

$$E(V_0)=0.7\times30+0.3\times(-30)=12$$

协作研制成功的期望值

$$E(V_7)=0.99\times15+0.01\times(-45)=14.4$$

③根据期望值决策准则，若决策目标是收益最大，则采用期望值最大的行为方案，如果决策目标是使损失最小，则选定期望值最小的方案，本例选用期望值最大者，即选用协作完成形式。

（4）决策树法的优点有以下 3 点：

1）决策树能显示出决策过程，形象具体，便于发现问题。

2）决策树能把风险决策的各个环节联系成一个统一的整体，有利于决策过程中的思考，易于比较各种方案的优劣。

3）决策树法可进行定性分析，也可进行定量分析。

第三节　危险源控制技术

固有危险源是企业客观存在的现象，如何有效地控制固有危险源，使其不至于发展成为事故，对企业安全生产具有十分重要的作用。

一、固有危险源

固有危险源是指生产中的事故隐患，即生产中存在的可能导致事故和损失的不安全条件，包括物质因素和部分环境因素。

固有危险源按其性质的不同，可以分为化学、电气、机械（含土木）、辐射和其他等 5 大类。

1. 化学危险源

化学危险源是指在生产过程中，原材料、燃料、成品、半成品和辅助材料中所含的化学危险物质。其危险程度与这些物质的性质、数量、分布范围及存在方式有关。它包括以下 4 种：

（1）火灾、爆炸危险源。火灾、爆炸危险源是指那些构成事故危险的易燃、易爆物质、禁水性物质以及易氧化自燃的物质。

（2）工业毒害源。工业毒害源是指在工业生产中，能导致职业病、中毒窒息的有毒、有害物质、窒息性气体、刺激性气体、有害性粉尘、腐蚀性物质和剧毒物。

（3）大气污染源。大气污染源是指造成大气污染的工业性烟气和粉尘。

（4）水质污染源。水质污染源是指造成水质污染的工业废弃物和药剂。

2. 电气危险源

电气危险源是指那些引起人员触电、电气火灾、电击和雷击的不安全因素。它包括以下 3 种：

（1）漏、触电危险。漏、触电危险是指电气设备和线路损坏、绝缘损坏以及缺少必需的安全防护等。

（2）着火危险。它包括电弧、电火花和静电放电等危险。

（3）电击、雷击危险。

3. 机械（含土木）危险源

（1）重物伤害的危险。它包括矿山顶板落盘的危险和建筑塌落的危险。

（2）速度和加速度造成伤害的危险。它包括设备的往复式运动、物体的位移、运输车辆和起重提升设备的运行造成的伤害危险。

（3）冲击、振动危险。它包括各种冲压、剪切、轧制设备和设备中有冲撞危险的部分。

（4）旋转和凸轮机构动作伤人的危险。

（5）切割和刺伤危险。

（6）高处坠落的危险。具有位能而缺乏有效防护的地点。

（7）倒塌、下沉的危险。

4. 辐射危险源

（1）放射源。指 α、β、γ 射线源。

（2）红外射线源。

（3）紫外射线源。

（4）无线电辐射源。它包括射频源和微波源。

辐射危险与辐射强度、暴露作用时间有关。辐射强度与辐射剂量成正比，与距离平方成反比。各种辐射线在通过不同介质时，其强度均有不同程度的衰减。

5. 其他危险源

（1）噪声源。长期噪声环境中作业的人员，会引发重听、耳聋等职业病或神经性疾病。而且，在噪声环境中作业，往往事故频率会增高。

（2）强光源。如电焊弧光、冶炼中高温熔融物的强光。

（3）高压气体。它具有爆炸和机械伤害的危险。

（4）高温源。它具有烫伤、烧伤及火灾危险。

（5）湿度。长期在潮湿的场所作业的人员，会引起风湿等职业病害。

（6）生物危害。这种伤害在林业和地质勘探中较常见，并与地理区域和地形有关，如毒蛇、猛兽伤害。

以上分类是为了便于辨识，在实际情况中，往往发生多种危险的综合作用，而且可能相互转化。

二、重大危险源

重大危险源是指长期或临时生产、加工、搬运、使用或储存危险物质，且危险物质的数量等于或超过临界量的单元。

1. 国外重大工业危险源监控状况

20 世纪 70 年代以来，随着工业生产中火灾、爆炸、毒物泄漏等重大恶性事故不断发生，预防重大工业灾害已引起了国际社会的广泛重视，对重大危害、重大危害设施、重大事故评价、重大危险控制等方面的研究取得了很大进展。

早在 1974 年 6 月弗利克斯巴勒爆炸事故发生后，英国卫生与安全委员会就设立了重大危险咨询委员会（简称 ACMH），负责研究重大危险源的辨识、评价技术和控制措施。随后，英国卫生与安全监察局（HSE）专门设立了重大危险管理处。ACMH 于 1996 年首次向英国卫生与安全监察局提交了重大危险源标准的建议。由于 ACMH 等机构在重大危险源辨识、评价方面极富成效的工作，促使欧洲共同体在 1992 年 6 月颁布了《工业活动中重大事故危险法令》（以下简称《塞韦索法令》）。为实施《塞韦索法令》，英国、荷兰、德国、法国、意大利、比利时等欧洲共同体成员国都颁布了有关重大危险源控制的规程，要求对工厂的重大危害设施进行辨识、评价，提出相应的事故预防和应急计划措施，并向主管当局提交详细描述重大危险源状况的安全报告。

1984 年印度博帕尔事故发生后，1985 年 6 月国际劳工大会通过了《关于危险物质应用和工业过程中事故预防措施的决定》。1988 年国际劳工组织（ILO）出版了《重大危险源控制手册》。1991 年 ILO 出版了《预防重大工业事故实施细则》。1992 年国际劳工大会第 79 届议会对关于预防重大工业灾害的问题进行了讨论，1993 年 6 月通过了《预防重大工业事故的公约和建议书》。该公约和建议书为建立国家重大危险源控制系统，避免灾难性工业事故的发生以及减轻事故的后果奠定了基础。1993 年 9 月澳大利亚国家职业安全卫生委员会也颁布了重大危险源控制的国家标准，澳大利亚各州使用该标准作为控制重大工业危险源的立法依据。

2. 我国城市重大危险源监控管理体系与政策分析

事故的发生，许多是与危险源得不到辨识和有效控制有关。因此，必须辨识可能发生事故的潜在危险源，对危险源的类别进行分析，对城市重大工业事故发生情况进行统计，探讨我国有关工业企业危险物质类别及其临界值标准和危险源的系统分析方法。

城市重大危险源监控管理体系的建立必须按科学的方法和程序进行。根据西方发达国家重大危险源的研究进展状况，结合我国城市经济发展的实际，有关学者建议城市重大危险源监控管理体系如图 6-7 所示。

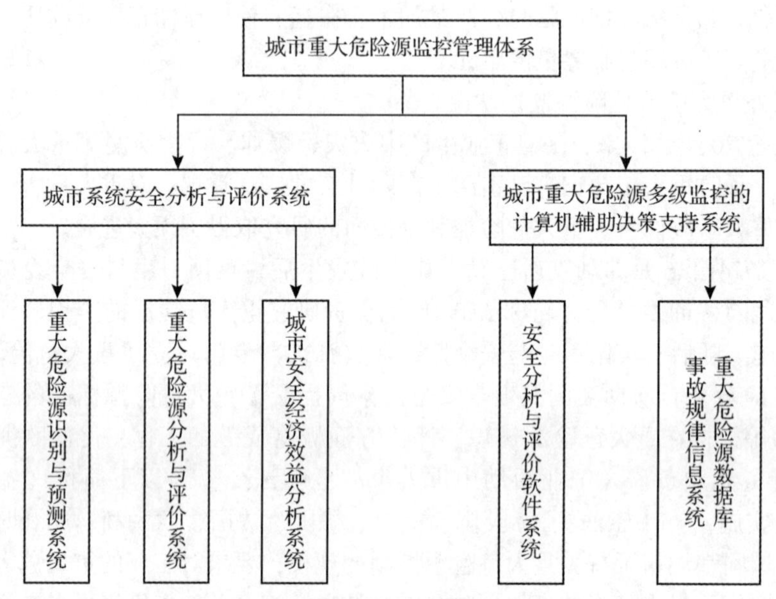

图 6-7　城市重大危险源监控管理体系

（1）城市系统安全分析与评价系统。

1）重大危险源的辨识与预测系统。重大危险源的辨识与预测，主要是对系统中发生的各种重大事故进行统计和分析。如统计各种事故发生的次数、事故的种类、伤亡情况和经济损失等，并根据这些数据对系统中存在的重大危险源进行预测，如建立定量预测模型和各类事故的专家预测系统等。

2）重大危险源分析与评价系统。重大危险源分析与评价系统，主要根据收集的系统设计、运行及其他与重大危险源有关的资料和信息，对重大危险源的关键部分进行分析和评价，探讨人—机—环境系统的不安全因素和预防重点。寻求一种快速评价分级方法，对重大危险源的危险程度进行分级或排序。研究开发适合于我国工业生产特点的危险分析和安全评价方法。

3）城市安全经济效益分析系统。对危险源辨识和评价后，对一些可能产生严重后果的危险源，必须采取措施加以消除。为此必须进行安全投入，分析安全投入的理论体系与内涵；分析影响安全投入的因素，如投入方向和投入规模；对安全投入效益进行评价；对不同的安全防范措施进行优化分析。

（2）城市重大危险源多级监控的计算机辅助决策支持系统。该系统是以计算机为主要手段，采用系统工程的方法，结合系统结构模式，集数据、模型、方法三位一体的信息库管理和计算机网络等先进技术，对城市中的各种伤亡事故信息加以整理、存储、处理、加工、传输和显示的管理系统。这个系统可为用户提供伤亡信息查询、统计分析、发展预测，为城市提供自然资源管理、安全生产计划管理、劳动力资源管理、设备管理、劳动保险管理等决策信息。

在实现城市事故管理信息系统的基础上，研制一系列城市危险源辨识、评价软件，建立城市重大工业危险源监控管理的决策支持系统。

（3）建立城市重大工业危险源监控管理体系的政策分析。在上述基础上，城市重大工业危险源监控管理还须从以下几个方面采取措施。

1）尽快制定重大事故预防和控制法规，明确规定各级政府、安全监管监察部门、企业及行业主管部门和工人及其组织的职责，把事故预防工作纳入法制轨道。

2）第一，根据我国工业生产状况、技术水平和重大事故发生特点，研究制定重大危险源辨识标准，实行重大危险源登记制度；第二，建立国家、省（直辖市）、市三级重大危险源安全监察控制体系，各级安全监察机构定期对所辖范围的重大危险源进行专业监察；第三，建立国家、省（直辖市）、市三级重大事故应急反应系统（即厂外应急计划），以便对突发事件进行救援处理；第四，制定危险厂房选址和土地使用政策，规定不同级别危险源与居民区之间的安全距离，采取安全防护措施，以减轻灾难性事故造成的损失。

3）在经济活动中，企业必须对安全生产负全面责任：一是根据国家制定的标准和法规，对企业的危险源进行风险分析和安全评价，对每个重大危险源进行风险分析和安全评价，每个重大危险源都要有完善的安全技术措施和组织管理措施；二是建立厂内应急计划，并对全体职工进行重大事故预防和事故应急措施的教育与训练；三是定期对重大危险源操作和管理人员进行预防事故专业培训；四是向当地安全监管监察部门呈交危险源状况的安全评价报告（新建的重大危害设施，须在运行前呈交）。

4）行业主管部门协助安全生产监管部门对所属行业的重大危险源进行分级监察管理的同时，应研究和制定适合行业特点的重大事故预防和控制措施（如安全工程措施、事故监测预警系统、危险评价方法等），通过计划、组织、协调、指导和监督检查，加强对所属行业的重大危险源的管理。

5）各级工会应充分行使群众监督权力，发动职工群众查隐患、堵漏洞，保障工人的生产安全。如果发现生产和管理上有可能导致事故的反常情况，必须及时向主管部门报告。

6）安全生产关系着企业的兴衰、人民的安危幸福和社会的安定与发展。社会各界对存在重大事故隐患，对有法不依、安全管理不严或重大事故连续发生的企业，要进行社会监督；新闻媒体要对重大事故进行客观报道，以引起全社会关注，增强全民的安全和减灾意识。

7）增加安全科研投入。当前应重点研究重大危险源普查技术与方法，重大事故监测与控制技术及定量危险评价方法。只有通过安全科学技术的发展，才能做到有效地预防和控制重大事故的发生。

8）我国重大事故预防控制研究工作刚刚起步，急需大批有实践经验和训练有素的事故预防控制专业人员。因此，迫切需要学习和借鉴国外的先进技术和经验，加强国际交流与合作，提高我国预防和控制重大事故的能力。

3. 重大危险源的识别和定级

重大危险源的识别是根据危险源的三要素进行的。首先识别出重大危险源单元（储罐区、库区、生产场所），根据储存的化学危险物品的品种和临界量以及其事故灾害形式进行识别和确认。若化学危险品的品种多而数量少，可根据其加权平均数进行识别和确认。

属于重大危险源的识别公式

$$\frac{q_1}{Q_1}+\frac{q_2}{Q_2}+\cdots+\frac{q_n}{Q_n}>1 \tag{6-3}$$

式中 q_1、q_2、$\cdots q_n$——每一种危险品的实际量；

Q_1、Q_2、$\cdots Q_n$——对应危险物品的临界量。

重大危险源登记的程序是企业和单位在识别出重大危险源的基础上，填报统一报表至安全生产行政管理部门登记。各企业和单位在登记工作时要注意以下几点：

（1）企业首先要认识对重大危险源识别和登记的意义。

（2）认真填报表格及绘制本企业单位安全地图。

（3）识别填报应按重大危险源单元为基础。

储罐区、库区、生产场所的临界量如表6-4～表6-6所示。

表6-4　　　　储罐区（储罐）临界量表

类别	物质特性	临界量	典型物质举例
易燃液体	闪点<28 ℃	20 t	汽油、丙烯、石脑油等
28 ℃≤闪点<60 ℃	100 t	煤油、松节油、丁醚等	
可燃气体	爆炸下限<10%	10 t	乙炔、氢、液化石油气等
爆炸下限≥10%	20 t	氨气等	
毒性物质*	剧毒品	1 kg	氰化钠（溶液）、碳酰氯等
有毒品	100 kg	三氟化砷、丙烯醛等	
有害品	20 t	苯酚、苯肼等	

*毒性物质类别参照国家标准《职业性接触毒物危害程度分级》（GBZ 230—2010）分类。

表6-5　　　　库区临界量表

类别	物质特性	临界量	典型物质举例
民用爆破器材	起爆器材	1 t	雷管、导爆管等
工业炸药	50 t	铵梯炸药、乳化炸药等	
爆炸危险原材料	250 t	硝酸铵等	
烟火剂、烟花爆竹		5 t	黑火药、烟火药、爆竹、烟花等
易燃液体	闪点<28 ℃	20 t	汽油、丙烯、石脑油等
28 ℃≤闪点<60 ℃	100 t	煤油、松节油、丁醚等	
可燃气体	爆炸下限<10%	10 t	乙炔、氢、液化石油气等
爆炸下限≥10%	20 t	氨气等	
毒性物质	剧毒品	1 kg	氰化钾、乙撑亚胺、碳酰氯等
有毒品	100 kg	三氟化砷、丙烯醛等	
有害品	20 t	苯酚、苯肼等	

表6-6　　　　生产场所临界量表

类别	物质特性	临界量	典型物质举例
民用爆破器材	起爆器材	0.1 t	雷管、导爆管等
工业炸药	5 t	铵梯炸药、乳化炸药等	
爆炸危险原材料	25 t	硝酸铵等	

续表

类别	物质特性	临界量	典型物质举例
烟火剂、烟花爆竹		0.5 t	黑火药、烟火药、爆竹、烟花等
易燃液体	闪点<28 ℃	2 t	汽油、丙烯、石脑油等
28 ℃≤闪点<60 ℃	10 t	煤油、松节油、丁醚等	
可燃气体	爆炸下限<10%	1t	乙炔、氢、液化石油气等
爆炸下限≥10%	2 t	氨气等	
毒性物质	剧毒品	100 g	氰化钾、乙撑亚胺、碳酰氯等
有毒品	10 kg	三氟化砷、丙烯醛等	
有害品	2 t	苯酚、苯肼等	

4. 重大危险源单元定级

一个重大危险源单元由三个重要要素构成。为了对三个重要要素统一综合认定、比较，可以将三个要素综合定级，以供分级管理和分级监控。

重大危险源定级方法是用半数致死半径 $R_{0.5}$ 的长度来进行。即对某一个重大危险源单元，按照灾害形式如爆炸、火灾、毒物泄漏等计算其半数致死半径 $R_{0.5}$ 来确定该单元内所有驻留物品的危险等级。

重大危险源按半数致死半径长度分级为：一级重大危险源 $R_{0.5}>200$ m；二级重大危险源 100 m$<R_{0.5}<$200 m；三级重大危险源 50 m$<R_{0.5}<$100 m；四级重大危险源 $R_{0.5}<50$ m。

半数致死半径 $R_{0.5}$ 根据爆炸、燃烧、中毒时主要对人体致害因素（如爆炸的冲击波超压，燃烧的辐射热热通量和急性中毒的毒负荷）形成50%死亡的概率所覆盖区域的半径来确定。

5. 企业重大危险源的评估

企业重大危险源的评估方法有很多，已形成商品软件系列。评估方法举例如下：

（1）重大危险源单元事故后果分析。利用重大危险源事故物理分析形成一系列的数学模型，根据因果序列方法计算各项参数，分析有关系统状况。

（2）重大危险源单元区域地理系统分析。利用重大危险源单元在区域分布及其行为系统分析，如熵增原理来预测事故后果行为。

（3）重大事故隐患的治理行动。目前，识别隐患的最好方法是各级、各类专业人员的安全检查。如能实现计算机监控方案配以仿真系统则效果更好。值得注意的是，在安全中任何先进的系统，都需要人的检查、观察。

总之，遏制重大工业事故是一个系统工程，它与经济基础、运作形式以及管理机制等是分不开的。无论何种形式的管理都是相互联动的，具有一定的规律。

三、控制方法

对于上述重大危险源的控制，总的来说，就是要尽可能地做到工艺安全化。即要求尽可能地变有害为无害、有毒为无毒、事故为安全。至少要减少事故发生频率和减轻事故损失程度。同时还必须考虑经济因素，做到控制措施的优化。从微观上说，危险控制有 6 种方法，分别介绍如下。

1. 消除危险

即根据重大危险源或危险因素，可以从以下 2 个方面着手。

（1）布置安全。厂房、工艺流程、设备、运输系统、动力系统和交通道路等的布置做安全化。

（2）机械安全。指设备在制造时做到产品安全，包括以下 4 种：

1）结构安全。使设备自身能达到保护人、物、环境和生产的性能。

2）位置安全。做到设备内部的零部件和组件的位置布置合理，使设备在生产运行中和检修中不致发生危险部件伤害人员的事故。

3）电能安全，采用安全电源或安全电压。

4）物质安全，采用无毒、无腐蚀、无火灾、爆炸危险的物质。

2. 控制危险

当事故危险不可能根除时，就要采取措施，予以控制，以达到减少危险的目的，其方法有以下 2 种。

（1）直接控制。可以采用的措施包括以下 5 种：

1）熔断器。人们用不同规格的熔丝来限制过电流，保护电器设备的安全。

2）限速器。用它控制车床转速和车辆行驶的速度。

3）安全阀。用以防止高压气体和蒸汽过压。

4）爆破膜。装有爆破膜的金属压力和反应釜，当其中的压力超过一定值时，则爆破膜破裂卸压，以便防止该设备破坏，减少周围物品的损坏。

5）轻质顶棚。采用石棉瓦等轻质材料作易燃、易爆仓库或车间顶棚，可以减小事故的破坏程度。

（2）间接控制。包括检测各类导致事故危险的工业参数，以便根据检测结果予以处理。如对温度、压力、含氧量以及毒气含量的检测。

以上列举的方法都不能消除危险，只能达到减少危害、控制危险的目的。其方法简便易行，经济有效。因此，这些方法得到了相当广泛的应用。

3. 防护危险

分为设备防护和人体防护两类。

（1）设备防护。又称为机械防护，包括以下5种：

1）固定防护。如将放射性物质放在铅罐中，并设置储井，把铅罐放在地下。

2）自动防护。如自动断电、自动洒水、自动停气等，又如故障停止、故障激活等。

3）连锁防护。如将高电压设备的门与电气开关连锁，只要开门，设备就断电，这就可以保证人员免受伤害，还例如煤矿井下的风电闭锁和瓦斯电闭锁。

4）快速制动防护，又称跳动防护。当发生事故时，这种装置能紧急制动，起到防止发生和扩大事故的作用。

5）遥控防护。即对危险性较大的设备和装置实行远距离控制。

（2）人体防护。即保护人员的生命和健康，包括以下6种：

1）安全带。可以防止高空坠落危险。

2）安全鞋。有绝缘鞋、防砸鞋等。

3）护目镜。有电焊眼镜、防红外眼镜、防金属屑护目镜、防毒眼镜等。

4）安全帽和头盔。

5）呼吸护具。有防尘口罩、呼吸器、自救器等。

6）面罩。

这些都是局部的防护措施，具有投资少的优点，对保护设备和人身安全有重要的作用。

4. 隔离防护

对危险性较大而又无法消除或控制的场合，可以采用长期或暂时隔离的防护方法，其中包括以下3种：

（1）禁止入内。采用设置警卫、悬挂标牌、装设栏杆、刺丝网或挖沟等方式实施。

（2）固定隔离。设置防火墙、防油堤、防爆堤、防水堤等。有些需要认真进行结构和强度计算。

（3）安全距离。合理运用安全距离，可以防止火灾、爆炸危险及爆炸冲击波的危害。

实践中，常常把上述3种方式配合使用。

5. 保留危险

保留危险仅在预计到可能会发生危险而又没有很好的防护方法场合下采用。这时，必须做到使其损失最小。因此，要进行一系列的计算、分析和比较，要尽可能地估计各种意外因素，再作出决定。

6. 转移危险

对于难以消除和控制的危害，在进行各种比较、分析之后，选取转移危险的方法。

例如，1998 年长江上游的荆江分洪工程就是一个运用得极好的范例。这一年，由于长江水位上升，给荆州市荆江大堤造成很大威胁，特别是洪峰连续不断地出现，使大堤面临着溃决的危险。一旦大堤溃决，淹没江汉平原后，将给全省带来很大的损失。在这种情况下，采用了分洪措施，牺牲了局部的利益，保证了全局的安全。

综上所述，对于任何事故隐患，我们都可以采取选择消除、控制、防护、隔离、保留和转移等一种或数种方法予以控制，以达到安全生产的目的。

第四节　安全措施

研究安全系统工程的最终目的，是通过控制危险，即降低事故的发生概率和事故的严重度，达到系统最优化的安全状态。根据系统安全评价的结果，为了减少事故的发生应采取的基本安全措施有：降低事故发生概率的措施、降低事故严重度的措施和加强安全管理的措施。

一、降低事故发生概率的措施

影响事故发生概率的因素很多，如系统的可靠性、系统的抗灾能力、人为失误和违章等。在生产作业过程中，既存在自然的危险因素，也存在人为的生产技术方面的危险因素。这些因素能否转化为事故，不仅取决于组成系统各要素的可靠性，而且还受到企业管理水平和物质条件的限制。因此，降低系统事故的发生概率，最根本的措施是设法使系统达到本质安全化，使系统中的人、机、环境和管理安全化。

所谓本质安全，是指设备或系统的本质必须安全，一旦设备或系统发生故障时，能自动排除、切换或安全地停止运行；当人为操作失误时，设备、系统能自动保证人、机安全。

例如：煤矿井下使用的防爆性电气设备和安全火花型电气设备即属本质安全型设备。要做到系统的本质安全化，应采取以下 5 项综合措施。

1. 提高设备的可靠性

要控制事故的发生概率，提高设备的可靠性是基础。为此，应采取以下 5 项措施。

（1）提高元件的可靠性。设备的可靠性取决于组成元件的可靠性。要提高设备的可靠性，必须加强对元件的质量控制和维修检查。一般可采取以下 2 项措施：

1）使元件的结构和性能符合设计要求和技术条件，选用可靠性高的元件代替可靠性低的元件。

2）合理规定元件的使用周期，严格检查维修，定期更换或重建。

（2）增加备用系统。在一定条件下，增加备用系统，当发生意外事件时，可随时启用，不致中断正常运行，也有利于系统的抗灾、救灾。例如对矿井的一些关键性设备，如供电线路、通风机、电动机、水泵等均配置一定量的备用设备，以提高矿井的抗灾能力。

（3）利用平行冗余系统。实际上，平行冗余系统是一种备用系统，就是在系统中选用多台单元设备，每台单元设备都能完成同样的功能，一旦其中一台或几台设备发生故障，系统仍能正常运转。只有当平行冗余系统的全部设备都发生故障，系统才可能失败。在规定时间内，多台设备同时全部发生故障的概率等于每台设备单独发生故障的概率的乘积，显然，平行冗余系统发生故障的概率是相当低的，可使系统的可靠性大大增加。

（4）对处于恶劣环境下运行的设备采取安全保护措施。煤矿井下环境较差，应采取一切办法控制温度、湿度和风速，改善设备周围的环境条件，对有摩擦、腐蚀、浸蚀等条件的设备应采取相应的防护措施。对振动大的设备应加强防振、减振和隔振等措施。

（5）加强预防性维修。预防性维修是排除事故隐患、排除设备的潜在危险、提高设备可靠性的重要手段。为此，应制定相应的维修制度，并认真贯彻执行。

2. 选用可靠的工艺技术，降低危险因素的感度

危险因素的存在是事故发生的必要条件。危险因素的感度是指危险因素转化成为事故的难易程度。虽然物质本身所具有的能量和发生性质不可改变，但危险因素的感度是可以控制的，其关键是选用可靠的工艺技术。例如，在煤矿用火药中加入消焰剂等安全成分，放炮时使用水炮泥，井巷工程中采用湿式打眼，清扫巷道煤尘等，都是降低危险因素感度的措施。

3. 提高系统抗灾能力

系统的抗灾能力是指当系统受到自然灾害和外界事物干扰时，自动抵抗而不发生事故的能力，或者指系统中出现某危险事件时，系统自动将事态控制在一定范围的能力。提高煤矿生产系统的抗灾能力，应该建立健全通风系统，实行独立通风，建立隔爆水棚，采用安全防护装置（如风电闭锁装置、漏电保护装置、提升保护装置、斜井防跑车装置、安全监测和监控装置等)，矿井主要设备实行双回路供电、选择备用设备（备用主要通风机、备用电动机、备用水泵等)。

4. 减少人为失误

由于人在生产过程中的可靠性远比机电设备差，很多事故都是由于人的失误造成的。要降低系统事故发生概率，必须减少人的失误，主要方法有：

(1）对人进行充分的安全知识、安全技能、安全态度等方面的教育和训练。

(2）以人为中心，改善工作环境，为工作人员提供安全性较高的劳动生产条件。

(3）提高矿井机械化程度，尽可能用机器操作代替人工操作，减少井下工作人员。

(4）注意用人机工程学原理改善人机接口的安全状况。

(5）注意使工作性质与所用工作人员的性格特点一致。

5. 加强监督检查

建立健全各种自动制约机制，加强专职与兼职、专管与群管相结合的安全检查工作。对系统中的人、机、环境进行严格的监督检查，在各种劳动生产过程中都是必不可少的。煤矿生产受到自然条件的严重制约，只有加强安全检查工作，才能有效地保证煤矿安全生产。

二、降低事故严重度的措施

事故严重度是指因事故造成的财产损失和人员伤亡的严重程度。事故的发生是由于系统中的能量失控造成的，事故的严重度与系统中危险因素转化为事故时释放的能量有关，能量越高，事故的严重度越大；也与系统本身的抗灾能力有关，抗灾能力越大，事故的严重度越小。因此，降低事故严重度可采取如下 4 项措施。

1. 限制能量或分散风险的措施

为了减少事故损失，必须对危险因素的能量进行限制。如煤矿井下火药库的爆破器材储存量的限制，井下各种限流、限压、限速设备都是对危险因素的能量进行限制。

分散风险的办法是把大的事故损失分散为小的事故损失。如在煤矿把“一条龙”通风方式改造成并联通风，每一矿井、采区和工作面均实行独立通风，可达到分散风险的效果。

2. 防止能量逸散的措施

防止能量逸散就是设法把有毒、有害、有危险的能量源储存在有限允许范围内，而不影响其他区域的安全。如井下防爆设备的外壳、井下堵水、密闭墙、密闭火区、采空区密闭等。

3. 加装缓冲能量的装置

在生产中，设法使危险源能量释放的速度减慢，可大大降低事故的严重度。使能量释放速度减慢的装置称为缓冲能量装置。煤矿生产中使用的缓冲能量装置较多。如矿车上装置的缓冲碰头、缓冲阻车器以及为缓和矿山压力对支架的破坏而采用的摩擦金属支柱或可缩性 U 形支架等。

4. 避免人身伤亡的措施

避免人身伤亡的措施包括两方面的内容，一是防止发生人身伤害；二是一旦发生人身伤害时，可采取相应的急救措施。采用遥控操作、提高机械化程度、使用整体或局部的人身个体防护都是避免人身伤害的措施。在生产过程中及时注意观察各种灾害的预兆，以便采取有效措施，防止发生事故。即使不能防止事故发生，也可及时撤离人员、避免人员伤亡。做好矿山救护和工人自救准备，对降低事故的严重度也有重要意义。

三、加强安全管理的措施

要控制事故发生概率和事故后果的严重度，必须以最优化安全管理作保证，控制事故的各种技术措施的制定与实施也必须以合理的安全管理措施为前提。

1. 建立健全安全管理机构

应依法建立健全各级安全管理机构，配备足够的专业安全管理人员。要充分发挥安全管理机构的作用，并使其与设计、生产、劳动人事等职能部门密切配合，形成一个有机的安全管理机构，全面贯彻落实“安全第一，预防为主，综合治理”的安全生产方针。

2. 建立健全安全生产责任制

安全生产责任制是指根据管生产必须管安全的原则，明确规定各级领导和各类人员在生产中应负的安全责任。它是企业岗位责任制的一个组成部分，是企业中最基本的一项安全措施，是安全管理规章制度的核心。应根据各企业的实际情况，建立健全这种责任制，并在生产中不断加以完善。特别应当指出的是，厂（矿）长要对本企业的安全生产负责，厂（矿）长是否能落实安全生产责任制是搞好安全生产的关键。

3. 编制安全技术措施计划，制定安全操作规程

编制和实施安全技术措施计划，有利于有计划、有步骤地解决重大安全问题。制定安全操作规程是安全管理的一个重要方面，是事故预防措施的一个重要环节，可以限制作业人员在作业环境中的错误行为。

4. 加强安全监督和检查

各厂（矿）应建立安全信息管理系统，加快安全信息的运转速度，以便对安全生产进行经常性的“动态”检查，对系统中的人、事、物进行严格控制。经常性的安全检查是劳动生产过程中必不可少的基础工作，也是运用群众路线的方法，是揭露和消除隐患、交流经验、推动安全工作的有效措施。

5. 加强职工安全教育

职工安全教育的内容，主要包括以下 6 个方面：

（1）政治思想教育。

（2）劳动纪律教育。

（3）方针政策教育。

（4）法制教育。

（5）安全技术培训。

（6）典型经验和事故教训的教育等。

职工安全教育不仅可提高企业各级领导和职工对搞好安全生产的责任感和自觉性，而且能普及和提高职工的安全技术知识，使其掌握不安全因素的客观规律，提高安全操作水平，掌握检测技术和控制技术的科学知识，学会消除工伤事故和职业病的技术本领。

职工安全教育的主要形式有以下 3 种：

（1）三级教育，即入厂（矿）教育、车间（区队）教育、岗位教育。

（2）经常性教育。

（3）特殊工种教育。

三级教育是对新工人的教育，内容主要是基本安全知识，包括厂（矿）一般安全知识和预防事故方面的基本知识。

经常性教育是职工业务学习的内容，也是安全管理中经常性的工作，进行方式有多种多样，如班前会、班后会、安全月、广播、黑板报、看影片等。

特殊工种教育是对那些技术比较复杂、岗位比较重要的特殊作业操作人员，如绞车司机、通风员、瓦斯检查员、电工等进行的专门教育和训练，经考试合格，取得操作资格证书的，方可上岗作业。

第五节　灾难性事故的应急措施

灾难性事故通常会造成大量的人员伤亡和重大经济损失。在自然灾害中，地震、洪水、火山爆发等往往属于灾难性事故。在工业生产中，灾难性事故一般与火灾、爆炸、中毒、淹溺、坍塌、冒顶片帮、核泄漏等事故密切相连。在一般的工业生产中，重大危险源是导致灾难性事故的根源。为保证国家财产和工作人员生命安全以及工业生产的顺利进行，务必预防灾难性事故的发生。因此，加强灾难性事故的应急管理，有效地控制重大危险源就十分重要。

一、灾难性事故的定义和分类

1. 灾难性事故的定义

灾难性事故是指在人们生产、生活活动过程中突然发生的、违反人们意志的、迫使活动暂时或永久停止，并且造成大量的人员伤亡、经济损失、环境污染的意外事故。

灾难性事故属于事故的范畴是确定无疑的，而且是导致重大经济损失和人员伤亡的事故。例如，在一般工业生产过程中所发生的火灾、爆炸、毒物泄漏事故；在矿床开采过程中所发生的坍塌、冒顶片帮、瓦斯和煤尘爆炸、涌水事故；河海运输过程中的沉船事故及重大交通事故、飞机失事，通常都会造成大量的人员伤亡和经济损失，因此，均属于灾难性事故。

由于灾难性事故本身也是事故，所以它具有事故的所有特性，即普遍性、随机性、必然性、因果相关性、突变性、潜伏性和危害性等。灾难性事故因其后果十分严重，往往会引起人们的广泛关注，从而产生不良的社会影响。除了具有上述特性以外，灾难性事故还具有广泛的社会性。

2. 灾难性事故的分类

同一般事故一样，灾难性事故的分类方式多种多样。在工业生产过程中，灾难性事故最常见的是火灾、爆炸、中毒和窒息。具体可以划分为以下几种情况：可燃物质泄漏，与空气形成混合物，遇火源导致火灾、爆炸事故；爆炸品爆炸；毒物泄漏，造成大气、水源、土壤、食品污染，毒物经口、皮肤等进入人体，造成中毒和窒息事故；锅炉、压力容器等高压储能设施爆炸。

（1）按照灾难性事故的严重程度，可以把灾难性事故分为以下 3 种：

1）重大死亡事故（一次事故中死亡 3~9 人的事故）。

2）特大伤亡事故（一次事故中死亡 10 人及 10 人以上的事故）。

3）特别重大死亡事故。

（2）按照经济损失程度对灾难性事故进行分类，可以参照《企业职工伤亡事故经济损失统计标准》（GB/T 6721—1986）。该标准将事故分为 4 类，由于灾难性事故经济损失严重，据此可将其分为两类，即：

1）重大损失事故（经济损失大于等于 10 万元，但小于 100 万元的事故）。

2）特大损失事故（经济损失大于 100 万元的事故）。

在工业生产过程中，易发生灾难性事故的行业主要是化工工业。由于化工生产具有高温、高压、易燃、易爆、有毒、有腐蚀等特点，因而同其他工业部门相比具有更大的危险性，且事故后果往往较为严重。政府要把主要精力放在本质安全生产。如用系统工程理论指导研发适用的安全操作软件；采用先进技术，从动态的信息里，提前抑制事故，这样可以有效地提高企业生产的安全性。

二、灾难性事故的应急处理与应急管理

1. 灾难性事故的应急处理

根据对危险源进行辨识、评价的结果和实际情况预计可能发生的灾难性事故，应该预先采取应急对策，以便在紧急事态出现时能够有领导、有组织、有计划、有步骤地按照应急对策进行应急救援。该应急对策就是灾难性事故的应急计划，又称为灾难性事故或重大事故应急救援预案，是重大危险源监控系统的重要组成部分，也是顺利实施应急救援的基础和依据。

（1）制订应急计划的目的。

1）在紧急事态出现时力争将其排除或限定在局部区域。

2）尽量减轻事故对人员带来的危险和危害，力争将财产损失降到最小。

3）保障企业生产、经营活动的顺利进行，力争使其不受干扰或受干扰最小。

（2）制订应急计划的要求。

1）根据企业的实际情况，按照事故类别、影响范围分别制订应急计划。不同事故类别的应急计划应具有统一性。

2）应急计划应有法律和法规保障。灾难性事故的应急计划是应急救援的基础和依据，而应急救援是一个众多部门通力合作、大量人员参与的系统工程，且具有

高度的危险性、复杂性和突发性。因此，必须在法规中明文规定出灾难性事故的应急方针、原则、应急计划的内容、组织体制、职责分工、指挥关系、救援行动、经费物资保障等，以便于统一思想和管理，统一指挥和行动，从而在紧急事态情况下保证应急计划的实施。

3）应急计划应定期进行演习，要根据企业的发展情况定期检查和评审，以便及时发现问题，改正不足。

4）应急人员要进行专业培训才能上岗。

5）应急计划应符合事故现场及其周围的实际情况，要科学、实用。

（3）应急计划的内容。

1）危险源辨识和评价。按照《危险化学品重大危险源辨识》（GB 18218—2018）辨识重大危险源。

运用相关方法，对重大危险源进行危险性评价，根据评价结果对重大危险源进行排序。结合重大危险源所在地区的重点保护对象和防护能力等情况，对重大危险源进行分级管理。

调查重大危险源的类别、源强、源高、位置、状态、设备情况、工艺流程、周围环境、防护条件、历史事故、危害途径、剂量标准及防护方法等。在调查的基础上，绘制企业或其所在地区重大危险源分布图。

2）确定企业及其所在地区的自然、人文情况。搞清人员分布、面积、地形、地貌、河流、可能的滞留和污染等地理参数及重点保护目标，了解风向、风速、气温、雨量、各月风频率、大气垂直稳定度及气象条件对火灾、爆炸、泄漏事故可能产生的影响等。

准备有关图表。依据建筑物的不同用途将危险源所在地区按居民区、商业区、远郊区等类别来划分，并按照白天、夜晚、上下班、节假日等几种不同的情况，标明人口数量、年龄、特殊人群分布比例情况。如果某一城市和地区的流动人口较多，则要考虑人口流动的规律性。对危险源所在地区的重点文物、建筑、医院、学校等重点保护对象要重点标识。区分出道路宽度等级，标出交通道口、立交桥等通过能力。标出水源、自来水管路及流量、下水道及排水流向。标出应急救援指挥部位置。

按需要绘制各个专业队的实力图，标出分布的单位、人数、专业技术情况、配备器材情况。

在监测、化验力量分布图上标出分布点位置，仪器、设备情况，监测化验能力，人员技术状况等。

3）重大危险源事故后果预测与分析。对灾难性事故的后果预测与分析主要包括危险物质的泄漏、扩散分析，由泄漏、扩散而引起的火灾、爆炸事故的影响半径以及相应区域人员伤害情况、设施的损失程度，由有毒物质泄漏而引起的根据毒负荷标准划分出的致死区、重伤区、轻伤区和吸入反应区。

4）在以上工作基础上，制订灾难性事故的应急计划。其基本内容如下。

①事故情况。一般先对所有可能发生的灾难性事故给出事故的影响范围、危害的严重程度。根据评价结果确定目标等级、毒性、泄漏量及伤害范围，划分为厂级事故、区级事故、市级事故等和特殊事故。

②紧急事态控制和出动规模。紧急事态控制主要包括火灾和泄漏控制。是否采取局部或全厂紧急停车措施在应急计划中应予以明确。由于灾难性事故的严重程度、影响范围不同，所以应急计划应指出，在各种不同的情况下，投入应急疏散和救援力量的数量、性质及力量编组。力量编组包括人员、装备数量及每个应急救援专业组织。

③报警与联络。及时与准确报警是及时控制事故的关键环节。当紧急事态出现时，现场人员必须根据企业制定的应急计划采取抑制措施，以防止事态的扩大，同时向有关部门报告。事故主管领导应根据事故地点、事态的发展决定是单位自救还是采取社会救援。在现场报警时，应有一个能立即通知应急主管部门和各救援队伍的可行系统。为了做好事故的报警工作，企业应建立合适的报警反应系统；各种通信工具应加强日常维护，使其处于良好状态；制定标准的报警方法和程序；联络图和联络号码要置于明显位置，以便值班人员熟练掌握；对工作人员进行紧急事态时的报警培训，包括报警程序与报警内容。

④明确各级应急疏散方式、手段、指挥人员位置、上级派往现场指挥机构的人员名单。在应急计划中，必须全面考虑整个疏散过程以及这一过程所涉及的人员疏散范围的界定、集结点和疏散时机的选择、疏散目的地的选择、需要疏散的人数、选择的疏散方式和疏散路线等。应迅速将警戒区及污染区内与事故应急处理无关的人员撤离，以减少不必要的人员伤亡。

各集结点的位置应避免和减少到集结点准备疏散的人员的交叉流动；各集结点应交通方便，接近事故区域交通主干线；各集结点应具备停靠车辆和组织车队进出的场地条件；各集结点距受灾的居民区、企业、机关等越近越好；各集结点的工作是负责集中、登记和组织即将或已经受灾区域内的人员向安全区域转移，为保证集中、登记和组织出发工作的顺利进行，集结点内应提供医疗、咨询等服务。

疏散目的地的选择应考虑在事故源的上风方向、在毒气扩散范围之外、便于机动、能容纳所有疏散的人员。

在人员疏散过程中，各集结点指挥人员、车队负责人、徒步小组负责人都必须配备高效、可靠的通信工具，且应使医疗救护工作能在需要时迅速、及时地开展工作。

⑤应急控制中心（应急救援指挥部）。企业应在应急计划中设置应急控制中心和应急救援指挥机构。紧急事态控制中心是对应急救援行动的成败起着至关重要作用的部门，其主要任务是在前述的准备阶段的基础上，对整个应急救援行动进行整体方案的制定和实施，具体包括向领导汇报、传达任务、组织专家组对事故的后果进行预测。

应急救援指挥机构随着发生事故的危害程度不同而不同，即是由事故的危害等级来决定的。如果危害范围较小，只涉及出事厂区内部，则可以由厂长领导、厂的安全与保卫部门来组织应急工作；如果危害范围较大，涉及厂区四周的居民区、商业区等，应由市或区的领导来组织指挥应急工作。应急救援指挥机构的职责为：组织贯彻执行有关灾难性事故预防与应急救援法规、规章和政策；组织制订应急计划；组建所属的被指挥单位，并负责对其训练；组织公众教育；监督事故应急救援装备、器材、物资、经费的管理与使用。

应急控制中心应设在风险最小的地方，条件应包括：数量充足的内、外线电话；无线电和其他通信设备；设施示意图标，如存放大量危险物质的地点、安全设备存放点、消防系统和附近水源、污水和排水系统、设施进出口和通道、集合点、设施的位置与周围社区的关系；测量和显示风速、风向的设备；个人防护和其他救护设备、工人名单表；关键人员的地址和电话表；现场的其他人员名单，如承包商和参观者；地方政府和紧急服务机构的地址和电话。

⑥明确应急疏散和救援行动中所需的各项设备、器材及物资的要求，储存品种、数量及供应渠道，主要包括：通信装备、交通工具、照明装置、消防器材、防护装置（防毒面罩、耐酸碱防护服、专业救援队伍的专用工具、监测仪器、医疗急救器械）和急救药品等。

⑦灾难性事故应急专家队伍。由于灾难性事故应急救援工作的专业性、技术性强，且危险化学品种类繁多，性能各异，为保证救援工作迅速、准确、有效，在应急计划中应组织应急专家队伍。

应急准备阶段专家队伍的职责为：论证和审定灾难性事故应急计划的技术性问题；对潜在的灾难性事故进行危害分析、预测和控制，对新装备、器材配备进行论证；修正应急计划；对其他专业救援队伍提供技术支持。

⑧重大事故应急救援队伍。重大事故应急救援队伍主要包括现场监测队伍、侦察队伍、交通运输队伍、消防队伍、医疗队伍、交通管制人员、人员疏散指挥队伍、洗消去污队伍和抢险队伍等。

a. 现场监测队伍。在灾难性事故应急救援过程中，迅速、准确地实时监测泄漏或火灾、爆炸后产生的毒物性质的危害程度和范围，是控制重大危险源、对中毒人员进行针对性抢救、实施交通管制、安全警戒、治安等各项措施的基本技术依据。现场监测队伍一般可由企业和地方环境检测人员、卫生防疫人员或军队防化人员等单位组成。

b. 侦察队伍。侦察队伍在灾难性事故应急救援过程中的职责是引导医疗救治、抢险、消防、洗消去污分队进入事故发生区进行应急救援行动；确定污染区边界并进行标志；查明污染滞留区的位置及污染程度，为居民返回居住点提供依据。

c. 交通运输队伍。交通运输队伍负责运送撤离人员和救援物资。在灾难性事故发生时，危险区域内的人员要迅速转移到安全区域，特别是老、弱、病、残等人员更需要车辆运输保障。尤其当需要从其他地区调集抢险物资、医疗用品用具等时，交通运输队伍应发挥作用。

d. 消防队伍。消防队伍的主要职责是当接到灾难性事故警报后，应立即赶赴现场，扑灭事故发生区的火灾，防止火灾进一步蔓延扩大，并将火灾区严密封锁。

e. 医疗队伍。在灾难性事故发生时，医疗队伍应迅速赶往事故现场，抢救中毒人员；指导危险区域内受灾人员进行自救、互救活动。通常医疗队伍由市、区医院，急救中心，厂（矿）企业单位医院的医护人员等组成。

f. 交通管制人员。交通管制人员通常由公安交通部门负责组成，武警部队予以协助，主要负责对危险区外的交通路口实施封锁，阻止安全区域内的人或车辆进入危险区；指挥、调度撤出危害区的公众与车辆通行顺畅，疏通交通堵塞状况等。

g. 人员疏散指挥队伍。人员疏散指挥队伍的主要职责是根据指挥中心的指示，指导居民采取正确的避难措施，引导疏散的居民到达集结点，并担负集结点的各项工作；组织特殊人群的疏散安置工作，维护危险区域内的社会秩序。该队伍由公安、民政、街道居民委员会、企事业单位安全科的人员等组成。

h. 洗消去污队伍。其主要职责是开设洗消站，对受污染且必须进行消毒处理的人员、器材、装备等进行消毒；组成临时喷雾分队，降低空气中的毒物浓度和阻止其扩散。洗消去污队伍可由消防、环卫、防化部队等组成。

i. 抢险队伍。抢险队伍的职责是进入事故发生现场完成堵漏、隔离、紧急停车等任务，以控制事故的规模，防止事态的扩大。抢险队伍必须配备优良的防护装备。抢险队伍一般可由企业消防队、专业抢险队或防化部队等组成。

灾难性事故的应急救援工作不仅要灭火、堵源，还要监测、洗消，同时又要救人、治疗，必要时还要组织人员疏散。救援工作千头万绪，事态瞬息万变。因此，要求应急控制中心周密组织各应急专业队伍互相配合，协同作战。

⑨警戒区域和交通管制。根据危险化学品的泄漏和扩散情况或火焰辐射热所及范围来建立警戒区域，并在通往事故现场的主要干道上实行交通管制。

警戒区域的边界应设警示标志并有专人警戒。除应急救援人员和必须坚守岗位人员外，其他人员禁止进入警戒区。当泄漏物为易燃品时，区域内应严禁火种。交通管制包括入口控制、入境控制和为维持正常的交通而采取的交通管制措施。入口控制是指为保证应急疏散车流的畅通，控制出境车道入口，不允许其他车辆进入。入境控制指在疏散行动实施过程中及疏散行动结束之后，都要控制入境车辆。

⑩应急计划中需给出对可能发生的次生事故的处理及防护办法，事故后恢复正常生产与生活秩序的措施。

灾难性事故应急计划的制订是一项技术性、专业性很强的工作，要在认真调查研究的基础上，对危险源进行辨识和评价，做好调查分析和总结，结合事故发生地区的实际救援能力编制应急计划。应急计划需组织专家评审，修改完善后报上级领导审定。待审核批准后正式颁布实施。

5）演习。演习是一种在模拟紧急事态出现的情况下进行的综合性应急救援训练。通过演习可以检验应急计划的可行性，找出应急计划需要进一步完善与修改的环节；确定建立和保持可靠的通信渠道，为各应急专业队伍之间、应急救援指挥和疏散人员之间的协作提供实际的配合机会，从而提高救援人员的组织协调能力和实战水平。

灾难性事故的应急计划分为企业应急计划（厂内应急计划）和社会应急计划（厂外应急计划）。两者的根本目的是相同的。但灾难性事故的影响范围不同，前者局限于厂内，后者则扩大到厂外。

2. 灾难性事故的应急管理

（1）经常对职工开展灾难性事故预防、自救与互救的宣传教育。

（2）各救援队伍必须经常进行业务培训、定期训练、提高指挥水平和救援能力，并将此项工作纳入年度工作计划和主要议事日程。

（3）做好灾难性事故应急救援的研究工作，不断提高管理、组织指挥能力，救援技术水准和救援装备的配备，提高队伍的实战水平。

（4）防护用品和医疗器械应处于备用状态。

（5）应根据生产工艺和设备、设施及危险物质的变化，及时修订和完善应急计划。

（6）每年年初要根据人员变化对救援组织进行调整，确保救援措施落实。

（7）建立健全各项应急救援制度，例如：

1）建立并实施昼夜值班制度。

2）气体防护站实行24小时值班制，并配备足够人员；救护车内配备足够的呼吸器、防毒衣、防爆电筒、通信装备、担架、医疗器械和药品。

3）每月结合安全生产工作检查，定期检查应急救援工作落实情况及器具的保管情况。

4）每季度召开一次应急救援指挥部领导小组成员和救援队伍负责人会议。

三、事故的应急救援及要求

1. 生产安全事故的应急救援体系

生产安全事故的应急救援体系是保证生产安全事故应急救援工作顺利实施的组织保障，主要包括应急救援指挥系统、应急救援日常值班系统、应急救援信息系统、应急救援技术支持系统、应急救援组织及经费保障系统。

建立省、市、县三级特大生产安全事故应急救援体系时，要统筹兼顾、合理规划、明确分工、相互协调，做到应急救援能力、资源的合理配置和有效使用。

2. 生产安全事故的应急救援组织

《中华人民共和国安全生产法》（2021年修订版）对生产安全事故的应急救援组织、应急救援人员、应急救援器材和设备等作了明确规定，主要包括以下4项内容。

（1）国家加强生产安全事故应急能力建设，在重点行业、领域建立应急救援基地和应急救援队伍，并由国家安全生产应急救援机构统一协调指挥；鼓励生产经营单位和其他社会力量建立应急救援队伍，配备相应的应急救援装备和物资，提高应急救援的专业化水平。

国务院应急管理部门牵头建立全国统一的生产安全事故应急救援信息系统，国务院有关部门和县级以上地方人民政府建立健全相关行业、领域、地区的生产安全事故应急救援信息系统。

（2）县级以上地方各级人民政府应当组织有关部门制定本行政区域内生产安全事故应急救援预案，建立应急救援体系。

（3）生产经营单位应当制定本单位生产安全事故应急救援预案，与所在地县级以上地方人民政府组织制定的生产安全事故应急救援预案相衔接，并定期组织演练。

（4）危险物品的生产、经营、储存单位以及矿山、金属冶炼、城市轨道交通运营、建筑施工单位应当建立应急救援组织；生产经营规模较小的，可以不建立应急救援组织，但应当指定兼职的应急救援人员。

危险物品的生产、经营、储存、运输单位以及矿山、金属冶炼、城市轨道交通运营、建筑施工单位应当配备必要的应急救援器材、设备和物资，并进行经常性维护、保养，保证正常运转。

3. 生产安全事故的抢救

（1）生产经营单位发生生产安全事故后，事故现场有关人员应当立即报告本单位负责人。

单位负责人接到事故报告后，应当迅速采取有效措施，组织抢救，防止事故扩大，减少人员伤亡和财产损失，并按照国家有关规定立即如实报告当地负有安全生产监督管理职责的部门，不得隐瞒不报、谎报或者迟报，不得故意破坏事故现场、毁灭有关证据。

（2）负有安全生产监督管理职责的部门接到事故报告后，应当立即按照国家有关规定上报事故情况。负有安全生产监督管理职责的部门和有关地方人民政府对事故情况不得隐瞒不报、谎报或者迟报。

（3）有关地方人民政府和负有安全生产监督管理职责的部门的负责人接到生产安全事故报告后，应当按照生产安全事故应急救援预案的要求立即赶到事故现场，组织事故抢救。

参与事故抢救的部门和单位应当服从统一指挥，加强协同联动，采取有效的应急救援措施，并根据事故救援的需要采取警戒、疏散等措施，防止事故扩大和次生灾害的发生，减少人员伤亡和财产损失。

事故抢救过程中应当采取必要措施，避免或者减少对环境造成的危害。

任何单位和个人都应当支持、配合事故抢救，并提供一切便利条件。

本章小结

研究安全系统工程的最终目的，是通过控制危险，即降低事故的发生概率和事故的严重度达到系统最优化的安全状态。系统危险的控制措施即安全措施，有两类：一类是以整个系统作为控制对象，运用系统控制论的原理，对系统进行控制的方法，称为宏观控制；另一类是把各种具体的危险源作为控制对象，应用工程技术措施来控制危险的方法，称为微观控制。

本章主要讨论系统危险控制的基本原则、安全决策、危险源控制技术和事故的应急救援等。

复习思考题

1. 危险控制的目的和基本原则有哪些？
2. 简述决策的要素以及相互关系。
3. 简述安全决策评分法的基本步骤和特点。
4. 简述消除危险与控制危险的方法？
5. 什么是本质安全？
6. 简述防护法、隔离法、保留法、转移法的基本思路和适用条件。
7. 降低事故严重度的措施有哪些？
8. 企业应当如何加强安全管理？
9. 简述企业重大危险源的评估方法。
10. 灾难性事故如何分级？面对灾难性事故如何应急处理？
11. 什么是半数致死半径？
12. 如何制订应急计划？
13. 如何进行灾难性事故的应急管理？

参考文献

[1] 张景林. 安全评价基础 [M]. 北京：兵器工业出版社，1991.

[2] 蔡凤英，谈宗山，孟赫，等. 化工安全工程 [M]. 北京：科学出版社，2001.

[3] 汪元辉. 安全系统工程 [M]. 天津：天津大学出版社，1999.

[4] 机械电子工业质量安全司. 机械工厂安全性评价 [M]. 北京：机械工业出版社，1986.

[5] 张国顺. 危险源评估与安全理论生产保障体系 [M]. 北京：兵器工业出版社，1999.

[6] 董立斋. 工业安全评价理论和方法 [M]. 北京：机械工业出版社，1988.

[7] 李树刚，成连华，林海飞. 基于生产过程的企业安全评价体系构建 [J]. 辽宁工程技术大学学报，2006，25（4）：496-499.

[8] 历洪雨，马妮娜，王宏光. 水库大坝安全评价实例剖析 [J]. 黑龙江水利科技，2006，34（5）：43-46.

[9] 张景林，崔国璋. 安全系统工程 [M]. 北京：煤炭工业出版社，2001.

[10] 汪元辉. 安全系统工程 [M]. 天津：天津大学出版社，1999.

[11] 何学秋. 安全工程学 [M]. 徐州：中国矿业大学出版社，2000.

[12] 谢进伸，金鹤章，徐志先. 实用煤矿安全系统工程 [M]. 北京：中国科学技术出版社，1990.

[13] 韦冠俊. 安全原理与事故预测 [M]. 北京：冶金工业出版社，1994.

[14] 林柏泉. 安全学原理 [M]. 北京：煤炭工业出版社，2002.

[15] 林柏泉，周延，刘贞堂. 安全系统工程 [M]. 徐州：中国矿业大学出版社，2005.

［16］沈斐敏．安全系统工程基础与实践［M］．北京：煤炭工业出版社，1991.

［17］何学秋．安全工程学［M］．徐州：中国矿业大学出版社，2000.

［18］张景林，崔国璋．安全系统工程［M］．北京：煤炭工业出版社，2002.

［19］甘心孟，沈斐敏．安全科学技术导论［M］．北京：气象出版社，2000. 6.

［20］吴穹，许开立．安全管理学［M］．北京：煤炭工业出版社，2002.

［21］赵云胜．事故伤亡率的灰色预测［J］．地球科学，1992（2）：223-229.

［22］曹成付．城市重大工业危险源管理问题探讨［J］．台肥工业大学学报（社会科学版），2000，14（4）：45-48.

［23］肖爱民．安全系统工程［M］．北京：中国劳动出版社，1992.

［24］刘国财．安全科学概论［M］．北京：中国劳动出版社，1998.

［25］施式亮，王海桥．矿井安全非线性动力学评价［M］．北京：煤炭工业出版社，2001.

［26］隋鹏程，陈宝智．安全原理与事故预测［M］．北京：冶金工业出版社，1988.